U0022374

國家圖書館出版品預行編目資料

行銷管理 / 陳正男著. －－初版七刷. －－臺北市: 三
民，2005
　　面；　公分

ISBN 957－14－1913－3　（平裝）

1.市場學

496　　　　　　　　　　　　　　　81004589

網路書店位址　http：// www. sanmin. com. tw

ⓒ 行 銷 管 理

著作人　陳正男
發行人　劉振強
著作財
產權人　三民書局股份有限公司
　　　　臺北市復興北路386號
發行所　三民書局股份有限公司
　　　　地址 / 臺北市復興北路386號
　　　　電話 / (02)25006600
　　　　郵撥 / 0009998－5
印刷所　三民書局股份有限公司
門市部　復北店 / 臺北市復興北路386號
　　　　重南店 / 臺北市重慶南路一段61號
初版一刷　1992年9月
初版七刷　2005年2月
編　號　S 491850
基本定價　玖元肆角
行政院新聞局登記證局版臺業字第○二○○號

ISBN　957－14－1913－3　（平裝）

序

　　行銷管理是一門非常實用而有趣的學科，任何人都可應用行銷管理的觀念和知識，這門學科絕非企業界人士獨享的利器，任何人都可以輕鬆愉快的學好行銷管理，而後運用在生活上和事業上的各個領域中。例如學生必須知道如何把自己塑造成符合社會需求的「產品」，還必然知道如何把自己促銷給其理想中的企業或機關。

　　行銷管理的重要性與日俱增，連最近才由計劃經濟改為市場經濟的中國大陸也已體認到行銷管理的重要性，不斷的要求其國營企業要行銷掛帥，蒐集市場資訊，根據顧客的需求來設計和製造產品，並在其他行銷組合策略的配合下，完成產品的銷售，滿足顧客的需求，否則，廠商生產的產品若無人問津，就得面臨倒閉的危機了。

　　行銷是為促成交易、滿足顧客需求、達成組織目標所進行的各種活動。行銷管理則是把這些活動做好的一套管理程序。許多人誤認為行銷就是銷售、廣告或促銷，其實，真正的行銷不只是用各種廣告促銷手法把企業製造的產品銷售出去而已，行銷的範圍要比廣告、銷售和促銷來得廣，管理大師杜拉克(Peter Drucker)曾說：「行銷的目的在使銷售成為多餘，也就是說行銷是在真正了解消費者，提供合乎其需求的產品或服務，此時的產品或服務已自然達成銷售功能。」

　　行銷活動雖然從人類有了交易行為就開始了，但行銷管理是在1950年之後才真正發展為一門有系統的學科，行銷管理和其他學科比起來仍是一門相當年輕的學科，但是各種行銷管理的理論和技術除已廣泛的運用到企業營運之外，連政治人物的選舉、宗教思想的傳播、甚至於學校

的招生也都有許多成功的應用實例。

本書以淺易的文字，配合國內和國外的許多行銷實例，並採用許多圖表，將行銷管理的一些重要觀念及技巧介紹給大家。

本書的編寫乃個人十數年擔任行銷管理有關課程所累積的一點心得，編寫過程中，研究助理沈翰東在資料蒐集、圖表整理、和文字校稿方面都盡了許多心力。本書之得以出版，也需感謝本系許多教授在個人行政和教學工作上的支持，讓我能抽空完成本書。本書之編寫過程中，雖已投入無數心力，但因個人才疏學淺，若有誤謬遺漏之處尚請方家多予指正。

陳正男識於成大企管系

81 年 8 月 25 日

行 銷 管 理

目 次

第一章　行銷管理概要

單元目標

使學習者讀完本章後能

● 瞭解行銷的重要性

● 瞭解行銷意義及其內涵

● 舉例說明行銷哲學的演進

● 說明生產觀念、銷售觀念和行銷觀念三者之差別

摘要

行銷愈來愈重要，因為行銷與個人生活、經濟活動以及組織營運都有密切的關係。

行銷的定義為：行銷是為促成交易、滿足顧客需求、達成組織目標，所進行的各種活動。此定義包含四個元素：

1.行銷是為了滿足顧客的需求，2.行銷是要促成交易，3.行銷的最終目的是要達成組織的目標，4.行銷包括各種活動。

市場是某種產品現有及潛在顧客的集合。顧客須對此產品有需求，有購買能力且願用來交換產品，並有購買資格的人。

行銷哲學演進的過程是由生產觀念進步到銷售觀念，再進入現代的行銷觀念，最後的目標則為社會行銷觀念。社會行銷觀念是希望消費者的需求、社會福利和公司目標三者能兼顧。

壹、行銷的重要性及其發展

行銷學是一門很有趣、很有用的學問，行銷和我們現代人的關係愈來愈重要，這一點可由行銷與個人生活、經濟活動及組織營運三方面的關係來加以說明：

一、行銷與個人生活之密切關係

行銷與每一個人的生活有密不可分的關係，早上6點35分卡西歐的鬧鈴錶叫我們起床，起床後，用黑人牙膏刷牙，穿上美好挺襯衫，打開新力牌電視機，收看晨間新聞和幾個廣告片，吃統一麵包，喝雀巢奶粉，

搭乘欣欣巴士或是開福特汽車上班。在車上和路上，可以看到各種型式的廣告，車上收音機也不斷的插播著各種產品的廣告。

這些廣告中的產品或我們所使用的產品，有的來自遙遠的國外，例如奶粉和咖啡；有的是臺灣本地大量生產並大量出口外銷的東西，例如襯衫、電視機。透過行銷系統的功能，我們可以很方便的購買和享用這些產品。所以有人認為行銷是現代人類行為的特徵，是進步社會的一種生活方式。

此外，就每個人花在購買產品或服務的支出來看，其中有很大的比例是花在行銷活動的成本上。例如一瓶售價 15 元的易開罐汽水來說，罐中所裝的汽水其成本可能不到 2 元，其餘的部分除掉貨物稅之外，主要是花在包裝、運送、廣告促銷、中間商（批發商和零售商）加成等各項行銷成本。

研究行銷可以使個人的消費更為經濟、更為理性，能滿足個人更多的需求。同時，也可提高個人和整個社會的生活品質，對社會大眾的長期福祉做更好的保護。

二、行銷與經濟活動的關係

經濟制度有兩種基本的型態：計畫性經濟制度和市場引導的制度。近年來，許多採取計畫性制度的國家，如蘇俄、東歐等共黨國家逐漸改採市場引導的經濟制度，但實際上，很少經濟制度是完全計畫性或完全是市場引導的制度，大部分的經濟制度皆介於兩者之間。

在計畫性經濟制度內，政府的計畫人員決定要生產什麼、生產多少、由誰配銷、何時配銷及配銷給誰。生產者對產品的型式和價格都沒有太大的決定權，對市場研究、品牌、廣告也不太重視。而消費者也僅有少許選擇的自由。

計畫性經濟只適用於簡單的經濟，產品和服務種類不多，或在某些

特殊情況下，如戰時。當經濟趨於複雜時，規劃者將拙於處理各種複雜的決策，而無法滿足消費者日趨複雜的需求和欲望。因此近年來，蘇俄和其他一些過去的共黨國家，已改採市場經濟，對市場研究、品牌、廣告等行銷活動也日益重視。

在市場引導的經濟制度內，消費者在市場上的選擇，決定了整個社會所要生產的產品和服務。如果廠商生產的產品無人問津，這些廠商就要倒閉。同時如果消費者有了新的需求，只要有利可圖，就會有廠商設法來滿足這個需求，經濟的控制十分民主，控制力量遍佈於整個經濟體系中。

消費者在市場引導的經濟制度中，有最大的選擇自由。為了爭取消費者的光顧，將「鈔票」（消費者的選票）投給它的產品，廠商對發掘顧客需求、蒐集市場資訊、擬定行銷組合策略等行銷工作，就必須格外的注意。

三、行銷與組織營運的關係

行銷對企業組織和非營利組織的營運皆相當重要。

就企業組織來說，行銷是企業生存發展所不可或缺的功能。若行銷的功能不佳，即使生產、財務等能力不錯，也無法發揮，就以某瓦斯爐的廠商來說，該公司擁有很好的製造技術和生產設備，資金也很充裕，但因過去一向不重視行銷，消費者不僅不了解其產品的優點，對該公司的印象也不太好，導致該公司的產品銷售欠佳，市場佔有率年年下降。最近，該公司積極強化其行銷功能，使得營運績效有了相當大的改善。

對非營利組織而言，過去很多非營利事業機構，如大學、醫院、博物館及樂團等，由於環境的變遷和不重視行銷，而使營運相當困難；例如由於醫院的醫療成本高漲，住院費用大幅提高，使病人大為減少，許多醫院的醫療設施無法充分使用，特別是婦產科及小兒科，都紛紛關門，

許多醫院紛紛加強其行銷活動。在美國，醫療行銷已成爲行銷學中成長最快速的領域之一。

貳、行銷的意義

行銷(Marketing)的意義是什麼呢？許多人認爲行銷不外是推銷、廣告和公共關係這些活動。行銷就等於促銷(promotion)，也就等於銷售(selling)。

事實上，促銷或者銷售都只是行銷的一部分功能活動。行銷人員必須選擇適當的目標市場，確認消費者的需求，發展適當的產品，訂定適當的價格，建立良好的配銷通路，並且配合適當的促銷或銷售活動才能提高行銷成功的機率。太強調促銷或銷售活動，而忽視了其他的行銷功能活動，將會提高行銷失敗的機率。

美國行銷學會(The American Marketing Association)將行銷定義爲：「將商品或勞務，從生產者引導到消費者或使用者的過程中，所從事的一切商業活動」。這個定義所包括的範圍稍嫌狹小，因爲行銷的範圍並不僅限於將製成品送達最後消費者的過程。許多行銷政策和活動，如消費者需求之研究、產品設計、定價、配銷、廣告等，均應在產品製造之前或製造過程中事先進行。其次，產品送達消費者或使用者手上後，行銷並未終止。行銷者(marketer)必須設法維持顧客的滿足，以爭取消費者的繼續購用和較佳的評價或宣傳。

有些行銷學者對行銷的定義則較爲廣泛，例如：

柯特勒(Philip Kotler)將行銷定義爲：「透過交易的過程，滿足需求及欲望的人類活動。」

綜合各位學者的定義，我們將行銷定義爲：

行銷是爲促成交易、滿足顧客需求、達成組織目標，所進行的各種

活動。

爲了更深入說明本書對行銷的定義，我們將上述定義中的各項要素分別詳加說明：

一、行銷是爲了滿足顧客的需求

與顧客需求有關的概念，包括需求、欲望和需要。各個概念的意義如下：

㈠需求

顧客的需求是整個行銷的核心。行銷的所有努力，都是爲了滿足顧客的需求。柯特勒將需求定義爲：

「需求」是指個人感覺被剝奪(deprivation)的一種狀態。

人的需求不但很多而且相當複雜，包括基本的生理需求(如食、衣、住及安全這些需求)、社會需求（如歸屬感、影響力、親和感）、自尊自主以及自我實現的需求。這些需求並非廠商的廣告所造成的，而是人類與生俱來的一部分。

當一個人的需求不能滿足的時候，他會感覺不愉快，當需求愈強烈時，他會愈不愉快。此時他可以採取兩種方法來消除這種不愉快的感覺，一種是從事能夠滿足需求的活動，另一種是想辦法忘掉這項需求。工業化社會的人們較爲富裕，所以會傾向於試圖取得所需之貨品或服務來滿足其需求；至於貧窮的社會，人們傳統上會儘量忘記或減少他們的需求，也就是所謂的清心寡欲。從需求可導出欲望和需要兩個重要的概念。

㈡欲望

欲望(human want)乃指經由個人的文化背景及生活環境的陶鑄，所表現出來的人類需求。舉例而言，在中國，飢餓的人想吃餡餅、滷蛋和香菇雞湯；在美國，飢餓的人想吃漢堡、炸雞及可樂。欲望通常是以在特定的文化背景下，能滿足人們需求的產品來表示。

由於社會日趨複雜，社會成員的欲望也就逐漸增加，此乃因為：第一，社會中的成員所接觸的貨品琳瑯滿目，其中總是有些會觸發他們的好奇心、興趣及欲望；第二，生產者採取一些行動來激發人類對於其產品的欲望，將其產品與消費者之需求聯結起來，把產品當作一個能滿足某種需求的東西來促銷。行銷者並沒有創造需求，這些需求早已存在。

㈢需要

人類有無窮的欲望，但是每個人所擁有的資源卻很有限。人們會把錢用來選擇能產生最大滿足的產品。當一個人的欲望有購買力支持的時候，欲望就成為「需要」了。

我們可以列出某一社會於特定時點的需要。例如在民國八十年七月我國有二千零六十萬人口，購買六千多萬打果汁、88,293 公噸的洗衣粉、五百多萬打牙膏。這些消費品與服務創造了許多引申需要，例如十二萬多公噸甲苯、25,712 公噸染料、及許多其他的工業產品。

二、行銷是要促成交易

當人類決定透過交易來滿足他們的需求時，才有行銷。

「交易」是指自他人取得所想要的標的物(object)，同時以某種東西做為交換的行為。

當一個人對某種東西有了欲望之後，可以藉各種方法來獲得這樣東西，交易乃是其中的一種方法。譬如，假設某人感覺到飢餓，他可經由以下三類方法取得食物：

1.自行生產：他可經由各種生產活動如打獵、垂釣、耕種等來獲取食物，以解除其飢餓。

2.交易：他可以其他東西來向別人換取食物，如用金錢、其他貨品或提供服務來交換所需之食物。

3.其他方式：他可採用各種勒索、竊盜或行乞的方式來獲取食物。

以上三類方法中當然以交易最爲妥當，因爲每個人無須勒索盜竊或依賴他人的施捨，同時亦不須自行生產所有的生活必需品。他可以生產自己最內行的產品，然後與他人交換所需的產品。藉由專業化生產，可使社會的總生產量較其他任何方法爲多。

交易乃是行銷學的核心觀念，交易的觀念如圖 1-1 所示，發生交易的條件如下：

1.至少有兩方。

2.雙方都擁有一些對方認爲有價值的東西。

3.雙方能夠進行溝通和運送彼此所需要的東西給對方。

4.雙方都有權接納或拒絕對方所提供的東西。

5.雙方都願意以自己的東西來交換對方的東西。

交易行爲的發生，會令雙方心理上都覺得有利(或沒有損失)，因爲彼此皆有採納或拒絕該項交易的的自由。所以，交易可謂是創造價值的一種過程。正如生產創造價值般，交易由於擴大每個人的消費選擇而創造了價值。

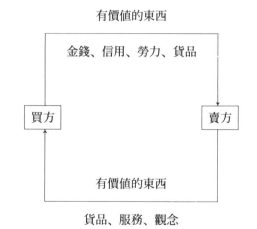

圖 1-1   買賣雙方的交易

市場是與交易密切關連的概念,市場通常被認爲是進行交易的地方,

但市場也可針對交易的人來定義：

「市場」是某種產品現有顧客及潛在顧客所組成的集合體。

這些顧客需具備下列四個條件：

1.對特定產品有所需求：沒有需求就不是顧客，無法構成市場。例如從不看電影的阿公阿婆，就非電影的顧客。

2.有購買能力：購買能力不一定是錢，也可以是產品或服務，甚至於只靠信用，也可以買到東西。沒有購買力，即使有需求也不是顧客。

3.願意以其購買力來交換特定產品：有購買力而不願意用，也不是顧客。譬如說把錢都存起來，捨不得花錢看電影的人就非電影的顧客。

4.有購買的資格：例如小孩子對限制級的電級，沒有買票和觀賞的資格。

三、行銷的最終目的是要達成組織的目標

公司或其他各種組織之所以要從事各種活動，去促成交易，滿足顧客需求，其最終目的仍是為了要達成組織的目標。在此所謂的組織，包括了各種營利或非營利組織。不管營利或非營利組織，都適用上述的行銷定義。

公司或其他營利組織努力去促成交易，滿足顧客需求，主要是為了達成獲利的目標。

追求合理利潤是企業的主要目標，但並非其唯一目標，除了利潤目標之外，企業還有其他重要的目標，例如：成長、員工滿足、社會福利等。

非營利事業所要達成的則是利潤之外的目標，非營利事業的目標相當紛歧，例如董氏基金會的目標之一，在提倡戒煙和禁煙的正確觀念和作法，減低香煙對國民健康的危害。大學的目標在培養高級人才，研究高深學術。

四、行銷包括各種活動

為了有效的促成交易，滿足顧客需求，以達成組織的目標，必須進行很多的活動。有些活動是由生產者來擔任，有些活動則由中間商（包括批發商和零售商）來擔任，有些則由購買者自行負責。行銷活動如表1-1所示，包括蒐集行銷資訊以了解顧客需求、選擇目標市場、擬定行銷組合策略(包括產品、定價、配銷、促銷)、執行行銷策略、控制行銷績效等許許多多的活動。

表 1-1　行銷活動與內容

活　　動		內　　　　　容
蒐集行銷資訊		設計與實施行銷實驗；觀察與分析購買者行為；發展與實施消費者調查；分析與解釋日常蒐集的銷售資料；實施行銷測試；評估市場機會；提供管理者有用的決策資訊。
選擇目標市場		綜合分析所蒐集之行銷資訊；評估公司本身的經營資源及能力。
擬定行銷組合策略	產品策略	發展與測試市場新產品；修正現有產品；淘汰未能滿足消費者慾望之產品；訂定品牌政策；創立產品保證與設立履行保證之程序；設計包裝計劃，包括材料、大小、樣式、顏色、設計。
	通路策略	分析各種通路；設計適當的通路；為零售商關係設計一有效方案；建立配銷中心；設定與執行有效率的產品持有程序；設定存貨控制；分析運輸方法；使總配銷成本極小化；分析工廠與批發或零售的可能位置。
	促銷策略	設定促銷目標；決定促銷方式；選擇與排定廣告媒體；發展廣告訊息；測量廣告的效果；招募與訓練銷售人員；設定銷售人員的酬償制度；劃分銷售領域；計劃與執行推廣方案，如免費樣品、折價券、展示、抽獎、銷售比賽、合作廣告方案等；準備與傳播宣傳報導。
	定價策略	分析競爭者價格；設立定價政策；決定定價方法；定價；決定對各類型購買者之折扣；建立銷售的條件和方式。
行銷執行與控制		設計行銷組織，激勵行銷方案的執行人員；評估與控制行銷活動的績效。

有些人認為行銷就是廣告和人員推銷，以為行銷就是要設法勸誘顧客購買產品，不管是否真的合乎顧客的需求，只要把貨品塞給顧客，就認為大功告成了。

事實上，行銷活動遠比廣告和人員推銷開始得更早，管理大師杜拉克(Peter Drucker)曾說過：

「行銷的目的在使銷售成為多餘，也就是說行銷是在真正了解消費者，提供合乎其需求的產品或服務，此時的產品或服務已自然達成銷售功能。」

行銷活動甚至比生產活動更早開始，行銷應先預測和了解顧客的需求，決定提供何種產品及服務，行銷也涉及產品設計、發展、包裝等各項決策。甚至在產品售出後，仍需做好產品保證、售後服務等各項行銷活動。

叄、行銷哲學的演進

行銷哲學的演進，和經濟發展、社會變遷有相當密切的關係。行銷哲學演進的過程包括生產觀念、銷售觀念、行銷觀念及社會行銷觀念四個階段。

一、生產觀念(production concept)

生產觀念或生產導向是最古老的行銷哲學，在十九世紀後期，工業革命發展到美國以後，許多美國企業，例如福特汽車公司就採取了此種行銷哲學，福特汽車推出了著名的 T 型車，只有單一車種，福特並首先採用裝配線的方式大量生產，降低成本，同時降低售價，使得美國的農民都能買得起這種車子，因此車子大為暢銷。生產觀念的重點是提高生產力、降低成本、提高品質，認為只要產品品質不差，價格適當，不需要促銷推廣活動，顧客就會購買，銷售與利潤的目標就可以達到。持有生產導向的企業認為生產技術與產品品質是決定企業成敗的關鍵。

國內企業開始採用生產觀念大約是在民國四十一年，那個時期臺灣

的經濟開始大幅成長，就經濟發展的過程來說，是處於第一次進口替代的階段，也就是以國內自行生產的產品來替代進口產品。大多數的消費者，對生活上的基本需求都還未滿足(還記得那時期作者剛上國民小學，同學們上學時大多打赤脚,穿鞋子上學的同學寥寥無幾)。在那種環境下，企業家只要能生產出品質夠好、價格夠便宜的產品，絕對不怕沒有顧客，很輕易的就可達到銷售額和利潤的目標。

採取生產觀念常會導致「行銷近視症」(marketing myopia)，生產者常常只看到自己技術上和品質上的優點，以致於忽略了顧客真正的需求。

二、銷售觀念(selling concept)

銷售觀念或銷售導向的行銷哲學，在西元一九二〇年以後開始爲美國企業界所接受。這種觀念的重點是，加強銷售和廣告活動，灌輸產品的優點，把產品推銷給顧客。奉行銷售觀念的公司認爲如果不努力廣告和推銷，產品的銷路將極爲有限。於是經常採取強力推銷(hard selling)和誘導式的廣告來達成他的銷售目標，而不管顧客所買的產品是否能發揮效用，是否可以得到真正的滿足。他們認爲廣告和銷售的能力，是決定企業成敗的關鍵。但事實上，這種銷售導向的做法，長期來說，將會失去顧客的信心而危害到自己的市場。

國內企業界開始採用銷售觀念的時間，大約是民國五十年。那時，由於進口替代產業的快速擴張，國內市場已漸漸趨於飽和。在經濟發展上，進入了出口擴張的階段。由於國民所得的提高，許多消費者開始有錢購買民生必需品以外的產品。企業界也開始積極用各種廣告和促銷活動，來大力推銷產品。

三、行銷觀念(marketing concept)

　　行銷觀念或行銷導向的行銷哲學，有人稱為顧客導向的觀念。西元一九五○年後，一些美國企業開始採用這種比較新的觀念。行銷觀念認為顧客至上、顧客是王(customer is king)。對一個企業的成敗來說，產品品質、價格、廣告、推銷等行銷手段固然重要，但最重要的是在於設法了解顧客的真正需要，然後針對他們的需要，研究設計產品，並以最有效的方法，將產品傳達給顧客以滿足他們的需要。行銷觀念的精神是始於顧客，終於顧客，一切以顧客為依歸，隨時隨地為顧客著想。公司任何的決策都應該配合顧客的需要。

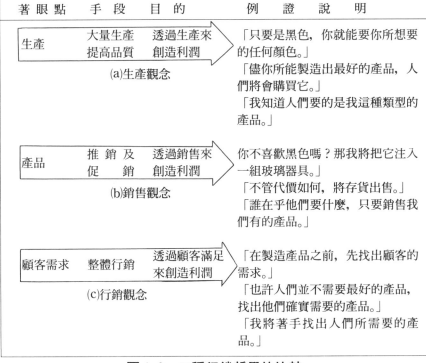

圖1-2　三種行銷哲學的比較

　　圖1-2說明三種行銷哲學之差異。生產觀念是藉大量生產、降低成

本、降低售價，使消費者能買到品質不差而價格低廉的產品。銷售觀念是藉推銷與促銷公司現有的產品，以獲得利潤。而行銷觀念的基礎則在於目標消費者的需求與欲望，然後整合一切能滿足顧客需求的活動，透過顧客的滿足，來達成獲利的目標。

生產觀念的著眼是生產，銷售觀念的著眼是產品，行銷觀念則是顧客的需求；生產觀念的手段是大量生產、提高品質；銷售觀念的手段是推銷及促銷，行銷觀念則是整體行銷；生產觀念的目的是透過生產量極大化來創造利潤，銷售觀念的目的是透過銷售來創造利潤，而行銷觀念則是透過顧客滿足來創造利潤。

國內企業界開始採用行銷觀念的時間，大約是民國六十年左右。那時，國內外的經濟情勢發生了重大的改變。工業發展的方向逐漸由勞力密集的輕工業產品，如紡織品，轉移到原本靠進口的機器設備和耐久性消費品，如家電業。顧客在購買這些產品之前，通常會很慎重的評估，不能真正符合顧客需求，或者口碑不佳的產品，很難銷售成功。因此有些企業開始對顧客的需求，進行徹底的分析，使產品及公司整體的行銷努力，都能配合顧客的需求，麥當勞(McDonald)公司就是採用行銷觀念而成功的實例。

四、社會行銷觀念(social marketing concept)

近年來，關心行銷活動的人士，有鑑於行銷觀念過分重視滿足個人需求及企業的利潤，而對於長期的社會福利卻置之不顧，因此產生了社會行銷觀念。他們主要的看法是這樣：在面臨環境污染、能源短缺、人口爆炸性成長、通貨膨脹瀰漫全球以及社會福利有名無實的情形下，單單以行銷觀念做為經營哲學是不是合適？能確認消費者需求，並且能提供產品及服務來滿足顧客需求的廠商，是否就能符合消費者及社會大眾長期的利益呢？行銷觀念並沒有考慮公司利潤、消費者利益以及社會福

利三者之間的衝突。

　　圖 1-3 說明，社會行銷觀念是要求廠商將公司利潤、消費者需求、以及社會大眾利益三方面作整體平衡的考慮。不少公司因為採行社會行銷觀念而導致銷貨及利潤的大幅增加。例如美國巨人食品(Giant Food)公司首先採用單位定價。該公司指派了一些知道如何節省家用的人到零售商店，幫助消費者更明智地購買及準備食品。同時邀請前任負責消費者事務的總統顧問愛瑟彼德森(Easter Peterson)加入巨人食品公司的董事會，並且指導該公司的零售商，使其變得更為消費者導向，這些做法的效果相當顯著，巨人食品公司宣稱說：「這些活動大大的提升了巨人食品公司的商譽，而且也贏得了消費者運動領導者的讚賞。」

社會

(人類福利)

消費者　　　　　　　　公司

(滿足需求)　　　　　　(利潤)

圖 1-3　社會行銷觀念下的三方面考慮

　　上述四種行銷觀念或行銷哲學，雖然產生的時間有前後的差別，生產觀念最早產生，其次是銷售觀念，然後是行銷觀念，最後是社會行銷觀念，但目前在我國的企業界中，上述各種行銷哲學仍然都可以發現，不過，就公司、顧客和社會大眾三方面的長期利益來說，我國企業應該積極邁向社會行銷觀念的境界。

重要名詞與概念

行銷　　市場

需求　　生產觀念

欲望　　銷售觀念

需要　　行銷觀念

交易　　社會行銷觀念

自我評量題目

1. 試說明行銷的重要性有那些？

2. 試說明行銷的意義及其內涵。

3. 市場除指交易的地方之外，是否可有其他的定義？

4. 試舉例說明行銷哲學演進的過程。

5. 行銷觀念在那些地方有別於生產觀念和銷售觀念？

討論：非營利機構行銷觀念的應用—佛光山

　　民國三十八年，佛光山的創辦者星雲法師，剛到臺灣時，連要找個寺廟去「掛單」都到處碰壁。而現在星雲法師和其弟子們所創建的佛光山，已成為臺灣的一處佛教中心和旅遊勝地。除了宏偉的寺廟、神像之外，還設有由托兒所到大專程度的許多教育機構。其營運範圍更廣及工廠、農場、書局、餐旅等各種事業。總資產高達十億元，對佛教思想文化的傳播也有很深遠的影響。本個案將從行銷的觀點，來分析探討佛光山這個相當成功的非營利事業。

一、目標市場的選擇

　　民國四十一年，星雲法師在經過兩三年困頓流離的生活後，到了宜蘭的雷音寺。在此地他逐步努力去實現其「人間佛教」的理想。把佛教從「出世」的立場帶進「入世」的境界。他改變傳統的做法，組織「唸佛會」來接引信徒。讓許多不識字的人，參加唸佛會後，也能拿起經本逐本逐字逐句的唸經，甚至能背誦。星雲法師還組織歌詠隊，吸引青年接受佛教。並舉辦幼稚園、兒童佛學班，甚至到廣播電台、到監獄中去佈教弘法。這些做法在佛教界中誠屬創新之舉。這種「入世」的做法，使佛教界中守舊的一些長老大為反對。

　　星雲法師在宜蘭講經說法數年後，名聲日揚。這時他感覺到宜蘭的發展前途畢竟有限，應該往別處尋求發展。他權衡局勢，認為北部有多位佛教長老駐錫，發展上比較受限制，而南部卻沒有高僧大師，頗有發展的餘地，於是選定高雄為他開荒辦道的地方。民國五十二年，先在高

雄市鼓山區創建壽山寺。民國五十六年，又以一百五十萬元買下了高雄縣大樹鄉麻竹園二十甲的山地。星雲法師在形容當初情形說：「二十甲地全是很陡的山坡，有很深的山谷，人走在上面很費力難行，開發時僅推土機把山頭的土推到山谷裡，慢慢的才開出平地來。」最初興建佛光山時，沒有什麼具體的計畫。星雲法師和他的信眾一鏟一鍬、一筐一擔的展開建寺工程。依序建了東方佛學院、懷恩堂(圖書館)，然後是大悲殿、育幼院，接著又陸續完成了十幾處殿宇或觀光設施，最後又設立了普門中學，投入的資金高達十億元以上。

這麼龐大的資金從何而來呢？佛教僧眾的基本收入是靠化緣。和尚沿門托鉢，化募錢財是最原始的方法。中國的和尚除了托鉢化緣之外，募款的辦法還有趕經懺、油香錢或靠大施主的施捨。趕經懺，就是應信徒之請做超渡亡魂的儀式，以賺取酬勞。油香錢則是信徒到佛寺隨緣施捨的錢，供添佛燈的油、佛前的香之用。星雲法師不喜歡傳統的這幾種辦法，他認為趕經懺、油香錢，若不以法師個人的道德與修為做基礎，很容易讓人陷入安逸墮落。找大施主也不為星雲大師所喜用。因為一個人對某個寺院出錢出多了，就容易產生「那個寺院是我一手扶持大的」心理。這種心理就是日後和尚與施主爭吵的根本原因。

他認為目前社會中有許多人，出個三、五百元，甚至上千元根本不當一回事，絕不會想控制或干涉寺務。所以他寧願廣結善緣，多找一些小施主，不要一兩個大施主。

就行銷的觀點來說，佛光山等宗教組織必須同時滿足兩種顧客群體：接受宗教思想、參加宗教儀式、或其他各種產品、服務者稱為顧客大眾；贊助或支持此宗教組織者稱為支持大眾。佛光山的一般小額捐款者，本身既是贊助和支持佛光山的人，同時也是接受佛光山的宗教、文化或其他服務者。

此種做法使佛光山能對目標市場，同時進行募集資源和提供服務兩

大功能，而且頗能迎合我國所得日益平均，中產階級日益增多的社會經濟特性。佛光山也附設了各種教育和慈善機構，其中有些機構如育幼院等的服務並不收費。佛光山必須由其他地方多募集資源，來支持這些機構提供免費的服務。此外，由於許多佛教界和其他社會人士，對佛光山此種積極行銷的做法，頗有非議。佛光山也必須對未接受其產品或服務，也未支持或贊助其活動的社會人士（稱為一般大眾）展開行銷活動，來塑造優良的組織形象。

二、行銷組合策略

星雲法師如何廣結善緣呢？他所設計的辦法約有以下數種：

1.每週在臺北地區舉辦「佛光山朝山團」。包括車費和兩宿五餐每人僅收兩百元。雖然經辦人員以及信徒本身屢次反應要調高費用，但星雲法師堅持「大眾化」的原則。他認為許多臺北地區的善信嚮往佛光山，很希望有機會南下一遊，但限於時間、經濟或交通問題無法成行。朝山團給予他們方便，滿足他們南下一遊的心願，他們到佛光山上絕對不會白吃白喝，多多少少會出一些錢以為「功德」。星雲大師廣結善緣的目的就達成了。

2.建萬佛城萬佛殿。塑造佛像在佛教教義中是相當重要的事。星雲法師建萬佛殿和萬佛城就是針對這種心理而設計。在接引大佛四周、大悲殿和大雄寶殿牆壁上都嵌裝大小佛像，且有二萬多個佛龕。各尊佛像都由信徒捐塑，兩殿的殿柱、浮雕、琉璃瓦等都是由信徒認捐。在指定的認捐物上，都掛上捐款者的名牌。

3.光明燈和平安燈。有了萬佛殿後，則更設點光明燈，由往來的信徒遊客登記點燈，一年收取費用若干。在元宵時舉辦平安燈，在佛光山的觀光活動區普遍架設起平安燈，每盞燈都由信徒捐款認點，把整個佛光山點綴得繁燈點點，熱鬧異常。

　　4.萬緣法會。一人一緣的萬緣法會，在每年秋季，配合上佛光山及各地分院的活動空檔，加之十月又是觀光旺季，每年約有近萬人參加，真是名副其實的萬緣法會，參加者每人只需出二百元便成結緣。法會期間，凡結緣者都在牌坊上榜示大名，並為其消災祈福。

　　就宗教組織所提供的許多服務來說，提供服務者和接受服務者，必須在同一時間出現在同一地點。配銷通路的密度和零售地點的選擇就顯得格外重要了。配銷通路愈密，零售地點愈便利，接受服務的顧客也會愈踴躍。佛光山為了便利各地的信徒禮佛朝拜，在全國各地設了十一所分院，甚至連偏遠的澎湖都設了一所分院──信願寺。為了便利海外的信徒，同時在海外宣揚佛教，佛光山在美國洛杉磯設了西來寺，香港和馬來西亞也分別有其分支機構。非營利機構除了要設法增加服務地點，或者選擇較便利的服務地點之外，也必須在實體分配作業上加強服務。佛光山對於欲前往拜佛的遠地信徒，也以低廉的價格提供便捷的遊覽車。

　　星雲法師善於利用各種傳播媒體和其目標市場的視聽眾，溝通其個人及其宗教組織的訊息。所使用的傳播媒體包括電視、廣播電台、報紙、雜誌（佛光山自行出版普門雜誌及其他許多刊物）等。講經說法是宗教組織的主要服務內容之一，但同時也是最主要的促銷溝通工具，星雲法師的講經說法也頗符合現代人需求。他有鑑於現代人都十分忙碌，無法花幾個月去聽完一部經典。因此他揚棄了傳統的以一部經典為主的講經辦法，改以一次講一個題目為主。一個題目就是一段佛法，聽者能夠很容易接受佛教的思想。

　　星雲法師講經時非常重視會場的佈置和所烘托出來的氣氛。民俗學者宋光宇先生有如下的描述：「當布幕揭開後，紅色地毯、藍色背景，襯托著五尊佛像。在聲聲鼓音的指引下，四隊負責獻供的居士分別捧著鮮花、燭光、水果、香茗，踩著乾冰造製造的雲霧緩緩而進，舞臺燈光也跟著舞臺人物的進出而變化，讓全場觀眾有一種特別新奇的感受。在說

法之後迴向祈福時，眾比丘尼也在乾冰護送下進場，星雲法師與四位比丘尼佇立雲氣中，這種景象像極了傳說中的仙境。與會者同聲唱偈，產生濃厚的宗教氣氛。這種把舞臺效果加到傳統的說法場合是星雲大師的創新之舉。」

【問題討論】

1.佛光山對目標市場之選擇是否適當？試評論之。

2.你是否贊成佛光山所採用的各種行銷組合策略？贊成或反對的理由為何？

第二章　行銷管理與策略性行銷規劃

單元目標

使學習者讀完本章後能

- 說明行銷管理的意義及過程

- 說明行銷規劃程序的各個步驟

- 舉例說明公司的宗旨

- 說明公司目標應有的特性

- 舉例說明公司如何分析公司內外情境

- 說明事業組合策略之分析方法

- 指出成長策略的各種方向

摘要

　　行銷管理過程包括三個步驟：1.策略性行銷規劃，2.行銷執行，3.行銷控制。策略性行銷規劃之過程包含：(1)確定公司宗旨及目標，(2)分析市場及內部情境，(3)擬訂公司策略，(4)發展行銷策略；行銷執行過程則包括：(1)發展行動計畫，(2)建立組織結構，(3)發展人力資源，(4)調整領導風格，(5)設計激勵制度，(6)選擇溝通方式等六個互相關連的活動；至於行銷控制程序則包括：(1)建立標準，(2)衡量實際績效，(3)判定差異、分析原因，(4)採取改正行動等四大步驟。

　　策略性行銷規劃是綜合公司的長期策略規劃與行銷規劃兩種系統，所發展出來的規劃程序，它的步驟包括確定公司的宗旨及目標，分析公司內外情境，擬定公司總策略及發展行銷策略。

　　宗旨應明確指出公司營運的業務範圍，業務範圍可由產品、需求、目標、市場、技術、垂直整合程度、獨特能力等方面來定義。由公司宗旨進一步衍生出目標與標的，這就是大家熟知的目標管理制度。目標需具備階層性、數量化、切合實際、一致性和均衡性。

　　接著必須分析公司的內外情境，包括分析外在的機會和威脅，及內在的優勢和弱點。若優勢能配合環境機會的成功要件，即找到企業可掌握之市場機會。然後就要擬定事業策略，包括事業組合策略和成長策略。事業組合策略是指每一事業所接受的資源，是否應予增減，公司可採用波士頓顧問團「成長率─佔有率矩陣」，或者奇異公司的「策略性事業矩陣」來分析。為求公司的成長，公司可以在現有的產品與市場中尋求密集成長的機會(市場滲透、市場發展及產品發展)，可以在所屬的行業中尋求整合成長的機會(向後整合、向前整合及水平整合)，也可以跨越現有行業之外尋求多角化成長的機會（集中多角化、水平多角化及綜合多

角化)。最後，公司須發展行銷策略，包括目標市場的選擇和行銷組合策略的擬定。

　　從上一章的討論中，我們了解現代的公司在社會行銷哲學的引導之下，其營運目標，已逐漸能兼顧到公司利潤、消費者需求以及社會大眾利益。但行銷管理者要想協助公司達成這些目標，就必須先瞭解行銷管理的意義與過程，進而加強其策略性行銷規劃。

壹、行銷管理的意義與過程

　　行銷管理是一系列規劃、執行與控制的過程，以幫助企業達成其目標。

　　行銷管理是為了要有效的進行產品、價格、通路和促銷等活動，以滿足其目標市場的消費者需求的一系列規劃、執行與控制的過程，行銷管理需配合外在的各種環境因素。

　　行銷管理的任務在思考、執行並解決各種行銷的問題，以達成公司的目標。例如：

- ●公司的使命是要滿足何種顧客？何種需求？
- ●是否需要推出新產品？
- ●現有產品是否需要改進或修正？
- ●現有配銷通路是否太少？
- ●廣告和人員銷售需花費多少？
- ●定價是否太高？

　　行銷管理的過程可分為三個步驟：(1)策略性行銷規劃；(2)行銷執行；(3)行銷控制。在規劃的階段須設定執行階段的指針，並具體的指出預期的成果。這些預期的成果將用在控制階段上，以確定是否每件事情

都按計畫去做了。從控制階段到規劃階段的連結尤其重要，此種回饋可以在下一循環的規劃中，用來修正或調整其目標、策略和計畫。如圖 2-1 所示。

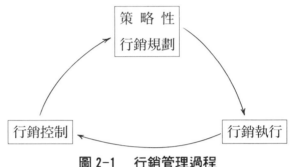

圖 2-1　行銷管理過程

　　行銷者須分析行銷環境與市場機會，規劃出良好的公司整體策略及行銷策略。且必須進一步發展出詳密的行動計劃，建立有效的行銷組織、結構、設計決策和酬賞制度，發展適當的人力資源，培養良好的管理氣候和公司文化，方能有效的執行行銷策略。此外，行銷者還需要發展出妥善的行銷控制制度，對行銷組織的各項活動和績效不斷的加以評估和修正，以確保行銷目標之達成。以下分別摘要說明行銷管理過程的每一階段：

一、策略性行銷規劃

　　策略性行銷規劃是綜合了策略規劃與行銷規劃兩種規劃系統，而發展出來的一種規劃過程，策略性行銷規劃又包括下列四大項：

㈠確定公司宗旨及目標

　　每個組織的存在都是為了完成某些事情,公司要確定其存在的宗旨,並且把這些宗旨轉化為每一管理階層的目標，例如每一階層的利潤目標或成長目標。

㈡分析市場及內部情境

　　管理當局應分析市場機會及公司未來的遠景，認淸公司從事的各種事業和產品，在市場上面臨的機會和威脅，分辨公司的優勢及弱點，使公司的資源能密切配合市場的機會，應付可能的威脅。此種分析也稱爲WOTS(Weaknesses, Opportunities, Threats and Strengths)分析。

　　行銷環境代表著公司的機會與威脅，公司應該善用行銷研究與行銷資訊，以隨時掌握環境的變化。行銷環境分成個體環境與總體環境：個體環境(microenvironment)包括公司、行銷通路機構、消費市場、競爭者以及社會大衆，這是直接影響公司提供產品與服務之力量；總體環境(macroenvironment)是由比較強大的社會力量所構成，它可以影響個體環境中的每一份子，這包括人口統計、經濟、自然、技術、政治及文化環境等。

㈢擬定公司策略

　　公司策略(Corporate strategy)是要決定如何將公司的資源，適當的分配到公司的各個事業，並且決定每個事業成長和發展的方向，以達到公司的宗旨和目標。

㈣發展行銷策略

　　行銷策略具體的指出目標市場和相關的行銷組合。行銷策略的討論是本書的主要重點，佔本書最多的篇幅，行銷策略包括選擇目標市場及爲此目標市場擬定一套行銷組合策略。

二、行銷執行

　　行銷執行是把行銷策略和計畫化爲行銷行動，以達成行銷目標之過程。行銷執行包括動員公司整體的人力和資源，來進行每日或每月的例行行銷活動，透過這些活動有效的實現行銷計畫。執行系統包括六個相關連的活動：(1)發展行動計畫；(2)建立組織結構；(3)發展人力資源；(4)

調整領導風格；(5)設計激勵制度；(6)選擇溝通方式。

三、行銷控制

行銷控制是指設定行銷活動標準，衡量行銷活動績效，判定實際績效與標準的差異，分析差異原因，並採取改正行動的過程。

控制過程包括四大步驟：(1)建立標準；(2)衡量實際績效；(3)判定差異，分析原因；(4)採取改正行動。

行銷控制有五種類型：(1)銷售控制；(2)市場佔有率控制；(3)行銷費用控制；(4)利潤控制；(5)行銷稽核。

貳、策略性行銷規劃

企業要想在競爭劇烈、變幻莫測的環境中生存發展，必須做好長期性的策略規劃。公司的行銷策略必須配合公司整體的長期發展策略。因此行銷規劃不能單獨進行，而必須與公司整體的長期規劃連貫發展。策略性行銷規劃就是綜合了長期策略規劃與行銷規劃兩種規劃系統，而發展出來的一種規劃程序。

一、策略性行銷規劃的步驟

策略性行銷規劃程序包括四大步驟：（如圖 2-2 所示）

㈠**確定公司的宗旨及目標**：確定公司存在宗旨及公司的長短期目標。

㈡**分析市場及內部情境**：分析市場的機會和威脅，並分析公司內部的強處和弱點。

㈢**擬定公司策略**：擬定公司整體的事業組合策略及成長策略。

㈣**發展行銷策略**：選擇目標市場及針對目標市場所採取之行銷組合

策略。

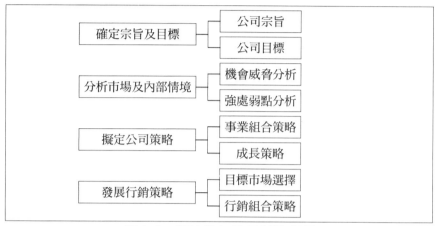

圖 2-2　策略性行銷規劃的步驟

二、確定公司宗旨及目標

策略性行銷規劃的首要工作，就是要確定公司宗旨和公司目標。

㈠公司宗旨

在一個大環境中，每個公司的存在是爲了要替社會做某些事情或提供某些價值，公司的宗旨在創立之初通常設定得很清楚。但後來，由於公司的產品不斷改變，市場也不斷的改變，而使公司的宗旨變得不明確，或者宗旨雖然明確，但卻和新的環境狀況不能配合了。

宗旨的陳述應該很明確的指出公司營運的「業務範圍」(Business domain)。依照亞伯爾(Abell)的說法，企業的業務範圍可以三個構面來定義：⑴所要服務的「顧客群」，⑵所要滿足的「顧客需要」(Customer Needs)，⑶滿足這些需要的「技術」(Technology)。例如，有一家爲零售店設計會計資訊系統的小公司，它的顧客群是零售店；顧客需要是電腦程式，技術是設計電腦系統。這家公司的業務範圍之界定如圖 2-3 所示。

這家公司可以在這三個構面上自由擴張或收縮其業務範圍。例如，

它可在顧客群的構面上擴張，決定為其他顧客群如家庭、工廠及辦公室
提供電腦程式。或在顧客需要的構面上擴張，它可提供零售店所需要的
其他電腦程式，諸如：庫存、定價和人事薪資。或者在技術的構面上擴
張為零售店提供其他電腦資訊技術，諸如：電腦維修、病毒防治和多媒
體製作。公司的每一個事業乃以此三構面的交集來界定。假如這家公司
進入圖 2-3 其他位置時，就表示它擴大了它的業務範圍。

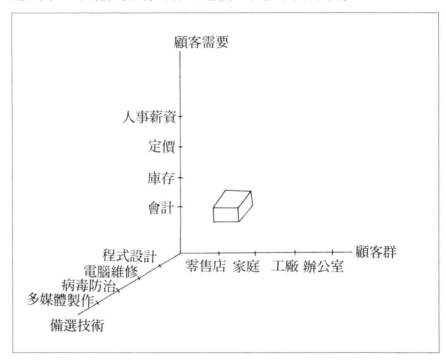

圖 2-3　一家小型資訊公司現行業務範圍的定義

　　李維特(Levitt)在其《行銷近視病》*(Marketing Myopia)*一書中認
為以市場來定義一個事業，遠比用產品或技術來定義更好。他指出一個
事業應被視為「顧客滿足過程」，而不是一個「產品生產過程」。產品是
短暫的，而基本需求與顧客群是永遠存在的。一個馬車公司將會隨著汽
車的發明而很快消失。但若該公司將其公司宗旨定為提供運輸，則它將

可從馬車的製造轉爲製造汽車。李維特鼓吹公司將其業務範圍由產品導向變爲市場導向。

㈡公司目標(Company Objectives)

根據所謂的目標管理制度，必須將公司的宗旨轉化爲由總經理到領班每一管理階層的特定目標。最共同的目標是獲利率、銷售成長、市場佔有率的改善、風險分散和創新。爲了使組織的各項目標發揮用途，目標必須具備階層性、數量化、切合實際、一致性及均衡性這幾項特性。

1.階層性：公司通常同時追求數個目標。這些目標應該以階層化的形式從最重要到最不重要的目標加以排列。下面就以中國電腦公司（名稱虛擬）來爲各位說明目標階層。中國電腦公司最近數年來，獲利率一直不高，只有5%，使得公司各「股東」十分關切。此報酬率太低以致於公司無法擴展計畫及提供更好的服務及設備給顧客。因此，公司管理當局的主要目標，便是提高其投資報酬率。

2.數量化：公司的目標應儘可能用數量來表達。譬如說，「增加投資報酬率」這個目標就比較不明確，而「提高投資報酬率到12%的水準」就比較數量化；「在第二年結束之前，把投資報酬率提高到12%的水準」，這個目標就更明確了。一個目標若是非常明確，且以數量和時間來描述，通常就把它稱爲標的(goal)。把目標轉換成具體的標的，有助於整個管理程序的規劃、執行和控制。

3.切合實際：公司必須爲其目標選擇實際可行的目標水準。此目標水準(target level)應該經過機會和資源的分析，認爲確實可以達成而不是高層主管一廂情願的決定。可以實現的目標才能激勵員工的努力，而不會造成員工士氣的打擊。

4.一致性和均衡性：最後應該注意的是，公司的各項目標需具有一致性(Consistent)和均衡性(Balance)，各項目標盡可能有一致的方向，才不會把力量互相抵消，但有些目標難免會彼此衝突，例如「同時追求

最大利潤及最大銷售量」，實在不太可能；也不可能「以最低的成本獲得最大的銷售量」。

三、分析市場及內部情境

㈠機會與威脅的分析

策略性行銷規劃的第二個步驟是分析內外情境，首先要從外在的情境來分析公司所面臨的市場機會與威脅，公司的管理者，應認清公司各種事業和產品所面臨的機會和威脅，管理者應避免埋頭苦幹，僅注意目前的問題，而忽視對公司未來有重大影響之發展。管理者應該眼觀四面、耳聽八方，儘可能列出想像得到的各種機會與威脅。試以菸酒公賣局的香菸爲例，它的機會與威脅如下：

1. 某種昆蟲可能危害全世界之菸草，使香菸原料供給發生問題。

2. 我國衛生署規定，所有的香菸在包裝上必須印有警告文字：「爲了您的健康，吸菸請勿過量」，許多人因而望菸生畏。

3. 輿論紛紛主張禁菸，有些公益團體也倡導禁菸，愈來愈多的公共場所禁止人們吸菸。

4. 菸酒開放進口，國產香菸遭受洋菸嚴重的威脅。

5. 最近發現一種昆蟲專門侵襲菸草，假如不能找出控制昆蟲繁殖的方法，可能會使得未來的收成減少，而不得不提高香菸的售價。

6. 國外目前正進行一項幾乎已達成功階段的研究，將萵苣的葉子變爲良性菸草，若是成功，則新的菸草將無害且更令癮君子心曠神怡。

7. 青少年市場的香菸消費量迅速增加。

8. 職業婦女大量增加，許多婦女對香菸不再排斥，女性香菸的市場逐漸擴大。

以上各項因素對香菸產業都有很大的意義存在。前五項可歸類爲威脅(threat)：「威脅」是指不利的趨勢或事件所加諸公司的挑戰，在缺乏

有意義的行銷活動之下，此種挑戰可能會導致某種產品的淘汰或衰退。

　　然而並非所有的威脅都值得重視，管理者應根據潛在重要性與發展機率兩個方向來評估。上述的五種威脅經過評核後，列於圖 2-4 A，五種威脅的潛在重要性皆高，其中有三者發生的機率很高。管理者應該集中注意力於這些重大的威脅（也就是潛在重要性及發生機率皆高的威脅），並擬定對策謀求應變。雖然位於右上角及左下角的環境威脅，比較不需要制定應變計畫，但是管理者仍應嚴密的監視它們，至於右下角則可略而不顧。

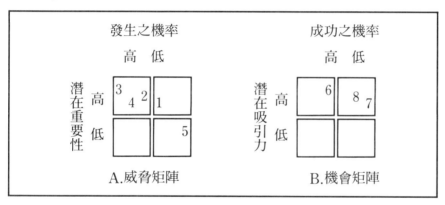

圖 2-4　機會與威脅矩陣

　　前面所述的第 6 到第 8 三項因素稱為公司的行銷機會：「行銷機會」是指對公司行銷活動具有吸引力的範疇，在此一範疇內，公司有競爭的優勢。

　　並非所有行銷機會都有相同的吸引力，行銷機會亦可依照潛在吸引力與成功機率兩個基本的方向來評估。經管理者評核之後，三種行銷機會的位置如圖 2-4 B 所示，圖中左上角是潛在吸引力和成功機率都較高的機會，管理者將就左上角的行銷機會擬定具體的行動計畫，密切注意左下角及右上角的機會，至於右下角的機會，也就是潛在吸引力和成功機率都較低的機會，幾乎都可以不管。

㈡優勢及弱點分析(Strengths/weaknesses analysis)

機會及威脅是外在的因素，優勢及弱點則是公司「內在的」因素。公司的優勢是指公司在某些方面所具有的獨特能力，在這些方面公司的能力超越可能的競爭對手，可以做得比對手更有效率，也因此擁有一些差別的利益。例如瑞典的富豪汽車公司(Volvo)，在汽車安全性方面發展出獨特的能力。Volvo對改善汽車安全的研究常常超越了歐美國家的安全規定，例如車體設計採用特別強化的安全箱形來設計，可以承受來自各方面的衝撞和壓力，減少乘客受到傷害的機會。

相反，公司的弱點則是指公司在某些方面，能力比可能的競爭對手差，公司必須設法改善這方面的能力，如果很難改善的話，就必須利用公司的優勢來彌補。

㈢評估市場機會

一個企業的市場機會是指──在市場競爭上，某一公司可能享有比其他公司更多的差別利益或競爭優勢，至於是否能做到這點，端視此一公司是否較其競爭者更能把握環境機會，能更有效率的提供更好的產品及服務，以滿足顧客的需要。每一個環境機會都有許多成功的條件，而企業也有其獨特的能力。換言之，只有當企業的獨特能力較其潛在競爭者，更符合環境機會的成功條件時，始能獲得比其他公司更多的利益和優勢。茲以研究電動車為例，說明如下。假設福特六和、臺塑、聲寶等均考慮電動車為行銷機會，在此市場上，那家公司將享有比其他公司更多的差別利益呢？

首先考慮成功的要件，電動車成功的要件可能是：(1)與鋼鐵、橡膠、塑膠、玻璃以及生產汽車所需的其他物品的供應商具有良好的關係。(2)具備大量生產與裝備複雜機械的技術。(3)能製造能源效率很高的電池。(4)具備大量而有效的配銷系統，俾能將產品銷售及運送給購買者。(5)遍佈全國的維護修理網，以提供最佳的售後服務。根據上面五個成功要件，

再考慮各公司的資源能力，可以發現福特六和所擁有的資源除了第三項之外，頗能配合其他的成功要件，而其他兩家公司則僅在某一方面稍有優勢，但無法與福特六和比較。因此在生產與銷售電動車方面，福特六和比其他二家公司享有更大的差別利益。

從這個電動車的例子可以了解，當公司的資源能力或特長，能配合環境機會所需的成功要件時，就成為一個企業的市場機會了。

四、擬定公司策略

公司策略(corporate strategy)是要決定如何將公司的資源適當的分配到公司的各個事業，並且決定每個事業成長和發展的方向，以達到公司的宗旨和目標。

(一)事業組合策略

公司需要對其目前的事業組合作一番評估，並且決定各個事業要做些甚麼，何種事業應該建立、維持、減少營運或廢止。

首先，公司必須謹慎地界定其所處事業的真實狀況。一家經營十二個事業部門的公司，未必就是有十二種事業(Business)。如果該事業部為不同的顧客群生產不同的產品，單一個事業部就可能包含幾個事業。反之，兩個或多個事業部可能彼此相關連，而形成單一個的事業。因此，公司必須認清它的各種事業。奇異公司在幾年前曾嚴格地實施這項界定措施，而界定出四十九個不同事業。他們稱這些事業為「策略事業單位」(Strategic Business Unit，簡稱 SBU)。

對每個「策略事業單位」(SBU)必須評估其策略性的利潤潛能。近十幾年來，行銷學者相繼提出了幾種事業組合評估架構，而其中最有名的是波士頓顧問團(Boston Consulting Group)和奇異公司兩種分析架構。限於篇幅我們只介紹波士頓顧問團的成長與佔有率矩陣。

波士頓顧問團(BCG)，是一家著名的管理顧問公司，它發展出一個稱

為「成長—佔有率矩陣」的分析方法，如圖 2-5 所示。這八個圈圈代表一家公司目前八個事業的規模與位置。每個事業的營業額是以圈圈的大小來表示；每個事業的位置由市場成長率及相對市場佔有率來表示。

在垂直軸上的市場成長率乃表示該事業每年的市場成長率，在圖 2-5，此成長率的範圍從 0% 到 20%。一個市場成長率若高於 10%，則被認為相當高。

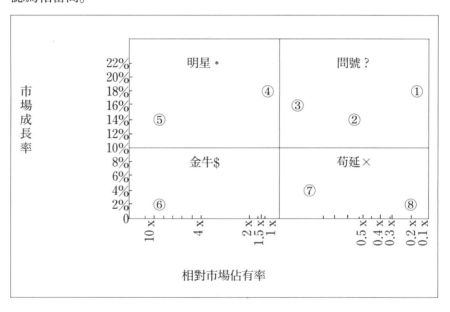

資料來源：B. Heldey, "Strategy and the Business Portfolio", *Long Range Planning*, February 1977, p. 12.

圖 2-5　波士頓顧問團成長與佔有矩陣

在水平軸上的相對市場佔有率，乃指該策略事業單位相對於最大競爭者的市場佔有率。相對市場佔有率 0.1，意指公司的策略事業單位的銷售量僅是領導廠商銷售量的 10%，而 10 意指公司的策略事業單位是市場領導廠商，而且是市場上第二大公司之銷售額的十倍。相對市場佔有率，以 1 做為分界線，分為高佔有率與低佔有率。所有的相對市場佔有

率都以對數尺度繪於圖上，因此，距離等長表示增加的百分比相同。

　　成長與佔有矩陣分成四個格子，每個格子表示一個不同型式的事業：

　　1.問號事業(Question mark)——問號事業，意指高度成長、低度佔有率的事業單位。大多數的事業，都是從問號事業開始的，因為公司往往要設法進入一個高度成長的市場，而在這市場中則早已經有一個市場領導廠商。問號事業需要許多現金，因為公司必須不斷增購廠房、設備、及增聘人員，以配合快速成長的市場，甚至是為了要追上領導廠商。問號(Question mark)這個名稱選得很好，因為公司必須仔細考慮是否要投入更多的資金於該事業，或者要退出該事業。在圖2-5中的公司擁有三個問號事業，而這個數量似乎嫌多了點。因此，與其要分散投資於三個事業，而每個事業所得的資金都只有少量的話，不如把大部份的金錢投資於這三個事業中的一個或兩個。

　　2.明星事業(Stars)——假如一個公司將一個問號事業經營成功，則它便成為明星。明星(Stars)是一個高度成長市場中的領導廠商。但這未必表示明星事業可以從它的利潤中，提供公司許多現金。相反的，公司必須為它花費很多資金，以配合市場的成長速度，及反擊競爭者的攻擊。明星事業經常是花錢而不是存錢的事業；但是他們往往成為公司未來的金牛事業，在圖2-5的例子中，公司擁有兩項明星事業。假如公司當前沒有明星事業的話，則公司當局應表示關切了。

　　3.金牛事業(Cash Cows)——當一個市場每年成長率落到10%以下時，原先的明星事業若仍擁有最大的相對市場佔有率，它便成為金牛事業。金牛事業之所以如此稱呼，乃是因為它為公司產生了許多現金，因為市場的成長率低，公司不必為它大量擴張融資。且因該事業是市場領導廠商，能享受經濟規模及較高的利潤。因此，公司便可使用其金牛事業所產生的大量現金，來支援其他需要用錢的明星、問號及苟延殘喘的事業。在本例中，該公司僅擁有一個金牛事業，因此顯得相當脆弱。

就這項弱點而言，一旦該金牛事業突然喪失了相對市場佔有率時，公司必須再將足夠的資金回投，以維持其市場領導地位。假如公司將其資金統統用來支持其他事業，則其強壯的金牛事業可能會變成虛弱的事業。

4.苟延殘喘事業(Dogs)──苟延殘喘事業是用來形容低度成長的市場中，低佔有率的事業單位。它們或許不太可能成為現金的大來源，但它們所產生的損失也很小。在本例中，公司擁有兩個苟延殘喘的事業，稍嫌太多了一點。苟延殘喘的事業不值得花費太多的管理時間，相反地，需加以減少或廢除。

在確定公司各個事業在成長與佔有矩陣中的位置後，公司應決定其事業組合是否健全。一個不平衡的組合不是擁有太多的苟延殘喘事業或問號事業，就是擁有太少的明星事業及金牛事業。

(二)成長策略：

在公司對其現有事業所做的組合計畫中，會有某一數量的預期銷貨額及利潤。然而，預期的銷貨額與利潤，經常低於公司管理當局所要達成的目標。假如未來所希望達成的銷貨額與計畫的銷貨額之間有差距的話，則公司當局必須採取密集成長、整合成長和多角化成長三種成長策略，來填補這段策略規劃的差距。

表 2-1　成長機會的主要類別

密集成長	整合成長	多角化成長
●市場滲透	●向後整合	●集中多角化
●市場開發	●向前整合	●水平多角化
●產品開發	●水平整合	●綜合多角化

公司可用三種方式來填補這項差距。首先必須在公司當前的事業裡發掘更進一步的機會來追求成長(密集的成長機會)。其次，發掘與公司

當前事業相關的事業機會(整合成長機會)，最後，應發掘那些與公司當前事業不相關，但有吸引力的事業機會(多角化成長機會)。每個大類的詳細機會列示於表2-1，並討論於下：

1.密集成長(Intensive Growth)

公司管理當局首先應該對其現有事業做番檢討，看是否尚有更進一步的機會可以增進其績效。安索夫(Ansoff)曾用「產品和市場擴張格矩」(Product/market expansion grid)，見圖2-6，對密集成長機會提出一套很有用的分類架構。管理當局首先要考慮，是否它能以其現有的產品，在現有的市場上，獲得更多的市場佔有率（市場滲透策略）。其次，應考慮它是否能夠爲現有的產品，開發新市場(這是市場開發策略)。最後，它該想想是否能爲現有的市場開發新產品（產品開發策略）。

	現有產品	新 產 品
現有市場	1.市場滲透	3.產品開發
新市場	2.市場開發	(多角化)

圖 2-6　三種密集成長策略：安索夫的產品與市場擴張格矩

⑴市場滲透策略　在此策略下，管理當局有以下幾種方法可積極地在它現有市場上，設法增加其現有產品的市場佔有率。諸如金時代唱片公司，可以設法讓它現有的顧客買到更多的唱片或錄音帶。或者，金時代唱片公司可設法引誘競爭者的顧客，轉而購買金時代的產品。最後，金時代唱片公司可以設法吸引不買唱片或錄音帶的人也開始購買。

⑵市場開發策略　管理者也應該尋找那些對現有產品有需要的新市場。首先，公司必須看看在現有的領域中，是否有其他型態的潛在使用者，可以激發他們對唱片或錄音帶的興趣。例如公司一直只向消費者市

場銷售唱片或錄音帶，則它也可考慮辦公室及工廠等市場。其次，公司亦可考慮透過新的配銷通路，將唱片或錄音帶推荐給其他使用者。例如公司一直只透過唱片行來銷售其唱片和錄音帶，該公司也可考慮透過書局或百貨公司來銷售通路。第三，公司應考慮擴展新區域或國外市場。因此，假如金時代公司一向只在臺灣地區銷售，則它可考慮推展至華僑衆多的東南亞或美國市場。

(3)產品開發策略　公司管理當局也應該考慮發展某些新產品的可能性。它可開發具有新特色的唱片或卡式錄音帶，諸如，時間較長的錄音帶，或錄音帶結束後會有警示聲音的錄音帶，甚至推出新風格的音樂等等。此外，公司亦可開發其他品級的唱片或錄音帶，譬如，爲愛好美妙音樂的聽衆，生產較高品質的雷射音響唱片，而對其他大衆則生產較低品質的錄音帶。

2.整合成長

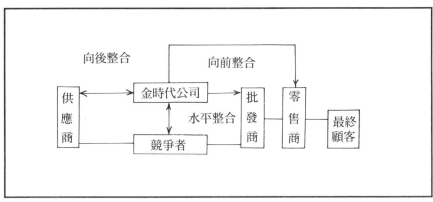

圖 2-7　金時代唱片公司的行銷系統

管理當局應該對其每一個事業做番檢討，以發掘整合成長的可能性。通常，一個事業的銷貨額及利潤能透過產業內的向後、向前、或水平的整合而增加。圖 2-7 列示出「金時代公司」的行銷系統。(1)向後整合。金時代公司或可考慮購併一個或多個供應商(諸如，塑膠原料的生產者)

以獲得更多的利潤，並使供應來源得到更好的控制。(2)向前整合。金時代公司可考慮收購一些批發商或零售商。(3)水平整合。金時代公司可考慮收購一家或一家以上的競爭廠商。

3.多角化成長

當發現目前事業之外有很好的行銷機會時，便可採用多角化成長。多角化成長大致有以下三種型態。如圖 2-8。

市場＼技術	相　　關	無　　關
舊		水平多角化
新	集中多角化	複合式多角化

圖 2-8　多角化成長的各種方式

(1)集中式多角化：公司計畫增加新產品，而此產品在目前的產品線上，可以產生技術或行銷方面的綜效(Synergies)，也就是說，由於可以利用到現有產品在技術上或行銷上的優勢，而可產生事半功倍的效果。譬如，金時代公司從事錄影帶的生產營運，而進入一新市場及為不同種類的顧客提供銷售服務。由於錄影帶和錄音帶，在製造和行銷等各方面的技巧上頗為接近，故有事半功倍的效果。

(2)水平式多角化：公司可以尋求新的產品，此新產品係針對目前的顧客，但是在生產技術上與目前產品線沒有什麼關連。譬如，雖然生產過程不同，但金時代公司仍可從事唱片架子或錄音帶箱子的製造。

(3)複合式：公司可以從事新的事業，而此事業與公司當前的技術、產品或市場，都無任何關係。譬如，金時代公司從事個人電腦行業、不動產事業或速食服務業等。

由此可知，公司可藉著行銷系統架構的使用，而有系統地發掘新的

事業機會。亦即，首先應該留意在現有產品市場上有那些可進行密集成長的方法。然後考慮由目前事業的向前、向後或水平式的整合的方法。除此之外，還要留意與其目前事業相關的多角化。

五、 發展行銷策略

行銷策略具體的指出所選擇的目標市場和針對此市場所採用的行銷組合。行銷策略的討論是本書的主要重點，包括兩個互相關連的部分，如圖 2-9 所示。

1.選擇目標市場：目標市場是指公司想要吸引的一群同質的顧客，公司應分析顧客行為，並配合其資源能力，來選擇目標市場。

圖 2-9　行銷策略圖

2.擬定行銷組合策略：公司為了滿足其目標市場的顧客需求，所採用的一組可控制變數，包括產品(product)、通路地點(place)、促銷(promotion)和價格(price)四個要項，故稱為 4 P，每一個 P 又包括很多的決策項目，這些決策將在本書的第十章至第十八章詳細的探討。

重要名詞與概念

行銷管理過程	事業策略
策略性行銷規劃	波士頓顧問團的成長與佔有率矩陣
公司宗旨	成長策略
公司目標	發展行銷策略
分析機會與威脅	
分析優勢與弱點	

自我評量題目

1. 試說明行銷管理過程包括那些步驟？

2. 舒潔公司的衛生紙和其他紙品，因受到純潔、安心、百吉等品牌及其他雜牌產品的競爭，以致市場佔有率降低，該公司擬進行策略性行銷規劃以奪回市場。請問這個策略性行銷規劃應包括那些內容？

3. 試爲寶島眼鏡公司擬一份公司宗旨的說明書，並詳細討論其中的每一要點。

4. 試將上述寶島眼鏡公司的公司宗旨化爲各管理階層的目標。

5. 試從外在環境的機會、威脅和公司內在的優勢、弱點來分析黑松飲料公司未來的遠景。

6. 試從波士頓顧問團所劃分的四種策略性事業單位，來說明裕隆汽車各車系（速利、萬利、吉利、飛羚、勝利）分屬那種型態？並請說明分類的理由。

7. 成長機會有那些類別？麥當勞、宏碁及統一公司的成長分屬那一類？

第三章　行銷環境

單元目標

使學習者讀完本章後能

- 能說明行銷之個體環境

- 列舉我國人口統計環境中的重要變化

- 討論行銷者應注意的經濟環境趨勢

- 指出自然環境的那些趨勢，對科技和行銷有重大的影響

- 說明影響企業行銷的立法有那些目的

- 能列舉重要的社會文化趨勢

摘要

行銷環境包括個體與總體環境，個體環境包含公司本身、供應商、行銷中間機構、消費者、競爭者、社會大衆等成員。公司本身包含許多部門，所有部門都會影響行銷管理決策。供應商會影響成本及原料需求，公司將供應商所供應的原料製造成產品或勞務，並且經由行銷中間商(如中間商、實體分配機構、市場服務代理商、財務中間商) 傳送給目標市場的顧客。目標市場可能包括消費者、生產商、中間商或政府有關機構。公司面對著各種不同型態的競爭者：慾望競爭者、產品種類競爭者、產品型式競爭者和品牌競爭者。公司還得應付各類對公司達成目標有影響力的大衆，如財務、傳播媒體、政府、市場反應以及地方性、一般性的大衆。

而行銷總體環境包含人口統計環境、經濟環境、自然科技環境、政治法律環境和社會文化環境等五種環境力量。

就人口統計環境來說，臺灣地區人口雖然繼續增加，但增加率已逐漸下降，嬰兒用品市場不再成長。每戶人口數減少，產品和包裝逐漸傾向小而精緻；離婚率提高，爲許多耐久性消費品創造了新的需求。人口往幾個大都會區集中，且大都集中在郊區。三十多歲的戰後嬰兒潮人口顯著增加。老年人比率逐漸增加，銀髮市場成長極爲快速。教育程度普遍提高，對產品的要求大爲提高。職業婦女人數大增，對省時省力的產品和服務之需求大增。

就經濟環境來說，重要趨勢有：1.經濟成長率降低，景氣循環週期縮短；2.產業結構中農業之比重大減，而製造業大增，未來成長最快的則可能是服務業；3.平均每人所得大增，消費支出中食品支出的比重減少，住行和育樂支出比率大增。

　　自然環境的下列三種趨勢，給科技帶來了新的挑戰，也帶給行銷人員新的行銷機會及威脅：1.原料短缺，帶動材料科技之發展；2.能源短缺，替代能源興起；3.環境污染，帶動污染防治科技之發展。

　　其他重要的科技發展尚有資訊科技、電信科技、光電科技、生物遺傳工程等等，由於產品日趨複雜，科技可能造成的禍害也愈嚴重，政府對科技的管制大為提高。

　　政治法律環境的重要趨勢有：1.管制企業行銷的法令愈來愈多，立法的目的在維持公平競爭，保護消費者及保護社會大眾。2.政府機構執行法律更為積極。

　　社會文化環境的主要趨勢可分五方面：1.生活水準大幅提高，但生活品質卻少有改善。2.消費者保護運動蓬勃發展。3.環境保護運動迅速發展。4.企業倫理道德低落，企業社會責任日益受到重視。5.文化變遷迅速，傳統文化受到外來文化重大衝擊。

　　公司的行銷環境分為個體環境及總體環境。個體環境包括直接影響公司行銷活動的各種角色，諸如公司本身、供應商、行銷中間機構、消費者、競爭者以及社會大眾。總體環境指範圍較大的社會力量，這種社會力量會影響到上述個體環境的角色，像人口統計、經濟、自然科技、政治法律以及社會文化等。以下我們將先探討各項個體環境，然後再討論總體環境。

壹、行銷之個體環境

　　在賺取利潤的前提下，每家公司的主要目標，都是要為他們的目標市場(Target market)提供適當的產品和服務，來滿足某些特定的需求。為了達成這個目標，公司必須把自己和一組供應商以及一組行銷機構連

接起來，使貨品或服務能很方便的讓消費者來享用。這種供應商——公司——行銷中間機構——顧客的一連串組合，形成了公司行銷系統的主要核心。此外，競爭者及社會大眾這兩個角色也會直接影響公司行銷的成敗。公司的行銷管理必須審慎地規劃各個角色之間的功能。在圖 3-1 中可以看出公司個體環境中各角色的關係。

圖 3-1　公司個體環境中的主要行為者

我們以國內產銷餅乾的公司為例，摘要說明核心行銷系統中的每一個成員：

一、公司本身

義美公司是國內最大的餅乾製造公司之一，公司的主要產品包括餅乾、糖果、巧克力、蛋捲、米菓等，這些產品的行銷工作是由營業部門來負責。營業部門中包括各種行銷企劃人員、行銷研究人員、廣告促銷專家、銷售主管和推銷員。這個行銷部門除了負責為舊有的產品和品牌做行銷計畫之外，同時也要負責新產品和新品牌的開發。義美公司的行銷部門在制定行銷計畫時，必須考慮公司中其他部門的立場，例如：高階主管、財務部門、研究發展部門、採購部門、生產部門和會計部門等。

高階主管(Top Management)包括義美公司的董事長和總經理。他們負責公司的宗旨、目標以及廣泛的策略和政策，行銷經理必須在高階主管所設定的基礎下，來做決策，而且他們的行銷計畫在執行之前，也

必須先獲得高階主管的批准。

　　行銷經理也必須和其他功能部門的作業密切配合。財務管理部門關心資金在行銷計畫中是否發揮了應有的效用？是否有效地分配在不同產品、品牌和行銷活動中？是否有適當的投資報酬率，以及行銷的風險有多大？研究發展部門注重新產品的研究發展是否成功？採購部門關心原料(麵粉、糖等)以及其他生產所需要的投入，在採購時是否會有困難？生產部門關心工廠的人力和產能是否足以達成生產目標？而會計部門的成本利潤分析，使得行銷部門知道是否達成了應有的利潤目標？

　　以上說明的各個部門對行銷部門的計畫和活動都會有影響，在行銷部門的經理把行銷計畫呈送給高階主管之前，必須先經過生產和財務部門的認可。否則萬一生產經理不肯分配足夠的產能，或財務經理不肯提供資金，那麼在將計畫呈送給高階主管之前，就不得不重新修訂，否則將引起爭議。總而言之，行銷管理人員在設計和執行行銷計畫時，一定要和其他部門緊密的配合才行。核心行銷系統的第二個成員是供應商。

二、供應商

　　所謂供應商，是指提供公司和公司的競爭者一些必要的資源，以製造產品和提供服務的一些廠商和個人。例如義美公司在製造餅乾的過程中必須得到麵粉、糖、玻璃紙等各種物資的供應。除了這些以外，也必須得到人力、機器設備、燃料、電力、電腦和其他生產要素的供給，以進行它的生產和行銷活動。義美公司的採購部門必須決定那些資源將由公司自己製造，那些向外購買，在做「購買」的決定時，義美公司的採購部門必須列出採購物品的詳細說明，尋找和評核供應商，然後選擇一個品質較好、價格較低、有信用而又能準時交貨的供應商。

　　供應商環境的變化對公司的行銷運作有很大的影響，行銷經理必須隨時注意重要的投入因素(Inputs)在供應量和價格上的變化。對義美公

司來說，糖或麵粉的價格提高會使成本上升，餅乾的售價必須跟著提高，進而影響公司預期的銷售量，行銷經理同時也要注意資源供應的穩定性，供給的短缺、罷工或其他因素都可能影響到交貨日期。一旦延誤了交貨日期，不僅會失去生意，對公司的商譽，也有不利的影響。因此，很多公司喜歡分散採購來源，以免過度依賴某些供應商，使價格和供應量處處受制於人。採購部門必須擴大採購的對象，使公司得到較大的保障，尤其是在物料短缺的時候。

三、行銷中間機構

行銷中間機構乃協助公司促銷、銷售，或者把產品分配到最終消費者手中的各類廠商。其包括中間商(middlemen)、實體分配公司(physical distribution firms)、行銷服務機構(marketing service agencies)、財務中間機構(financial intermediaries)。

㈠中間商

中間商指協助公司尋找顧客或是直接和公司交易的營業單位，其又可分為二種：一種是代理商(agent middlemen)，另一種是商品中間商(merchant middlemen)。

代理商的任務是尋找顧客，與顧客議價，但不實際擁有商品的主權。以義美為例，他們可能會僱用代理商，由其在美國尋找一些零售商店來銷售義美的產品；而義美按照代理商的成交金額，付給代理商一定比例的佣金。代理商實際上並沒有付出金錢來購買義美的產品，而由義美直接把餅乾運送到零售商的手中。

商品中間商包括批發商(wholesalers)、零售商(retailers)等。他們實際購買商品，擁有商品的主權，然後再轉賣給最終消費者。義美銷售餅乾的主要方式是將餅乾賣給批發商、大型連鎖超級市場、便利商店及休閒食品店，他們再將餅乾轉賣給消費者，而從中獲取利潤。

　　為什麼義美要完全利用中間商來銷貨呢？原因是中間商所能發揮的效用比義美自己做更適當。義美以大量生產做出物美價廉的產品；而消費者所需要的是想購買餅乾時，在任何時間均能很方便的購買得到。製造商和消費者之間顯然是有差異的，中間商的功能彌補了其間的差異。

㈡實體分配分司

　　實體分配公司幫助製造商儲存產品，把產品從儲存地點運送到目的地。倉儲公司在產品被送到下一個目的地之間負責儲存及保護。運輸公司包括鐵路、卡車、空運、輪船以及其他運輸公司，他們的任務是將產品從一個地點運到另一地點。

㈢行銷服務機構

　　行銷服務公司包括行銷研究公司、廣告代理商、媒體公司及行銷顧問公司。他們的主要任務是協助公司評估目標市場和從事各種行銷作業。

㈣財務中間機構

　　財務中間機構包括銀行、信託公司、保險公司以及其他有助於產品買賣融資或擔保的公司。大部分的公司及顧客都要仰賴財務中間機構來對交易融資。每家公司在行銷上的表現都受到授信成本(credit cost)及授信額度的嚴重影響。

四、消費者

　　為了有效的提供產品和服務給目標市場(Target market)中的消費者，公司必須將核心行銷系統的每一個成員緊密的的串連在一起，公司的目標市場可能是下列四類消費者市場的一個或多個：

　　㈠**消費市場**：消費市場是指購買貨品或勞務來消費的個人或家庭。

　　㈡**工業市場**：工業市場是指為了再加工製造以獲取利潤或者為達成某種作業上的目的而購入貨品或勞務的組織。

　　㈢**中間商市場**：中間商市場是指買入貨品或勞務，再轉手賣給其他

消費者以獲取利潤的公司或組織。

　　㈣**政府及機構市場**：政府機構及其他非營利機構，為了服務大家或是為了把產品、服務轉交給某些需要的人，往往要先採購產品及勞務。

　　義美公司把產品賣給上列數類消費者市場，他們主要的消費者市場是經銷餅乾、糖果給消費者的中間商，其次是機關的買主。例如：工廠、醫院、學校、政府機構和其它設有員工福利社的組織。當然，大多數的餅乾糖果最後都賣給了廣大的消費市場。每一種消費者市場都有很多值得行銷者探討的特性。以後我們將會研究消費市場和其他有組織的市場（包括生產者、中間商、政府機關）的主要特徵。

五、競爭者

　　由圖 3-1 可以看出，在核心行銷系統的外圍，有兩種重要的環境因素，對個別廠商的行銷活動會造成直接的影響，這兩種環境因素是競爭者和社會大眾。

　　一家公司很少能單獨服務某一特定市場，因為其他公司也同樣在努力建立一個有效率的行銷系統，來為市場中的消費者服務。公司必須認清、偵察並擊敗這些競爭者，以獲得消費者的惠顧，並且維護消費者對公司的忠誠。

　　競爭環境除了競爭的公司以外，還包括了其他很多的競爭事物。以一個購買者的觀點來研究公司所面對的競爭情況，是了解實況的最好方法。購買者將考慮那些問題以達成他採購物品的決定？假設有一個人，因為工作疲累而想休息一下，他會問自己：「我現在想做什麼？」這時候有幾個可能想到的活動：社交活動、運動和吃東西（見圖 3-2）。我們稱這些是欲望的競爭者(Desire Competitors)。假設這個人這時候是想填飽肚子，他又會問自己：「我想吃什麼東西呢？」於是他想到了各種吃的東西：餅乾、糖果、飲料和水果等。它們是同類的競爭者(Generic

Competitiors)，因為它們都能用不同的方式來滿足相同的需要。如果這時他決定要吃餅乾，他又會繼續問自己：「我想吃那一種餅乾呢？」各種不同型式的餅乾進入他的腦海中，有煎餅、夾心餅乾、米菓等等，這些叫做產品形式競爭者(Product form Competitors)。最後如果這位消費者決定吃夾心餅乾，他會想到了很多品牌，例如義美、喜年來和掬水軒等，這些叫做品牌競爭者(Brand Competitors)。

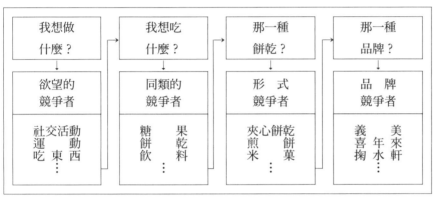

圖 3-2　餅乾公司的四種競爭形式

餅乾公司如果只專注於品牌的競爭，顯然是患了行銷近視症，缺乏長遠的眼光。因為對餅乾公司來說，更大的挑戰是餅乾公司如何擴展他們的市場，而不是在一個大小不變的市場裡彼此爭奪佔有率。餅乾公司必須留意整個環境的大趨勢。例如：現代人對吃越來越講究，對餅乾方面的食品，也越來越講究，餅乾公司如何配合這種趨勢來擴展市場。在很多的產業,業者只關心品牌的競爭而不知道要把握機會擴大整個市場，甚至也不知道要如何防止產品市場的衰退，這都是缺乏遠見的關係。

六、社會大眾

公司在設法滿足目標市場時，除了必須和競爭者競爭之外，還必須去了解那些不論公司歡迎與否，都會對公司經營方式感到興趣的社會大

眾。因為公司的行動會影響其他團體的利益，這些團體自然就成了公司所面對的社會大眾。社會大眾能增強也能削弱公司達成目標的能力，精明的公司應該採取具體的方法來積極處理它和社會大眾之間的關係，許多公司設有公共關係部門，負責注意社會大眾的態度，提供資訊、溝通訊息以建立公司良好的信譽，當一些對公司有負面影響的傳言出現時，公共關係部門就成了調解問題的人。

每一家公司都會被下列七種社會大眾所環繞：

㈠**融資大眾**(Financial Publics)：融資大眾可影響到公司獲得資金的能力。銀行、投資公司、證券經紀商及股東是主要的融資大眾。

㈡**媒體大眾**(Media Publics)：媒體大眾是傳播新聞、報導社論的機構，特別是報紙、雜誌、廣播電臺和電視公司。

㈢**政府大眾**(Government Publics)：公司管理當局在訂定行銷計畫時，必須把政府機構的發展列入考慮。

㈣**民眾團體**(Citizen-action Publics)：公司的行銷活動可能會遭遇到消費者組織、環境團體、監督機構和其他類似團體的批評。

㈤**當地公眾**(Local Publics)：任何一個公司都會和鄰近的居民及社區組織有所接觸。大公司通常設有一名社區公共關係人員處理社區事務、參加集會、回答問題並捐助公益活動。

㈥**一般大眾**(General Publics)：公司應該要注意一般大眾對其產品和活動所持的態度。雖然一般大眾不會顯著的影響公司，但他們對公司的印象卻會影響他們對公司產品的惠顧情形。

㈦**內部大眾**(Internal Publics)：公司內部大眾包括了藍領工人、職員、經理和董事會。大的公司都會有內部的報導、簡訊以加強溝通和激勵員工。

貳、行銷總體環境

　　行銷總體環境包括圖 3-3 外圍所示的五種不可控制的環境。這五種環境不但影響顧客的需求，也影響公司行銷策略之運用，公司未來是否能在市場上生存發展，主要決定於公司將來對於人口統計、經濟、自然科技和政治法律、社會文化這五種環境變化所帶來的機會和威脅，是否有更靈敏的反應？以下將一一說明此五種行銷環境之變化情形，及其對於行銷活動之影響。

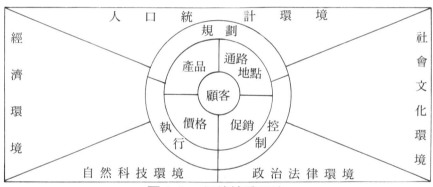

圖 3-3　行銷總體環境

一、人口統計環境

　　市場是由人所構成的，人口之組成、分佈以及各種特質往往不斷的變動，因此，市場也會有所消長，過去很大的一個市場可能已經萎縮，過去很小的市場可能已經變成一個大市場。這對目標市場的選擇，及企業經營成敗的影響很大，因此人口統計變數對行銷人員非常重要。以下將分析臺灣地區人口之狀況和演變，並舉例說明在行銷上之意義。

㈠人口總數及其變動

很多產品的需求與人口總數有密切的關係，人口愈多，生活必需品

如：魚、肉、蔬菜、水果之需求也就愈大。表 3-1 列出民國 70 年以來歷
年人口總數及其年增長率，從這張表中可發現臺灣地區人口總數有下列
的變化方向：

表 3-1　人口總數及增加率

年	戶 籍 登 記 人 口	
	人　　數	增　加　率
民國 50 年	11,149,139	33.07
民國 60 年	12,992,763	28.86
民國 70 年	18,135,508	18.56
民國 71 年	18,457,923	17.78
民國 72 年	18,732,938	14.90
民國 73 年	19,012,512	14.92
民國 74 年	19,258,053	12.91
民國 75 年	19,454,610	10.21
民國 76 年	19,672,612	11.21
民國 77 年	19,903,812	11.75
民國 78 年	20,107,440	10.23
民國 79 年	20,359,403	12.53
民國 80 年 7 月	20,459,425	

資料來源：《中華民國臺灣人口統計季刊》。

　　人口總數雖然逐年增加，但其增加率則有逐漸遞減之趨勢。民國 50
年之人口總數為壹仟壹佰多萬人，到民國 78 年 7 月底，人口總數已超過
貳仟萬人。但人口增加率則自民國 50 年之 33.07‰逐年下降。除了少數
幾年反常的增加外，此種增加率遞減之趨勢非常明顯，從民國 75 年開始，
增加率已降到千分之十二以內。

　　出生率的降低儘管對某些企業造成威脅，但相反的也帶給某些企業
很好的機會。出生率的降低使得嬰兒玩具、衣服和食品等行業的主管非
常擔心，例如嬌生公司(Johnson & Johnson)把他們的嬰兒痱子粉、嬰
兒油以及嬰兒洗髮精等嬰兒產品打入成人市場，以擴大市場的需求。

　　㈡家計單位的變動

消費單位除了以人計算之外，很多耐久性消費品之消費單位是以家庭為單位，如房子、電冰箱、洗衣機等產品。家計單位的重要變動趨勢主要是：平均每戶人口數逐漸遞減，八十年每戶平均人數減至 3.94 人。換句話說，小家庭制度愈來愈普遍了。這意味著未來產品和包裝之大小，應配合每戶人數之減少作適度之修正。例如小電鍋將會取代 15 人份之大電鍋，家具的需求亦會增多。

㈢結婚及離婚人口的變動

結婚人口的增加已趨於緩慢，民國 35 年共有七萬四千餘對結婚，民國 70 年增加至十六萬七千餘對之高峰，民國 72 年至民國 80 年之間則在十五萬對上下波動，結婚率也由 70 年的 9.3％下降至 8％以下，此種趨勢對許多行業都將造成威脅。

近年來，由於教育水準的提高，及工作需要的影響，結婚年齡已顯著的提高。同時，由於工作環境、經濟能力、教育程度、接觸面、社會風氣及獨立等因素，臺灣地區近年來分居和離婚的情形日漸增加。在民國 36 年離婚有三千三百餘對，50 年增加為四千四百八十餘對，79 年增加至二萬七千四百四十五對。離婚率已由早期的千分之四或五增加為 80 年的千分之十三點八。

結婚人口減少，對家具、家電等產品造成了不利的威脅，較晚結婚則對青年男女的休閒娛樂市場相當有利，離婚、分居與獨居的增加，創造了許多單身人口，對小套房和個人家電等許多耐久性消費品創造了新的需求。例如聲寶公司的個人家電系列就頗受歡迎。

㈣人口之地區分佈及其變動

地區往往是市場區隔的基礎，不同的地區可視為不同之目標市場。臺灣地區的人口分佈，近年來有下列的變化：

1.目前之人口集中在兩個院轄市及五個省轄市附近，七大都市之遷入人數皆比遷出高。

2.臺北、臺中、高雄三大都市之周圍縣市遷入人數，高於遷出人數。如臺北縣、桃園縣、臺中縣、高雄縣。尤以臺北縣人口增加最快，也就是說鄰近此三大都市的縣治區，實際上已成了大都市商圈的一部份。

3.其餘各縣人口遷出都比遷入高，尤其是臺東縣、澎湖縣、嘉義縣、雲林縣、屏東縣人口流失最嚴重。

以上三項變化可以看出，人口有向大都市集中之趨勢，但人口的集中主要是擴大了都市的範圍，形成更大的都會區。同時人口的集中主要發生在臺北、臺中、高雄三個最大的都會區。都市化的趨勢改變了消費者的需求和購買行為，例如 24 小時營業的便利商店紛紛興起，以配合從事夜間工作或娛樂的都市人。又如新銀行的設立在政府規定每年只能成立六家分行的限制下，為達較高的開戶數、增加借貸額，亦選擇人口密集的都市為優先地點。

㈤人口之年齡分佈及其變動

臺灣人口之年齡分佈，如果以 5 歲分為一組來分析，民國 79 年年底人口數最多的是 10～14 歲的一組，人口數超過 200 萬。次多的是 25～29 歲的 197 萬餘人，和 20～24 歲的 189 萬餘人。從人口的年齡分佈及其變動有以下幾點特別應注意之處：

1.0～4 歲組人口數逐年下降，79 年已降至將近 160 萬人左右，顯示嬰兒市場確定在萎縮之中。部份童裝及百貨業便發現這個趨勢已影響到童裝市場的成長，如臺北中興百貨把童裝、玩具所佔的陳列比例縮減，增加少男服飾。此外，孩子生得少，但經濟狀況較好的家庭，通常很捨得在孩子身上投資，高價位的童裝也就日益風行。

2.5～19 歲的兒童及青少年，仍然是市場上人數最多的一群，但此三個年齡組的人數已不再成長，未來幾年即將出現負成長的現象。

3.35～39 歲組人口數急劇上升，由 70 年的 88 萬餘人，升至 79 年的將近 168 萬人。七年之間增加了將近一倍，顯示這些在二次大戰後的

嬰兒潮時出生的人，即將帶領其他 20～34 歲間的青年人，開創出蓬勃的青年市場。

4. 40 歲以上各組，除 40～44 歲組人口數超過百萬外，其餘各組人口數皆在 100 萬人以下。但人口數之成長亦很快，尤其是 60 歲以上之銀髮市場，雖然佔總人口之比率仍不很高，但成長率相當驚人。

國外許多原來重視年輕人市場的公司，對此種人口老化的現象已有所反應，這些公司將自己的產品重新定位，甚至為老人市場推出新產品。例如美國的箭牌口香糖推出給帶假牙的人吃的防黏口香糖(Freedent)。有一家化粧品公司則生產 40 歲以上婦女專用的一系列皮膚保養品。

㈥教育程度的提高

教育程度的普遍提高，是臺灣地區人口的一項重要變化，民國四十年，臺灣只有七所大專院校，目前已超過一百所。大專程度佔 15 歲以上人口的比率已由民國 40 年底的千分之 13.39 上升到 154.32，而不識字者之比率則由千分之 434.29，下降到 74.49。

教育程度高的白領階級愈多，表示對高級產品、書籍、高格調雜誌以及旅行的需求愈多；同時也表示看電視的人愈來愈少，因為教育程度愈高的人愈不看電視。此外，教育程度較高的消費者，對產品的品質、安全性、產品保證、售後服務等各方面也較為挑剔。他們也會更積極的透過立法和消費者運動來保護自己的權益。

社會上一般教育程度普遍提高，對企業應負的社會責任會日漸重視，關係公司形象的良好與否，進而影響公司的營業，如義美公司所做塑膠品與保麗龍的回收、統一公司參與社會公益事業，製作公益廣告等。

㈦職業婦女的增加

近年來職業婦女人數漸多，民國 80 年，15 至 64 歲的已婚女性中，有工作者高達 46%，職業婦女的增加，使婦女可支配的所得增加，這在

消費方式與消費金額方面都有重大影響。例如職業婦女作飯時間減少，對於現成食品的需求量增加，冷凍食品與罐頭類食品近年來已明顯增加，西式的速食餐廳也紛紛成立。其次，對小孩照顧時間少，對托兒所、幼稚園的需要也增加了。一般婦女在洗衣服、作飯等各種家事的時間減少，因此必須採用全自動洗衣機等節省人力的現代化設備。另一方面，女性職業人口多，化粧品、高級服飾等產品的需求大增，美容、健美、舞蹈等服務業也因而興盛。從另一方面看，職業婦女增加表示看連續劇和看家庭婦女雜誌的人愈來愈少。此外，由於她們的收入逐漸提高，婦女對選購產品頗有影響力，使得機車、汽車、保險及旅遊服務業者，常常都以職業婦女作為廣告之對象。職業婦女愈來愈多，傳統夫妻的角色和價值觀亦隨之改變，丈夫也要負擔一部分家務事，例如上街買東西或照顧小孩，結果丈夫成為食品及家庭用品廠商愈來愈重視的目標市場。

二、經濟環境(Economic environment)

行銷者應特別注意的經濟環境趨勢，有下列幾點：

㈠經濟成長速度降低，景氣循環週期縮短

民國七十七年我國的實質國民生產毛額達到 3 兆 5,297 億元（見圖3-4），比七十六年實質成長了 7.84%，民國八十年更達到了 4 兆 8,291億。若進一步分析經濟成長的變動，可以發現兩件重大的事實。第一是我國經濟成長的速度已漸趨緩慢，民國五十三年到六十七年之間，我國經濟成長非常迅速，經常出現兩位數字(Double digit)的成長率。但當我國逐漸邁向工業化國家的行列時，成長率也漸趨緩慢。根據我國經濟建設委員會的預測，到西元二千年為止，我國經濟成長率平均約 6.5% 左右。第二是景氣循環的週期縮短了。臺灣經濟的景氣循環在石油危機以前非常明顯，循環週期為十二年至十三年。但是從六十二年到現在，先後遭遇兩次石油危機，世界經濟深受影響，我國經濟成長也出現較大的起伏

波動，景氣循環週期已縮短爲六年左右。

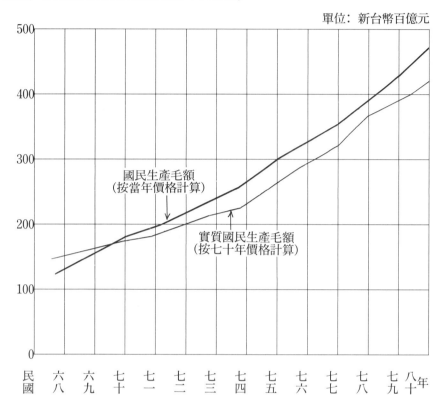

圖 3-4　**國民生產毛額之變動**

㈡產業結構之變化

八十年國內生產毛額按產業分配，農業僅占 3.67%，工業占 42.32%，服務業則高達 54.01%，其中商業占 15.6%，政府服務占 11.38%，金融保險等工商服務業占 19.26%，其他服務業占 7.77%。

由圖 3-5 可看出農業產值在國內生產毛額中所占比率，由四十年之 32.47%，漸次下降，至八十年已降至 3.67%，而近年來服務業的成長速度超過工業，八十年其產值在國內生產毛額所占比率高達 54.01%，使工

業產值所占比率更縮減為 42.32%。

　　根據行政院經濟建設委員會的預估，未來十五年我國服務業的每年平均成長率將會達到 6%，超過工業的成長率。而在各項服務業中又以運輸、通信、金融保險、娛樂、觀光等事業的成長最為迅速。在製造業中，民國四十年代成長最迅速的是食品加工業。民國五十年代則是紡織業的黃金時期，十年間的平均成長率高達 24%。民國六十年代成長最為迅速的是機電工業，民國七十年代以後，成長最快的產業將是電子、資訊等高科技的產業，電子業未來十五年間平均成長率可達 11.3%。

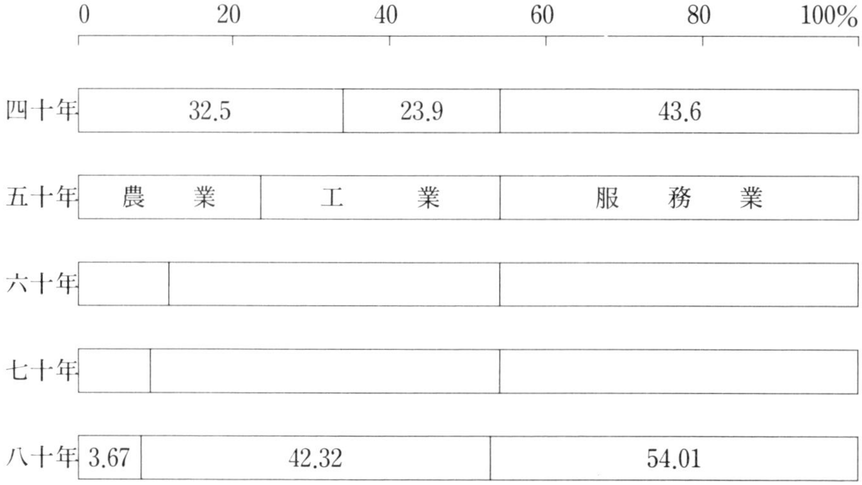

	0	20	40	60	80	100%
四十年	32.5		23.9		43.6	
五十年	農　　業		工　　業		服　務　業	
六十年						
七十年						
八十年	3.67	42.32			54.01	

圖 3-5　　國內生產毛額三級產業所占百分比

㈢平均每人國民所得、消費支出比率與消費支出形態之變動

　　民國八十年，我國平均每人國民所得已達到 216,550 元，當所得逐漸提高時，消費支出佔所得的比率，以及消費支出的形態都會有所變化。

　　1.平均每人國民所得之變動

　　臺灣地區國民所得增加雖速，但人口增加亦快，每年增加之國民所得有一部分為新增之人口抵銷，以致平均每人國民所得之增加率必較國

民所得之增加率爲低。但是從六十年以後人口增加趨勢漸見和緩，每年增加之國民所得，被新增加人口所抵銷部分亦逐漸減少，使平均每人國民所得年增率與國民所得年增率之差距逐年縮短。從長期趨勢觀察，按市價計算之平均每人實質國民所得，自民國四十年的 15,451 元，增加至民國八十年的 216,550 元，計增加 14 倍。但因臺幣升值之結果，換算爲美元後，民國 80 年每人國民所得已達美金 8,083 元，預測民國八十一年將突破一萬美元，我國人民之強勁購買力已受世界各國矚目。

2.消費支出比率之變動

就長期趨勢觀察，民間消費支出占國民生產毛額之比率，四十年爲 72.62%，四十二年以後則呈逐漸下降趨勢，民國七十六年下降至 46.40%，八十年回升至 52.59%，民間消費占國民生產毛額比率之降低，並不表示民間消費水準隨之而降低。除去各年人口增加因素後，自四十年至七十四年平均每人消費金額，由 11,572 元提高到 60,591 元，實質增加 4.24 倍，平均每人每年消費實質增加 4.99%。民國八十年平均每人消費更達到 124,000 餘元，由此可見，四十餘年來由於經濟之發展，個人所得不斷提高，國民生活水準已獲顯著改善。

3.消費支出形態的變化

民間消費支出之形態亦隨經濟之發展及所得之增加而呈顯著改善，由四十年至八十年，食品支出占民間消費支出之比率由 61.81%降爲 29.5%，居住支出由 15.83%提高爲 23.7%，行的支出由 1.72%提高爲 13.5%，娛樂保健支出亦由 8.67%增爲 22.1%，至於穿的方面因我國紡織業發達，紡織品價格低廉，衣著費占民間消費比率歷年來無顯著變動。如圖 3-6 所示。

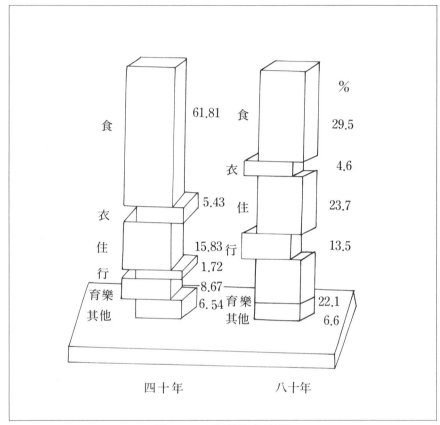

圖 3-6　民間消費形態

以下則是經濟環境影響的兩個實例：

　　⑴民國七十五年，汽車市場進入高度成長期。因為在七十五年，臺幣持續升值，關稅節節降低，股票市場一片大好，國民所得大幅提升，使得進口車大舉叩關，而汽車業更一片欣欣向榮！

　　福特、豐田分別吃下裕隆所讓出的市場佔有率，高價位進口車亦在國人普遍對進口車懷有莫以名狀的好感之競爭優勢下，乘機打入國內汽車市場，進口車在民國七十八年時，在整個自用車市場的占有率曾一度突破 40%。

民國七十九年，股票市場自 12000 點，在 8 個月內跌到 2000 多點，而使得得原本奢靡、講究排場、氣派的社會風氣丕變，消費者的消費型態亦跟著改變，具有炫耀性消費品性質的高價位進口車已無法吸引中產階級，使得進口車市場佔有率降到 25% 以下，而大衆化車系(1300～1600 c.c).遂成爲各車廠兵家必爭之地。

　　(2)經濟進步的結果，人人吃得更飽更好，營養過剩、營養失衡等問題接踵而來。七十年代起強調健康性之「葵花油」引進國內市場，由於其含有不飽合脂肪酸，能降低血清中膽固醇，可減少心臟血管的疾病，頗能符合現代人之需要，對那些擔心日常飲食健康者而言，已成其食用油之新寵兒。根據專家指出，臺灣都市地區目前葵花油約有 20% 的使用率，且呈逐年成長之趨勢，是食用油市場中未來最具發展潛力者。

三、自然科技環境

　　一九六〇年以來，人們愈來愈關心現代的工業活動對自然環境的破壞。連太空梭上的太空人在看到大氣層中臭氧層的嚴重破壞後，也發出了嚴重的警告。

　　行銷者應注意以下三種「自然環境」趨勢所帶來的機會和挑戰——原料短缺、能源短缺、環境污染，這些自然環境趨勢帶動了新科技的發展。

㈠原料短缺，帶動材料科技之發展

　　自然環境所提供的許多資源，常發生嚴重的短缺。科學家們需設法應付此種情勢。例如全世界的森林已大爲減少，爲了保護土壤及保持木材的供應源源不斷，在臺灣便有保護團體大力宣導「大量用再生紙，每年可挽救 480 萬棵樹」、「種兩千萬棵樹、拯救臺灣水源」等活動。許多國家也都在積極改善育林的技術；並且規定在伐木以後一定要重建林地。爲了增加食物的供應，近年來在米、麥、蔬果的種植技術和畜牧、水產的養殖技術上，也有很大的進展，我國這方面的技術就相當的突出。

石油、煤和各種礦產等不可循環使用資源，短缺的問題最為嚴重，目前白金、黃金、鋅和鋁的數量已不敷需要，這些情況在行銷上有許多意義。即使仍有礦產可用，依賴這些礦產的廠商將面臨成本劇增的問題，而這種成本上漲並不容易轉嫁給消費者，故廠商必須尋求新的替代品。有些廠商已經在積極從事材料科學的研究發展工作，很可能發展出有價值的新資源和原料。

㈡能源短缺，替代能源科技興起

近年來由於石油價格高漲，迫使世人不得不尋求其他能源來替代，現在煤又逐漸被廣泛採用，許多廠商更積極的利用到太陽能、核子能、風力、地熱、海洋溫差及其他資源。以太陽能為例，日本等許多國家正嘗試要利用太陽能來發電，在家庭取暖設備及其他方面，許多公司已推出第一代的太陽能產品。我國政府也提供高額的補助費用，來鼓勵消費者多採用太陽能熱水器，中南部的一些建築商，推出附有太陽能熱水器的住宅，頗受消費者歡迎，形成了「太陽村」。我國能源研究所也在新竹等地，進行風力發電的實驗。

㈢環境污染，帶動污染防治科技之發展

現代某些工業的發展無可避免地將會損害自然環境的品質，譬如：化學及核子廢棄物的處理，海洋溫度的上升，DDT 的大量增加，土壤或食物中大量的化學污染物，以及一些無法分解的瓶瓶罐罐、塑膠及其他包裝材料。

臺灣地區的環境污染已經相當嚴重，據環境保護局統計，在臺灣三十六條定期進行水域水質調查和監視的河川中，受嚴重污染的（以生化需氧量、懸浮固體量等來測量）有十八條，中度污染的八條，輕度污染的四條。全河段水質保持良好的只有六條，大部分是在尚未開發的東部花蓮、臺東地區。臺灣地區大氣中所含的懸浮微粒濃度每立方公尺在一四○微克到二二○微克間，比歐美、日本高出甚多。除了工業污染之外，

我國消費者大量使用的寶特瓶、免洗餐具、塑膠袋，也對我國的自然環境造成了極大的傷害。河川、海洋、深山到處都可發現這些不易分解、不易腐爛的塑膠用品。

由於世界各國環保的意識擡頭，除了致力環境保護外，對於天然資源管理也是很關心，世界主要國家的政府已逐漸介入天然資源的管理，我國也制定了許多規章，如「事業廢水代處理業與事業廢水委託處理管理辦法」及「事業廢棄物貯存清除處理方法及設施標準」。因此，企業爲配合這些規定，必須購買污染控制設備，也因此造成發掘行銷的機會，企業可注意這方面的發展。

其他影響未來人類生活的科技尙有許多，例如商用太空梭、快樂藥丸等，另如細度在頭髮四分之一以下，但附加價值極高的超細纖維，就像積體電路對電子工業一樣，翻轉了紡織業消沉的前景，面臨夕陽的臺灣人造纖維業又重現生機。事實上，新科技的發明與傳播的速度，未來將會更加驚人。許多新構想正泉湧而出，從構想到實現的時間愈來愈快，而產品由引介期到大量生產的期間，更是大大的縮短了，在這種情形下，我國企業應了解技術環境變遷的速度及趨勢，提高研究發展預算，加強研究發展和科技人才之培育，才能掌握先機。研發支出占國民生產毛額之比率，美國自 1985 年以來一直保持 2.7～2.8%以 1989 年爲例，低於日本之 3.0%及西德之 2.9%，我國預計至民國 89 年全國研究發展經費將爲 1,530 億元占國民生產毛額的 2.5%。

由於產品日愈複雜，而大眾對科技安全性的要求日愈提高，政府機構已經盡力查禁一些可能有害或有副作用的新產品，政府對某些產品或科技之安全與健康的規定也大量增加（如食品、玩具、汽車、衣服和建築物），行銷者在利用科技，發展新產品的時候，應該要注意這些法規的影響。

四、政治法律環境

「政治法律環境」的發展對行銷決策之影響非常重要，以下我們將討論一些主要的政治法律環境趨勢，及其對行銷管理的啓示。

㈠管制企業的法令愈來愈多

近年來法律對企業的影響日益增加，這些立法主要在達成以下幾個目的。第一個目的是維持公平競爭。企業主管雖然都主張自由競爭，不過當競爭降臨到自己頭上時，他們卻又想化解競爭。甚至採取一些不公平的競爭行爲來打擊別的競爭者。

爲了防止企業的不公平競爭行爲，界定及防止不公平競爭的法律就應運而生。

政府管制的第二個目的在保護消費者免於吃虧上當。有些公司在產品中摻入劣質原料，採用歪曲事實的廣告，以不實包裝欺騙顧客，現在已有各種政府機構負責認定這些不公平的商業活動，並且加以制止。我們的消費者保護法和其他相關的法令，就是爲了保護消費者的權益。

政府管制的第三個目的是在保護社會上大多數人的利益，以免受到企業活動的侵犯。雖然我國的國民生產毛額逐年提高，但生活的品質卻逐漸受到破壞，許多公司在生產上都不計算其社會成本，因此產品的價格偏低，使銷售量得以增加。可是由於環境一直遭受破壞，許多新法律例如環境保護法規必然會不斷的增加，企業主管在策劃產品和行銷系統前，應注意這些發展趨勢。

㈡政府機構執行法律更爲積極

許多政府機構正以更積極的態度，來執行上述各種法律，以達到保護消費者和社會大眾，以及維護公平競爭的目的。

與行銷活動的關係較爲密切的政府機構有：

1.中央標準局：中央標準局之業務範圍，包括辦理國家標準、度量

衡、專利、商標等四大業務。

　　2.商品檢驗局：商品檢驗局為配合經濟行政規定而執行商品管制的業務。

　　3.國貿局：我國目前負責管理和推動對外貿易的有兩個機構，一個是經濟部的國貿局，另一個是外貿協會。

　　4.投資審議委員會：經濟部目前有三個單位是專為僑外投資而設立的，即投資業務處、投資審議委員會及工業投資聯合服務中心。

　　5.衛生署：行政院衛生署對於食品、藥品和化粧品等各種對消費者衛生健康有重大影響的產品，訂有各種管理法規，並且透過各級衛生機構的監督、執行，促使廠商的產品能符合衛生署的標準。

　　6.環保署：環保署的職責，是在保護我國自然生態環境。

　　7.公平交易委員會：負責執行並推動公平交易法，以維護市場倫理與交易秩序。例如，對代銷業而言，因其代銷期間有一定限制，銷售成績也有一定比例，為了達成更高的業績，通常在廣告業「語不驚人誓不休」的配合下，多半會有過分誇大不實，或特別渲染刺激，或詆毀別人襯托自己的方式促銷，這些都違反公平交易法的規定，公司或個人都將被判刑或罰金。尤其在廣告或說明書、海報上，過去一般常用的案例有：

　　⑴「新莊到臺北五分鐘」，即使坐飛機都不容易到達。

　　⑵「敦南新幹線」，房子明明在永和，可是卻用敦化南路作標榜，使人誤以為在臺北市最高級住宅區內。

五、社會文化環境

　　社會文化環境會影響人們生活和行為的方式，這類變數對顧客的購買行為能產生直接的影響，故很重要，以下將探討五個主題：1.生活水準與生活品質。2.消費者保護運動。3.環境保護運動。4.企業倫理道德。5.文化變遷。

㈠生活水準與生活品質

根據經建會的估計，公元 2001 年，國民平均所得可達 12,000 美元（以當時幣值計算）。屆時國民福祉也會顯著提高，雖然地價高昂，但因對生活較爲講究，平均每戶都擁有一個住宅單位，同時每人居住的面積也會加大；家庭設備如：客廳裡的電視、錄影機等用品，趨向輕薄短小，廚房可能裝置兩個冰箱儲藏食品、一個烤爐做速食、自動洗碗機洗碗……，以節省職業婦女處理家務的時間，社會保險的比率將高達 100%。

在生活水準大爲提高之後，許多人開始關心我們的生活品質(quality of life)是否有所改善？會不會在生活水準提高時，生活品質反而日漸惡化呢？我們喝的水、吃的食物、呼吸的空氣是不是在危害我們的健康呢？工作的時間會不會太長？工作的環境好不好？休閒和娛樂的空間夠不夠？品質好不好？自然環境有沒有受到污染？唯有在這些問題都得到正面的答案後，我們才會有較好的生活品質。

人口專家預測在 2001 年，都市人口佔臺灣總人口的 85%以上；而臺北、臺中、臺南、高雄四個大都會區，所佔比例超過半數。西部帶狀都市將聯成一個「超大都會」，這一個「超大都會區」擁有相當現代化的公共設施，但生活品質不佳，都市專家指出，當都市人口增加一倍時，政府的預算必須增加十倍，才能維持同樣的環境品質，目前大都市擁擠、嘈雜、髒亂、污染的程度，勢將每況愈下。生活在人多車多、充滿噪音、空氣混濁的環境裡，人們會莫名地暴躁發怒，無形中增加犯罪率。

㈡消費者保護運動

消費者保護運動，對企業行銷活動的影響正日益擴大。例如：

※沙士在國內一向被認爲是消暑解渴的健康飲料，而黑松公司的黑松沙士，一直是沙士飲料的領導性品牌，但由於消費者文教基金會宣佈黑松沙士及其他幾種品牌的沙士飲料黃樟素含量太高，而使消費者紛紛拒喝沙士，沙士飲料的市場大爲萎縮，而黑松沙士的領導地位，也落到

金車麥根沙士的手中。

㈢環境保護運動

我國的環境問題近年來層出不窮，受到社會大眾嚴重的關切，環境保護運動迅速發展。

由於環境污染的問題普遍受到國人的重視。杜邦公司申請在彰化鹿港設立二氧化鈦廠的計畫遭到當地民眾的反對，因而失敗。臺電的第四核能電廠計畫也受到環境保護者和當地民眾的反對。不過，國內的環境保護組織尚未有像歐、美「綠黨」一樣壯大，目前環境保護工作主要是靠「環保署」來推動。

環境保護主義者希望生產者及消費者在作決策時，應正式考慮環境成本，對違反環境平衡的企業及消費活動，他們主張用稅制及法規予以管制。例如他們要求企業投資消除污染的設備，加重保特瓶、塑膠瓶這類無法回收再用的瓶子之稅率，禁用含高量磷酸鹽的清潔劑，及採取其他措施使企業及消費者都能努力維持環境生態的平衡。經建會前主任委員趙耀東就一再鼓吹，環境保護運動者視為圭臬的污染者付費原則，希望企業和消費者能重視環境保護的問題。經建會也在臺灣地區綜合開發計劃中，列入加強公害污染防治和加強自然環境保育這兩項目標。

㈣企業倫理與社會責任

近年來我國經濟犯罪的事件層出不窮。許多企業在從事商業活動時，常採各種賄賂、欺詐、恐嚇等不道德的方式，來取得某些不法的利益。這種趨勢對行銷活動將會造成嚴重的影響，許多有識之士已在大聲疾呼，希望能建立合乎現代工商業社會的一套道德規範。

行銷人員必須根據各地文化中之道德標準，來調整其行銷策略。當我國逐漸邁向已開發國家的行列時，企業倫理也應隨之提高，否則將對企業營運和經濟活動造成不利的影響。例如我國許多企業的採購人員常向行銷者索取佣金。有些企業對此行為非但不予懲罰，反而規定採購人

員每月必須向公司繳納某一數額的佣金。結果，採購人員的索賄變本加厲，而行銷者在支付佣金之後，往往就忽略了產品的品質，對買賣雙方和消費者都造成許多不利的影響。

就企業的社會責任來說，根據天下雜誌的調查資料顯示有35%之消費者認爲企業最重要的社會責任是「培育人才」，爲社會培育大批優秀人才，乃是內部之社會責任；19%覺得「重視消費者權益」優於一切；另外各有13%的消費者認爲「保護環境，善用資源」最重要，13%認爲「產品發展配合整體國家利益」最重要。這些看法似乎與目前國內的狀況相當吻合。國人之經濟水準雖然不斷提升，可是消費者的權益和自然環境都尚未得到充分的保護，尚有待企業負起這些責任。至於贊助公益或文化活動等社會責任則必須等到企業達成上述社會責任後，消費者才會覺得有顯著的重要性。

㈤文化變遷

每個人所生長的社會環境各有不同，這些社會有不同的信念、價值觀和規範，每個人在不知不覺中會吸收一些觀念，來界定自己與其他人的關係，以下將討論幾個可能影響行銷決策的我國現代文化特性。

1.外來文化對傳統文化的衝擊

我國近一、二百年來，傳統文化一直受到外來文化的影響，近年來美國文化和日本文化對我國文化的影響更爲激烈。麥當勞、溫蒂、肯德基等美式速食餐廳已經風行全臺灣。日本的速食也正在急起直追。錄影帶租售店裡充斥著美國和日本的錄影帶節目。愈來愈多的家庭以西式的牛奶、麵包當早餐，來代替傳統的稀飯、饅頭。

在美國文化和日本文化的侵襲下，傳統文化的影響已日漸式微。許多年輕人穿著印有各種英文字或美國影星人像的運動衫。而許多廠商也利用消費者崇洋的心理，進口各種國外雜牌產品冒充高級品，以高價出售，獲取暴利。

2. 人們對自己的看法

在工業發展的影響下，我們可以看到臺灣消費者在價值或生活態度上的變化。如汽車的普及對臺灣的社會、文化都產生了始料未及的衝擊與變化，除了帶來都市與鄉村景觀的改變，影響更深層的生活休閒型態與價值觀，也隨著越來越多衝撞在馬路上的快速汽車，而起了特別的效應。節儉、勤勞的美德已漸漸被追求美好人生的生活態度所代替，人們為了追求美好人生、享受生活，提高生活情趣的商品非常暢銷，小飾物、小禮品的市場成長相當驚人。

注重外表及健康也成為時尚，化粧品、美容班、健美班廣受消費者的歡迎，外科整型也是成長事業，許多食品、藥品訴求的重點就只為健康。所得提高，也使許多人注重「自我實現」(self-fulfillment)的滿足，也追求個人表現，許多人不再拼命追求財富，而欣賞有意義的事物，他們介入各種社會運動，他們在許多活動上努力表現自己。

3. 人們與他人的關係

農村的純樸社會逐漸消失，代替的是公寓林立的工業化社區，人們雖然住得近些，但人與人之間的距離卻增大了，人們因為居住太擁擠而變得缺乏安全感，鐵欄杆和鑰匙鍊成為公寓文明的特徵，農村裡互相寒暄問家常的情形逐漸變得只在電視中、廣告中才看得到。

家庭人口變小，使得親族之間的來往漸少，小孩的社會化過程，本來依賴大家庭中的親戚，變得依賴托兒所和幼稚園，電視對小孩的影響更早且更大。由於父母對小孩的寵愛，使得小孩成為家庭中心，小孩對家庭購買決策的影響也就提早發生。

4. 人們與社會的關係

人們儘量減低每週工作時數，然後追求下班後的娛樂活動。因此任何可節省時間的設備都被消費者喜好，「生活簡化」變成現代化的指標之一。遙控電視機、自動睡眠裝置的冷氣機、微波烤箱等，都是消費者減

輕工作的設備，超級市場提供處理過、配好、包好的各種菜餚。家庭與工作越趨自動化，節省時間和勞力的產品的行銷機會就愈大。

人們用節省下來的時間從事休閒活動，尤其是戶外活動。因此運動器材、登山露營用品市場成長驚人，戶外雜誌、戶外旅遊叢書也有廣大市場。出國觀光熱也代表這種社會趨勢之一。

5.人們與大自然的關係

人類登陸月球，派太空船到太陽系其他星球探險，許多人誤認為科技可以控制自然，而大自然的資源無窮無盡。但最近人們已體認到自然資源的有限和脆弱，於是人們要設法保存大自然，免得再受到浪費和破壞。

雖然臺灣地區近幾年出現了一些規模龐大、建築雄偉的佛教或道教寺廟，但是現代人持宿命論者較少，對控制自己的命運比上一代的人較具信心，他們比上一輩的人較少依託宗教來求得心靈安心而更能依賴自己。各種宗教團體都發現要吸引年輕人加入，有日益困難的趨勢，而許多信徒也往往以金錢的捐獻，代替了宗教活動的實際參與。

重要名詞與概念

行銷個體環境	原料短缺與材料科技
行銷總體環境	能源短缺與替代能源
人口的年齡結構	環境污染與污染防治科技
經濟成長與景氣循環	公平交易法
產業結構	消費者保護運動
平均每人所得	環境保護運動
消費支出之比率	社會責任
	文化變遷

自我評量題目

1.試說明行銷個體環境之成員。

2.試以新力錄影機為例，說明其所面對之各種形式的競爭。

3.試說明公司所面對之社會大眾有那些？

4.我國的人口統計環境有何變化的趨勢？

5.如果您是某童裝店的行銷經理，應如何因應上述人口統計環境之變遷？

6.我國的經濟環境有那些趨勢值得行銷者特別注意？

7.如果您是某肉類加工食品廠商的負責人，應如何因應上述之趨勢？

8.試說明能源短缺，替代能源興起帶來了那些行銷機會和威脅？

9.試說明環境污染和污染防治科技之發展，對行銷活動之影響。

10.如果您是某水泥公司之總經理，您應該考慮那些法律環境之影響？

11.我國消費者保護運動及環境保護運動有何發展趨勢？

12.試說明我國文化變遷的重大方向。

第四章　行銷資訊

單元目標

使學習者讀完本章後能

● 說出行銷資訊的重要性

● 描述行銷資訊系統的特性與架構

● 描述行銷研究過程的各個步驟

● 分析和比較蒐集資料的各種方法

● 能應用抽樣、問卷設計、實驗設計等各種研究技術

摘要

在從事行銷規劃、執行和控制的行銷管理工作時，行銷經理需要大量的資訊。

行銷資訊系統的特性為系統性、連續性、管理導向及整體性結構。

行銷研究包括五個步驟：第一步是由管理者和研究者仔細確定問題和設定目的，研究目的可為探索性、描述性或因果性。第二步是建立研究假設，建立假設的推論方法有歸納法和演繹法。第三步是擬定研究計畫，研究計畫中須確定資訊需求，決定資料是採用次級資料或初級資料，初級資料的蒐集須選擇蒐集方法(觀察法、調查法及實驗法)，確定接觸方法(郵寄、電話、人員訪問)，擬定抽樣計畫(抽樣單位、樣本大小和抽樣步驟)，設計研究工具(問卷、儀器)，以及估計研究時間、成本。第四步是執行行銷研究計畫、蒐集、處理及分析資訊。第五步是解釋和報告發現。

孫子兵法上說：「知己知彼，百戰百勝」，而資訊是知己知彼的基礎。不論是作行銷分析、行銷規劃、行銷控制或是執行行銷計畫，行銷經理都需要資訊，他們需要來自顧客、競爭者、經銷商及市場有關人士的資訊，才能達成其行銷目標。行銷研究及行銷資訊系統的目的即在提供行銷經理所需的行銷資訊。

本章將說明行銷資訊的重要性及其功能，行銷資訊系統的特性與架構，最後說明行銷研究的步驟。

壹、行銷資訊的重要性

　　企業對行銷資訊的需求日益增加，十九世紀時，大部分賣方規模均很小，他們可以直接獲得有關顧客的第一手資訊。當時的行銷資訊乃是就近詢問、觀察人們而得。到廿世紀時，對資訊的需求，在質與量上都大爲提高，這是由於下列的發展趨勢所造成的：

　　1.由於公司的營運擴展到全球性市場，市場變得更大而更遠，也就需要更多的資訊。

　　2.由於許多國家之國民所得提高,購買者對所買的東西更有選擇性。生產者必須有更好的資訊，以了解購買者對於不同產品和訴求的反應。

　　3.在競爭日趨劇烈之下，賣方漸漸採取更複雜的行銷方式，他們需要大量的資訊來迅速衡量這些行銷工具的效果。

　　許多企業逐漸增加預算，以獲取行銷資訊。統一企業每年花在行銷研究和行銷資訊系統的費用，超過二千萬元以上。有了充分的行銷資訊，才能盡量消除行銷環境的不確定性，把握行銷機會，開創未來。

貳、行銷資訊系統

　　行銷研究所得到的行銷資訊，必須與由其他方面所得到的行銷資訊結合在一起，建立一套良好的行銷資訊系統，使資訊的供給能滿足行銷經理的需求。

一、行銷資訊系統的重要性

　　行銷資訊系統是現代企業克敵制勝、滿足顧客需求之利器。日本花王公司建立了一套相當完整的行銷資訊系統，其資訊系統整合了二百家

加盟店、五百餘家超市、三千餘家批發商、八家生產工場、近二十家大型物流、倉儲公司、十八家銀行、信用卡公司以及六百多位專屬營業員和外圍數千位推銷人員。這套行銷資訊系統可提供許多有用的資訊，例如，將每年近四萬件的抱怨事件，以光碟作成資料庫供社內各部門隨時檢索，除了處理申訴服務客戶外，更積極的意義在經由分析研究，發展了許多新的商機。

由於能充分運用行銷資訊，花王公司在許多方面都擊敗了其勁敵獅王公司。

二、行銷資訊系統的意義及特性

行銷資訊系統(Marketing information system,簡稱 MIS)之定義如下：

「行銷資訊系統」是指相互關聯之人員、設備與程序的連續結構，用來收集、整理、分析、評核和分配有關的資訊，俾能提供行銷決策者重要、適時且正確的資訊，以改善其行銷規劃、執行與控制。

從定義中可以看出行銷資訊系統的四大特性：

㈠系統性

行銷資訊系統的第一個特性是系統觀念(Systems concept)，各項資訊作業互相連貫配合，成為一個整體的系統。這個系統先決定所需要的行銷資訊，然後產生或收集所需資訊，再利用各種統計分析、模式建立及其他數量分析技術來處理這些資訊。並在評核所獲得的資訊後，將資訊分配給需要這些資訊的經理人員。

㈡連續性

資訊系統的作業是要連續進行的，而不是今天做了研究，明天就不做了，要連續不斷的進行，才能在需要用到資訊的時候，就可以很快的取得合適的資訊。

㈢管理導向

行銷資訊系統不只是用來幫助我們解決目前所遭遇到的行銷問題，更不只是用來診斷目前的問題。行銷資訊系統可用來偵測行銷環境的改變，分析行銷機會與威脅，規劃行銷策略，並做為執行和控制的基礎。

㈣整體性結構

許多人一談到資訊系統，就只想到電腦，事實上它不僅只是電腦與機器設備而已，還必須要加上操縱這些機器與提供資訊人員和資訊處理的種種程序，行銷資訊系統是由人員、設備和程序密切配合而成的一個整體性結構。

三、行銷資訊系統之架構

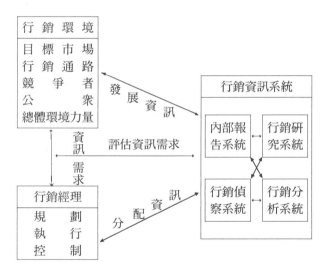

圖 4-1　行銷資訊系統之架構

柯特樂(Kotler)教授提出如圖 4-1 所示之行銷資訊系統架構，行銷資訊系統始於資訊使用者，也終於資訊使用者。首先，與行銷經理接觸以評估其資訊需求，其次由公司的內部記錄、行銷偵察活動和行銷研究過程，發展所需之資訊，並藉資訊分析系統將資訊加以評估和處理使其

更有用。最後,行銷資訊系統將資訊以適當形式,適時分配給經理人員,以協助其行銷規劃、執行和控制。

叁、行銷研究

「行銷研究」是系統化地收集、分析,並解釋有關行銷問題之資訊,以解決某種行銷問題。

每一行銷者都需要行銷研究,南僑公司的每一個品牌經理每年都需要負責進行行銷研究,統一公司規定所有的新產品上市前都要先做行銷研究。愈來愈多的非營利事業發現他們也需要行銷研究,如醫院想知道其服務範圍內的民眾對此醫院之態度,政治組織想知道選民對其候選人之態度。

行銷研究人員不斷地擴展其研究的範圍,其中十項最普遍的行銷研究內容爲:市場潛量衡量、市場占有率分析、確定市場特徵、銷售分析、企業趨勢研究、短期預測、競爭產品研究、長期預測、行銷資訊系統研究和測試現有產品。

公司會根據其行銷決策的需要來決定其行銷研究的內容,例如:國聯公司最近計畫導入一種特別適用於浴室的強力清潔劑,品牌經理想知道會買這種產品的人或公司有多少?是什麼類型?了解潛在顧客的所得、職業、教育、生活型態以及他們對新產品的反應,有助於經理擬定較佳的銷售與廣告策略。

行銷研究可由公司的研究部門自己進行,也可部分或全部委託外界,小公司可委請當地大學之教授及學生進行行銷研究專題,亦可委託專業行銷研究機構。

公司是否要利用外界機構的服務,全視公司所具備的資源和技術而定。沒有行銷研究部門的公司將須購買行銷研究公司的服務。但有行銷

研究部門的公司也常利用外界機構來進行某些特殊的研究。

行銷研究過程包括圖 4-2 所示之五個步驟：確定研究問題與研究目的、建立研究假設、擬定研究計畫、資料蒐集與分析及提出研究發現。

圖 4-2　行銷研究之過程

一、確定研究問題與研究目的

管理者與行銷研究人員必須密切合作以確定研究問題及研究目的。管理者對需要資訊的問題或決策最為了解，而研究者則對行銷研究和如何取得資訊最為了解。

管理者必須對行銷研究有充分的了解，方能參與研究的規劃和解釋研究發現。如果他們對行銷研究毫不了解，可能會得到錯誤的資訊，接受不正確的解釋或要求成本太高的資訊。行銷研究者應協助管理者確定問題，並建議可以協助管理者做更佳決策的各種研究方法。

問題可能定義的太模糊或太廣泛了。如果百貨公司的經理告訴行銷研究者：「去蒐集零售市場之資訊」，結果可能會令其大失所望。整個市場值得研究的課題不下數百項，只有針對公司的問題進行研究，研究的結果才能對公司有所助益。收集資訊相當費錢，研究問題如果模糊或者不正確，將是一種浪費。「問題界定好，等於解決了一半。」

研究問題和研究目的引導了整個研究過程，管理者及研究者應將研究問題及研究目的書面化，以確定他們是否同意研究的目的和預期的成果。

二、建立研究的假設

界定研究問題的結果，應該會導致一組明確說明的研究目的，然後根據研究的目的，形成研究的假設。所謂「假設」(hypothesis)，係指對待決問題所提出的暫時性的答案。科學研究的假設有時係從某一現有的理論推論而得，有時是來自前人的研究結果，有時還得靠研究人員自己去猜測。

推論方法有兩大類，一是歸納法(inductive method)，一是演繹法(deductive method)。歸納法是先觀察和記錄若干個別事件，探討這些個別事件的共同特性，然後將所得結果推廣到其他未經觀察的類似事件，以獲得一項普遍性的結論。譬如，我們如果觀察和記錄 100 個兒童購買玩具的行為，發現這 100 個兒童都買廣告較多的玩具；換言之，購買廣告較多的玩具是這些兒童的共同特徵。如果我們將所得結果加以推廣，獲得一個「所有兒童都購買廣告較多的玩具」的普遍性結論，這便是歸納法。歸納法是從個別事件推論到全體，因此，有可能從正確的前提中，得到錯誤的結論。譬如在上例中，100 個被觀察的兒童購買玩具的行為，並不一定就能代表所有的兒童，除非這 100 個兒童是經由最可靠的抽樣方法抽選而得，本身能構成一個非常有代表性的樣本。

演繹法正好與歸納法相反，它自一項普遍性的命題開始，根據邏輯法則，獲得一項個別性的命題。如果普遍性的命題是正確的，則個別的命題也必然是正確的。譬如，在下列三段論法的三個命題中：

命題 1：所有消費者的購買行為都會受商業廣告的影響。

命題 2：小明是個消費者。

命題 3：小明的購買行為會受商業廣告的影響。

如果命題 1（普遍性的命題）是正確的，則命題 3（個別性的命題）也必然是正確的；如果命題 1 是錯的，命題 3 就不一定對了。

三、擬定研究計畫

行銷研究的第三步驟是要確定所需的資訊並擬定計畫，以有效率的蒐集資料。

㈠確定特定的資訊需求

研究目的必須轉化為特定的資訊需求。例如，假設微笑食品公司(名稱虛構) 決定要進行研究，以發現消費者對其新包裝冷凍食品的反應，此種新包裝冷凍食品的成本較高但消費者可以直接把它放在微波爐內加熱來吃，無需用碗來裝，也不需洗碗。此研究可能需要下列特定資訊：

1.舊包裝冷凍食品的使用者之人文、經濟和生活型態特徵（忙於工作的年輕夫婦可能認為新包裝的便利值得付出較高的價格；家中有小孩者則可能希望少付點錢而自己洗碗盤）。

2.消費者對冷凍食品的食用型態——他們吃多少冷凍食品？何時吃？在何處吃？（新包裝對在外吃中飯的成年人很理想，但對要餵好幾個小孩吃中飯的家庭較不方便。）

3.微波爐在消費者市場和商業市場的滲透率（家庭和公司餐廳中微波爐的數目會限制對新容器的需求）。

4.零售商對新包裝的反應（缺乏零售商的支持會嚴重阻礙新包裝的銷售）。

5.預測新包裝和舊包裝的銷售額（新包裝是否會增加微笑食品公司的利潤）。

微笑食品公司的經理在決定是否要導入新產品時，需要上述資訊及其他特定型態的資訊。

㈡決定資料的種類及來源

為了達成管理者的資訊需求，行銷研究人員可以採用次級資料(secondary data)、初級資料(primary data)或兩者皆用。次級資料係指為

其他目的而收集，且已經現成之資料，初級資料則指依研究本身特定目的收集而得之資料。

1.次級資料

研究人員在開始調查時通常會先採用次級資料。次級資料的來源包括內部來源及外部來源。次級資料的取得較爲便捷而且成本較低。

次級資料提供研究一個好的開始，通常有助於確定研究問題和研究目的。但在許多情況下，次級資料來源並無法提供所有的資訊，而需蒐集初級資料。

2.初級資料

有的行銷管理者僅憑空想出一些問題並找一些消費者來訪問，就認爲已收集到初級資料，這是很不好的作法，因爲這樣所得之資料不僅無用，更糟的是它會造成誤解。收集初級資料必須由專業的行銷研究人員精心計畫，而使用這些資料的行銷經理必須相當了解收集初級資料的原理，以便有能力決定是否同意研究人員的收集計畫，以及解釋其發現。

初級資料的收集方法可分成觀察法、調查法及實驗法三種：

(1)觀察研究法(observational research)

行銷研究人員可以藉對有關人物、行動及環境之觀察，來收集初級資料。

觀察研究有許多不同的方式。研究者可在行爲自然發生時，或在人工化的情境中（例如模擬商店）來觀察行爲。人和情境可以公開觀察，或藉單向透光鏡、隱藏式攝影機或僞裝的觀察者來秘密觀察。直接觀察乃對實際行爲的觀察，間接觀察則是由觀看行爲的結果來推論行爲。例如博物館可從展示的樓面多寡來判斷各種展覽受歡迎的程度。

觀察法可用來獲得人們不願意或者不能提供的資訊。例如消費者可能無法確知在看廣告時，眼睛如何移動或者停留在標題或插圖的時間多長。他們可能不願意告訴研究者某些方面的購買行爲，而這些行爲可能

很容易觀察。在很多情況下，觀察是獲得資訊唯一的方法。但是有些行為卻全然無法觀察——例如感受、態度、動機或個人行為。由於這些限制，研究者常將觀察法和其他資料蒐集方法混合使用。

(2)實驗研究法(experimental research)

實驗法最適合蒐集因果性的資訊，而觀察法則最適合探索性研究，調查法適合敍述性研究。

實驗法選擇配對的受試群體，控制無關的因素，然後給予不同的「處理」(treatment)或刺激，同時檢查群體反應的差異。由於外在因素已被消除或控制，因此反應的差異完全起因於不同的處理或刺激。實驗法中可採用觀察法和調查法來蒐集資料。

例如，為測試兩種不同價格對銷售的影響，麥當勞可採用下述簡單的實驗。在某城市的麥當勞餐廳以某種價格推出新的漢堡，而在另一類似城市的麥當勞餐廳，以另一種價格推出。如果兩個城市很類似，而價格之外所有其他行銷力量也都一樣，那麼兩個城市銷售額的差異就與定價有關。更精細的實驗可設計成包括其他變數或地點。

(3)調查研究法(survey research)

調查研究法是適合蒐集描述性資訊的方法。想知道人們知識、信念、偏好、滿足或購買行為的公司，常可藉直接詢問而得到答案。和觀察法一樣，調查研究法可以是結構化或非結構化。結構化調查法須採用正式的問卷，以相同的方式詢問所有受訪者，非結構化調查則採開放的格式，讓訪問員試探受訪者，並根據所得的答案來引導訪問員發問。

調查研究法可能是蒐集初級資料時應用最廣泛的方法。調查研究法最大的優點是其變通性(versatility)。此法可在許多不同的行銷情境中得到許多不同類型的資訊。如果調查計畫設計得好，調查法也用比觀察法或實驗法更低的成本，更快的提供資訊。

調查研究法也有一些問題。許多人無法回答調查問題，原因是不記

得或沒有意識到其所做的事，或者為何要這麼做。人們也可能不願回答陌生的訪問員所提的問題，或者他們認為隱私的問題。受訪者也可能不知道答案，但為了怕被人認為太傻、沒知識，而回答了調查的問題；或者為了想幫訪問員的忙而回答一些討人喜歡的答案。審慎的調查設計有助於減少這些問題。

(三)確定接觸方法

在蒐集初級資料，特別是以調查法來蒐集時，可由郵寄、電話或人員訪問三種方式來接觸受訪者。表 4-1 列出各種接觸方法的優點和缺點。

表 4-1　三種接觸方法之優點和缺點

	郵寄	電話	人員
1.彈性	差	好	很好
2.可蒐集之資訊量	好	普通	很好
3.訪員效應之控制	很好	普通	差
4.樣本控制	普通	很好	普通
5.資料蒐集速度	差	很好	好
6.反應率	差	好	好
7.成本	好	普通	差

1.郵寄問卷

郵寄問卷可用來蒐集大量的資訊，每一受訪者的單位成本很低，受訪者對於私人的敏感問題，可能比較願意在郵寄問卷上回答而不願在電話中或對陌生的訪問員做答。在問卷上回答比較會忠實，同時其答案也不會受訪問員的影響，但是，郵寄問卷比較沒有彈性——問題的文字要簡單而清楚。郵寄調查的完成時間較長，而反應率往往很低。研究者對郵寄問卷的樣本也很難控制。即使有一份好的郵寄名單，往往也很難控制到底在郵寄住址上的那個人填答了問卷。也許想問的是家庭主婦，填答問卷的卻是小孩。

2.電話訪問

電話訪問是迅速蒐集資訊的最佳方式。例如，選舉前若想立刻知道

選民對候選人的偏好情形，常採用電話訪問。電話訪問比郵寄法更有彈性，當受訪者對問題不清楚時，訪問者可立刻解說一番。電話訪問可根據受訪者的答案，決定跳過那些問題或深入探究其他問題。電話訪問可以有較好的樣本控制——訪問員可以要求和具有某些特性的受訪者談話，甚至指定姓名，同時反應率也比郵寄問卷高。

電話訪問也有一些缺點。每次訪問的成本比郵寄法高，同時人們可能拒絕受訪。訪問員的偏差也較大，訪問員談話方式，問問題方式的微小差異或其他差異，都可能影響受訪者的答案。同時每個訪問員對反應的記錄可能都不同，或因時間的壓力，使一些訪問員有欺騙行為，例如根本沒問問題，就記下答案。

3.人員訪問

人員訪問的形式有二，即個人訪問(individual interviewing)與集體訪問(group interviewing)。個人訪問係到受訪者家裡、辦公室、或在街頭訪問。訪問人員必須得到受訪者之合作，其時間可由數分鐘到數小時。有時候為了感謝受訪者撥冗接受訪問，會給他們一些錢或小禮物。

人員訪問很有彈性，並可用來蒐集大量的資訊。訓練良好的訪問員可使受訪者的注意力維持很長的時間，而可解釋較複雜的問題。當情境需要時他們可導引面談、發掘問題和試探受訪者。人員訪問可以用在任何型式的問卷。訪問員可將真正的產品、廣告或包裝展示給受訪者看，而觀察其反應或行為。多數情況下，人員訪問可以進行得相當快。

人員訪問主要的缺點是成本和抽樣問題。人員訪問要比用電話訪問貴三、四倍。群體訪問研究通常採用小樣本，以降低時間和費用，而其結果可能難以類化。由於人員訪問中訪問員有較大的彈性，訪問員偏差的問題也較嚴重。

㈣擬定抽樣計畫

行銷研究往往藉觀察或詢問總消費人口中一小部分的樣本，而對一

大群消費者做成結論。理想上，研究樣本應有代表性，如此研究者才能正確的估計較大母體的思想和行為。行銷研究人員必須設計抽樣計畫，決定下列三件事項：

1.抽樣單位(sampling unit)。例如要調查家庭購買汽車的決策過程，研究者到底該訪問誰？丈夫、太太、家庭其他成員、經銷商的業務員。

2.樣本大小(sample size)。樣本大小係指接受調查的人數，大樣本所得之結果通常比小樣本可信，不過要獲得可信的結果，並不需要以母體的全部或其大部分為樣本。只要抽樣程序可靠，即使樣本不及母體的百分之一，其結果也可提供很好的信度。如果財力物力有限，加大樣本雖能減低抽樣誤差，但卻可能擴大非抽樣誤差，反而得不償失。

3.抽樣程序(sampling procedure)。抽樣程序係指選擇受訪者的過程。為了獲得一有代表性的樣本，宜自母體中抽取「機率樣本」(probability sample)，因為「機率抽樣」(probability sampling)可以計算抽樣誤差之信賴限度，例如可以有如下的結論：「年齡在18～24歲的大學生，每年搭乘遊覽車旅行二至三次者，其機率有百分之九十五。」

㈤設計研究工具

行銷研究人員收集初級資料有兩項主要的研究工具──問卷與儀器設備。

1.問卷(questionnaire)

到目前為止，問卷是收集初級資料最普遍的工具。問卷是由研究人員提出一套問題，由受訪者回答，問卷內容的彈性頗大，提問題的方式有許多種。問卷在大規模使用之前，必須經過謹慎地設計、測試和除錯。在一份草率的問卷中，往往可以挑出一連串的缺點。

行銷人員在設計問卷時，應仔細選擇所問之問題、問題之形式、問題之用詞以及問題之順序。

2.儀器設備(mechanical instrument)

雖然問卷是最普遍的研究工具,儀器設備亦為行銷研究人員所採用。膚電檢流計(galvanometer)俗稱測謊器, 可用來衡量某種廣告或圖片引起受測者興趣或情緒的強度, 它可以精密測量受測者因情緒激動而引起之小量流汗。瞬間顯像器(tachistoscope)可以將廣告在受測者面前作瞬間顯像, 時間通常在1/100 秒至幾秒之間, 然後要受測者憶述他所看到的東西。電腦語音辨識系統可用以改進電話訪問的缺點, 以獲得真實的反應。

㈥估計所需的研究時間及費用

在研究設計階段, 應對進行研究所需的時間及費用加以估計。時間是指完成整個研究計畫所需的時間, 研究費用則包括薪資、差旅費、電腦時間和材料等各種費用。時間和費用二者並不是完全獨立, 增加經費往往可以節省時間, 反之亦然。

四、資料蒐集與分析

研究者下一步就是要執行行銷研究計畫, 包括資訊的蒐集、處理和分析。資料蒐集可由公司行銷研究人員來做或委託外界機構。採用自己的研究人員較能控制資料的品質和蒐集過程, 但專門蒐集資訊的外界機構往往可以做得比公司更快而且成本更低。

資訊蒐集的階段是行銷研究過程中, 花費最大也最容易出錯的的階段。研究者須嚴密監視現場作業, 以確保計畫正確的執行, 並防止接觸受訪者時所遭遇的一些問題, 例如受訪者拒絕合作、提供偏差或不誠實的答案、訪問員犯錯或投機取巧。

蒐集到的資訊必須加以處理和分析, 從中萃取重要的資訊和發現, 從問卷和其他工具得來的資料須檢查其正確性和完整性。並編碼供電腦分析, 在專家協助下, 研究者用標準化的電腦程式將結果列印成表格,

並算出主要變數的平均數與標準差；亦可以應用分析性行銷系統中一些
高級的統計技術與決策模式，期能有更多的發現。

五、解釋與報告發現

現在研究者必須解釋發現，從涵義中提出結論，並且向管理當局報
告。行銷研究人員不能在行銷主管面前，以數字或高深的統計技術來炫
耀，這將得不到他們的認可。他們應該針對研究所要解決的決策，提出
攸關的重要發現。

解釋不應全靠研究者來做。他們往往是研究設計和統計分析方面的
專家，但行銷經理對問題情境和所要進行的決策卻較為了解。在許多情
況下，研究發現可有許多解釋。研究者和管理者的討論有助於找出最佳
的解釋。管理者也要檢查研究專案是否適當的執行，所有需要的分析是
否都做了。或者，在看到發現後，管理者可能想到一些額外的問題，可
藉所蒐集的研究資訊來解答。此外，管理者乃是最終決定研究提示何種
行動的人。研究者甚至可直接提供行銷經理這些資料，使其可以自己進
行新的分析及測試新的關係。

解釋是行銷研究過程中相當重要的一個階段，如果管理者盲目接受
不正確的解釋，那最好的研究也毫無意義。同時，管理者可能會有偏差
的解釋——他們傾向於接受支持其預期想法的研究結果，而拒絕與其預
期或期望相反的結果。因此，在解釋研究結果時，管理者和研究者必須
密切的合作。

重要名詞與概念

行銷資訊系統	調查研究法
系統性	實驗研究法
連續性	郵寄問卷

行銷研究　　　　電話訪問

研究問題　　　　人員訪問

研究目的　　　　抽樣計畫

研究假設　　　　機率抽樣

初級資料　　　　研究工具

次級資料　　　　問卷

觀察研究法

自我評量題目

1. 行銷資訊系統的特性為何？

2. 行銷資訊對臺灣的中小企業有何重要性？

3. 試說明研究目的之類別及其用途。

4. 初級資料與次級資料有何不同？各有那些來源？

5. 試說明觀察法、調查法和實驗法三種方法之適用時機。

6. 試比較由郵寄問卷、電話訪問及人員訪問三者之優劣。

7. 試說明擬定抽樣計畫之程序。

8. 有一家健康食品公司欲推出一種低糖份的蛋糕，該公司想藉行銷研究來了解顧客對此種新產品的接受意願，請您為該公司設計一套行銷研究之過程。

第五章 消費者行為的基本觀念及決策過程

單元目標

使學習者讀完本章後能

- 瞭解消費者行為之意義
- 說明購買決策之型態
- 說明購買決策之過程
- 說明消費者處理資訊之過程
- 舉例說明消費者如何評估及選擇產品

摘要

　　消費者行爲是指產品最終消費者在購買和使用產品時，所表現的一切行爲或活動。購買決策包括三種類型：1.例行反應行爲，2.有限解決問題，3.廣泛解決問題。購買決策的參與者包括提議者、影響者、決策者、購買者和使用者。

　　購買決策的過程包括確認問題、蒐集及處理資訊、評估可行方案、選擇和購後行爲五個階段。問題是實際狀態與理想狀態的差距。消費者處理資訊的過程包括接觸、注意、了解、接受和保留(記憶)。消費者以各種標準評估產品後，決定是否有購買意願。其他人的態度及不可預期的環境因素會影響最後的選擇。購買及使用產品後產生滿意或不滿意的經驗，進而影響其下次的購買決策。

　　在了解行銷環境的各種變動趨勢之後，以下二章我們將進一步探討消費者的行爲。本章首先要介紹消費者行爲的一些基本觀念，和購買決策的過程，第六章介紹影響購買行爲的一些因素。

壹、消費者行爲之基本觀念

一、消費者行爲之意義

　　消費者行爲是指產品最終消費者在購買和使用產品時，所表現的一切行爲或活動。所謂消費者是指購買產品來供個人或家庭使用的人，他們購買產品並不是爲了商業上的目的，而是爲了滿足自己或家庭的需求。就研究的對象來看，狹義的消費者行爲，並不包括組織購買者的購買行

爲。因此，有些學者將消費者行爲的研究擴充爲顧客行爲(customer behavior)的研究，顧客行爲是指組織購買者和最終消費者，在購買和使用產品時，所表現的一切行爲或活動。

二、購買決策之形態

消費者的購買決策形態隨產品而異。購買一支牙膏、一副網球拍或一輛新車，這中間的差異就很大。購買決策愈複雜，購買決策的參與者就愈多，購買者考慮的因素也愈多。Howard 和 Sheth 兩位學者把購買行爲分成下面三種形態：

(一)例行反應行爲

最簡單的購買行爲是購買成本低、購買次數頻繁的產品，例如牙膏、洗衣粉等。由於購買者已經熟知產品的性質、各種主要品牌，並且對於品牌之間已經有明顯的偏好，所以他們只需作很少的決策。由於受到缺貨、特惠優待或追求變化的心理影響，消費者往往不會一直購買相同品牌的產品，但是一般而言，消費者不會爲了購買這類產品而花費太多的時間去思考或尋找，這一類的產品通常稱爲低度感情投入產品(low-involvement goods)。

在這種情況下，行銷者的因應策略可分兩方面來說：第一，對於現有購買者，行銷者應該提供「正增強作用」(positive reinforcement)，有關產品的品質、存貨水準與價格等均應保持一定的水準。第二，對於其他顧客，行銷者應該增加產品新的特色，並利用店頭展示、價格折扣以及額外贈品等方法，吸引新顧客的購買。

(二)有限解決問題

當購買者對購買的產品相當熟悉，但對於某些他所想購買的品牌不太熟悉時，情況就比較複雜一些。例如想買新電視機的人，他們可能聽說過新推出的普騰高傳眞電視，在還沒有選購前，他要問很多人，要從

各種廣告中了解這種新品牌。我們稱此為有限度解決問題行為，因為這些消費者深知這類產品與他所需要的品質，但是對於各種品牌及其特徵並不熟悉。

行銷者必須知道，這類消費者想蒐集更多的情報來降低購買風險，因此應該設計一套溝通方案加強廣告和溝通活動，以便增進消費者對品牌的認識及信心。

㈢廣泛解決問題

當購買者想要買一種不熟悉的產品，而不知道採用那些標準去評估時，購買行為最為複雜。例如，有個人第一次想買音響，他曾經聽說過的品牌有山水、菲利浦、白馬等品牌，但對於各種品牌都沒有清楚的概念，他甚至不知道一架好的音響應該具備那些產品屬性，這就是處於廣泛解決問題的狀態。

針對這種購買情境，行銷者必須明瞭潛在購買者如何蒐集與評估情報，促使消費者知道這些產品的屬性、各種屬性之重要程度以及自己品牌在產品重要屬性中所具有的優勢。

三、購買決策單位的各種角色

購買決策單位是一個人或一群人參與決策的過程，這些人具有一個共同的目標(例如家庭幸福)，所進行的決策可以幫助他們達成共同的目標，他們也會分擔決策發生問題所引起的風險。

許多產品的購買決策單位很容易確認，例如男人購買刮鬍刀，女人購買褲襪，但是有許多產品的購買決策單位，有一個以上的參與者，他們在購買決策中扮演著不同的角色，以選購汽車為例，建議買新車的可能是家庭的老大，而朋友會建議車子的種類，丈夫決定廠牌，妻子則對車型和顏色有所意見，最後由丈夫在徵得妻子的同意後作最後決定，而後來使用車子較頻繁的可能不是妻子，也不是丈夫，而是要開車去約會

的大兒子。

我們可將人們在購買決策中所扮演的角色分成五種：

1.提議者：提議者是指最先建議或想到購買某產品或服務的人。

2.影響者：影響者是指其所提出的觀點或勸告，對最終購買決策有相當影響的人。

3.決策者：在一部分或整個購買決策（包括是否購買、購買什麼、如何購買、何時購買、何處購買）中，有權作決定的人。

4.購買者：實際購買東西的人。

5.使用者：消費或使用產品及服務的人。

公司必須弄淸楚購買決策單位中的這些角色，因爲他們對於產品設計、廣告信息及促銷預算等都有重要意義。以上述的例子來說，丈夫決定車子的廠牌，因此汽車製造廠應將廣告對象大部分集中在丈夫身上，另外爲車子設計一些能讓妻子滿意的特色，也針對她們做一些廣告。了解購買決策的參與者及他們所扮演的角色，將有助於行銷者擬定適當的行銷方案。

貳、購買決策過程

購買決策過程如圖 5-1 所示，分成五個階段：確認問題、蒐集及處理資訊、評估可行方案、選擇及購後行爲。本模式強調購買過程早在採取實際購買行動之前就已經開始，而一直到購買後很長一段時間仍未結束，它提醒行銷人員應該注意的是購買的整個過程，而不只是購買決策而已。

圖 5-1　購買決策過程

比較例行性的購買行為，可能不必要經歷五個階段，有時候可能在其中幾個階段重複，下例如家庭主婦購買常用品牌的牙膏，是從確認需求就直接跳到選擇階段，沒有經過蒐集資訊及評估可行方案的過程。以下我們將對圖 5-1 的完整模式進行說明，因為這個模式可以充分說明消費者面臨購買決策時的過程，特別是廣泛解決問題的購買行為。

一、確認問題

購買決策過程的第一個步驟，是消費者對問題或需求的確認，也就是說消費者感覺到自己欲求的理想狀態與實際狀態中間有所差異。當此種差異超過其所願忍受的範圍時，即會產生需求。購買者的需求可由內部刺激或外部刺激來引發。就內部刺激來說，個人的需求例如：飢餓、口渴等生理需求，到達某一強度後，就成為一種驅力，這種驅力或動機，會導引個體的行動，設法滿足他的需求。需求也可能受外界刺激而引發，譬如一個人經過麵包店，看到新鮮的麵包時，會刺激他的飢餓感；看到鄰居的錄影機會令他羨慕不已；看到電視廣告會使他想添購一部新車。諸如此類的刺激都可能使他產生一種新的理想狀態，使得理想狀態和實際狀態的距離加大，當他所知覺的差異(perceived difference)超過一個最低的水準之後，便會確認到問題或需求的存在。

對這個階段來說，行銷者要設法找出可以引發消費者確認問題的環境。行銷者要了解⑴消費者所激發的需求或問題之種類；⑵引發其需求的原因；⑶如何誘導他購買產品。譬如張三和他太太覺得有增加家庭生活情趣的需求，當他們到鄰居家裡看見錄影機可以帶來許多樂趣時，便想要購買一部錄影機。行銷者在知道這些資訊後，即可認清足以吸引張三夫婦對錄影機產生興趣的刺激是什麼，以便根據這些刺激擬定適當的行銷計畫。

二、蒐集及處理資訊

　　當消費者確定需求或問題存在後，會開始從自己的記憶中展開內部的資訊蒐集工作，並且決定是否必須從外界蒐集更多的資訊來作成購買決策。如果消費者的驅力相當大，而且有了相當滿意的東西或品牌時，消費者可能就會立即作成購買決策，而不再向外界蒐集資訊。

　　消費者的各種資訊來源當中，廣告佔有重要的地位。消費者對產品最初的認知，往往來自電視廣告，但是在廣泛解決問題的情況下，由於頭腦的活動偏重在左腦，所以會採用較多的印刷媒體，例如裕隆公司在推出「新尖兵」的車種時，就曾經採用篇幅很大的報紙和雜誌廣告，得到了相當好的效果。消費者也會向使用過某種產品或品牌的親友，打聽產品的使用情況；此外，請教經銷商或者自己試用的經驗，也是產品最重要的資訊來源。

　　消費者處理資訊的過程，包括圖 5-2 所示的五個步驟：

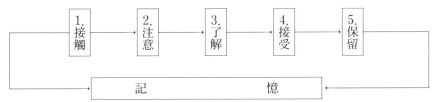

圖 5-2　消費者處理資訊的過程

　　1.接觸(exposure)：訊息必須傳達到消費者所在的地方，這些訊息會刺激到消費者的感官（例如：視覺、聽覺、味覺、嗅覺等）。

　　2.注意(attention)：消費者對感官所接觸的各種訊息，可能注意也可能沒有注意。所謂注意，是將資訊處理能力分配到傳來的各種刺激。消費者有意去接觸的訊息或和消費者需求有關的訊息，比較容易受到注意。較強或有強烈對比的刺激也較易受到注意。

　　3.了解(comprehension)：被注意到的訊息，會在短期記憶中加以

處理，以澄清訊息內容的意義，這個過程就稱爲了解。短期記憶的資訊能力有限，因此消費者對所要處理的訊息有高度的選擇性。

4.接受(acceptance)：消費者將他所了解的訊息，拿來和長期記憶中現存的評估標準及信念互相比較，看看是否相容(compatible)？如果不相容，這些訊息就不再加以處理。例如張三若一向認爲 A 牌家電的服務很差，就可能不接受 A 牌強調其服務很好的廣告。

5.保留(retention)：對於能相容的訊息，則進一步考慮是否要增強(reinforce)或者需要修改，而後保留在長期記憶之中。這些記憶中的刺激，會影響到問題確認、資訊蒐集和方案評估等購買決策的過程。

三、評估可行方案

上面已討論過消費者如何利用資訊來決定品牌的選擇組合，接下來的問題是消費者如何從中作最後的抉擇。行銷者必須要了解消費者如何處理蒐集到的資訊，決定所要購買的品牌。不幸地是，消費者的評估過程並不簡單，每個人的評估過程也不完全相同，甚至同一個人也有許多種評估過程，評估過程會因購買情況而異。

下列一些基本概念有助於了解消費者的評估過程。

第一個概念是「產品屬性」(product attribute)：消費者所體認的產品是許多屬性的組合。底下是一些大家熟悉的產品及消費者有興趣的產品屬性：

＊錄影機：影像清晰度、錄影時間、體積大小、外觀、價格。

＊旅館：位置、整潔、氣氛、價格。

＊輪胎：安全、胎面壽命、品質、價格。

第二個概念是「效用」(utility)：消費者對每一產品屬性都有一個效用函數(utility function)，效用函數是說明產品屬性與消費者滿足程度的關係。譬如張三可能覺得對錄影機的滿足程度隨著錄影時間的增加而

增加，對適中體積的錄影機的滿足程度，高於體積過大或過小的錄影機的滿足程度。假使把效用達到最高的各產品屬性綜合起來，將會是張三理想的錄影機。

第三個概念是「評估標準」(evaluate criteria)及重要性權數(importance weight)：消費者對各種產品屬性有不同的重視程度，效用較高，各可行方案間差異較大的產品屬性，比較會受到重視。消費者在評估產品或品牌時，會選擇一些較受重視的產品屬性作為評估的標準，同時，消費者也可能對這些屬性或標準給予不同的重要性權數。

第四個概念是「信念」(belief)：消費者會把蒐集到的資訊和評估標準互相對照比較，而對每一個可行方案（各種產品或品牌）形成了一套信念，也就是每個可行方案在各項評估標準或產品屬性上的表現。消費者對某一個品牌的信念，就是所謂的「品牌信念」(brand belief)或品牌形象(brand image)。

第五個概念是「態度」(attitude)：消費者根據各項評估標準，綜合考慮各個可行方案所能帶給他的效用和滿足，而對各個可行方案產生了正向或負向的評價，這種評價就是態度。例如某人可能很喜歡吃炸雞，有些人則很討厭。

第六個概念是「購買意願」(purchase intention)：當消費者對某種產品或品牌的態度相當好時，就可能形成購買的意願，所謂購買意願，就是指消費者購買某種特定產品或品牌的主觀機率。例如張三買 A 牌錄影機之機率。

四、選擇

經過上述的評估階段，消費者對於選擇組合裡的產品或品牌，已有優先次序，此時他已形成購買意願，通常他會選擇購買最偏好的產品或品牌，但是還有兩個因素會影響他的選擇，這兩個因素如圖 5-3 所示。

第一個因素是其他人的態度。假設張三的太太爲了節省支出，堅決
認爲張三應該選擇價格最便宜的 D 品牌，那麼張三購買 A 品牌的可能
性將會降低。其他人的態度會影響消費者對可行方案的偏好，影響程度
的大小決定於幾個因素：(1)消費者偏好的可行方案受到他人反對的強
度；(2)消費者願意順從他人意思的動機。如果張三的親友反對購買 A 牌
錄影機的態度愈強烈，而且反對者和張三的關係愈密切時，那麼張三降
低購買意願的可能性就愈大。

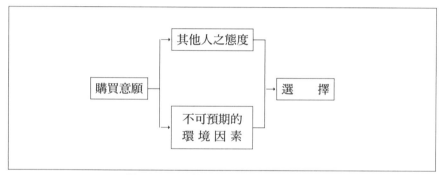

圖 5-3　影響選擇的決定性因素

第二個因素是不可預期的環境因素。消費者的購買意願是在預期的
收入、價格和產品利益之下形成。如果其間有不可預期的情況發生，那
麼將會影響到他的購買意願。例如張三可能會因爲失業或者機車壞了迫
切需要換車等因素，而改變他購買 A 牌錄影機的意願。

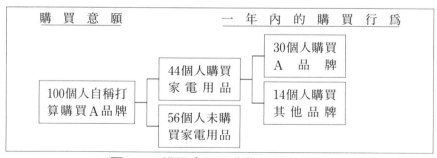

圖 5-4　購買意願與實際的購買行爲

　　因此，偏好甚至購買意願雖然會直接影響購買行為，但不足以完全決定購買行動的結果是什麼。圖5-4是一個很典型的例子，在某項研究裡，有一百個人承認在未來一年內有購買A品牌家電用品的意願，只有44%的人眞的買家電用品，而只有30%的人（佔眞正購買者的68%）買A品牌。

　　消費者會修正、拖延或取消他的購買決策，其中一項重要因素是受到「知覺風險」(perceived risk)的影響。許多購買行動多少要承擔一些風險，消費者不能確知購買後的結果，因此產生焦慮。知覺風險的大小是隨著購買金額的大小、產品屬性的不確定程度及消費者自信心的大小來決定。消費者會採取某些行動來降低風險，例如乾脆不買、向朋友打聽、選購有名的品牌或有保證的品牌。行銷者必須瞭解引起消費者知覺風險的原因，提供適當的資訊和支持，來減少消費者的知覺風險。

五、購後行為

　　消費者購買及使用產品之後，將會有一些滿意或不滿意的經驗，也因此會有某些值得行銷者注意的購後行為。行銷人員的任務並不隨著消費者購買產品而終止，還必須延續到購後的期間。

㈠購後滿意程度

　　消費者購買以後滿意的程度取決於消費者對產品的預期(expectation)與使用後感受到的效果(perceived performance)，如果感受到的效果能符合原先的預期，消費者將會感到滿意；如果超過，將會大為滿意；如果比原先預期的差，那麼消費者將會感到不滿。

　　消費者的預期主要是基於銷售者、朋友或其他資訊來源給他的訊息。如果銷售者誇大其辭，消費者的預期不能實現，就會導致不滿意的情況發生。預期與實際的結果差距愈大，消費者就愈不滿意。這種理論是提醒銷售者宣傳產品時，應儘量能符合產品的實際功能，來使消費者有超

過預期的滿意感。

(二)購後行動

消費者對於他所購買產品的滿意與否，將會影響到他以後的購買行為。如果他感到滿意，再購的可能性就會很高，而且會對產品作義務的宣傳，有一句話說：「滿意的顧客就是最好的廣告」。不滿意的顧客反應當然大不相同，由於人們都有一種驅力，希望在他的意見、知識與價值觀之間，保持內部的和諧一致，所以不滿意的顧客總會設法降低失調的感覺。降低失調有兩種方式，一種是丟棄或退回這個產品，另一種是尋求肯定這個產品（或避免尋求可能貶低產品價值）的資訊。例如張三如果感到不滿意，他可能會退還錄影機，或者是找些資訊來證實他買錄影機時所做的決策沒有錯。

消費者如果感到不滿意，他可能採取某些行動，也可能逆來順受，不採取任何行動。假設要選擇採取行動，他可以向公司抱怨、找律師打官司或向可能對他有幫助的消費者團體申訴，這些行動屬於公開行動；他也可以採私下行動，例如不再買這種產品，或者向其他人作反宣傳。不管消費者的反應為何，銷售者只要令消費者感到不滿意，絕對是有害無益的。

行銷者可以採取一些步驟，使消費者購後不滿意的感覺減到最低的程度，使消費者對自己的購買抉擇深感滿意。例如汽車公司可以寄張信函給新車主，恭賀他獨具慧眼，選購了一輛好車；也可以刊登廣告，顯示新車主正在心滿意足地駕駛他的新車。

行銷成功的基本要件在於：了解消費者的需求及購買過程。行銷者若了解購買者確認問題、蒐集資訊、評估可行方案、選擇及購後行為的過程，就可以知道如何去滿足消費者的需求。行銷者若了解購買過程的參與者及影響購買行為的主要因素，就可以擬定一套有效的行銷方案，吸引目標顧客來購用產品。

重要名詞與概念

消費者行為	確認問題
例行反應行為	處理資訊的過程
有限解決問題	評估可行方案
廣泛解決問題	接觸
提議者	注意
影響者	購買意願
決策者	購後行為

自我評量題目

1. 試以購買錄音機爲例，說明消費者須進行那些決策？

2. 購買自己愛用的某品牌牙膏、新品牌洗衣粉及新品牌機車各屬於何種購買決策類型？

3. 試以府上購買錄影機爲例，說明參與購買決策有那些不同的角色？

4. 試說明購買決策過程包括那些步驟？

5. 舉例說明消費者如何感覺到問題的存在（有購買的需要）？

6. 試說明消費者處理資訊之過程？

7. 消費者形成購買意願後，會受到那些因素影響而改變其選擇？

第六章　影響消費者行爲之因素

單元目標

使學習者讀完本章後能

● 說明各種社會因素對消費者購買行爲之影響

● 說明廠商如何因應社會因素擬定行銷策略

● 說明各種個人因素對購買行爲之影響

●解釋動機、知覺、學習、信念與態度等心理因素之意義

● 說明各種心理因素對消費者購買行爲之影響

摘要

消費者的購買行為會受到社會文化因素、個人因素和心理因素三大類因素的影響。

社會文化因素包括：1.消費者所屬之文化及個體文化。2.個人在社會中之社會階層。3.個人之參考群體。4.自幼生長及自己創立的家庭。5.消費者在各種社會群體中所扮演的角色及在群體中的地位。

個人因素包括：1.個人的年齡及生命週期的階段。2.個人之職業。3.經濟及財務狀況。4.個人的生活形態。5.人格特性與自我觀念。

心理因素包括：1.購買產品的動機。2.對產品或廠商的知覺。3.學習，即透過經驗而改變其購買行為或認知。4.對產品或廠商的信念與態度。

行銷人員必須了解上述各種因素，如何影響消費者對其產品的選購，進而預測消費者對其行銷策略之反應，以調整其行銷策略。

消費者購買決策過程中，每一個階段都會受到許多因素的影響，這些因素可以分為三大類，第一類是社會文化因素（sociocultural factors），第二類是個人因素（personal factors），第三類是心理因素（psychological factors）。這些因素如圖6-1所示。本章將討論這些因素對購買行為的影響。

壹、社會文化因素

社會文化因素，對消費者行為的影響最為廣泛，社會文化因素又包括下列幾種：

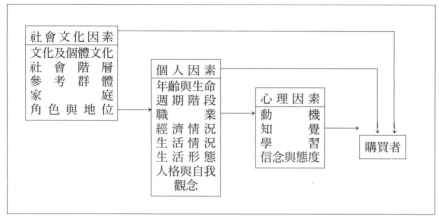

圖 6-1　影響購買行爲的因素

1. 文化及個體文化（microculture）

2. 社會階層（social class）

3. 參考群體（reference group）

4. 家庭

5. 社會角色及地位（social role and status）

以下摘要說明這些因素對購買決策的影響：

一、文化及個體文化

文化是一個人的需求與行爲最基本的決定因素，人類的行爲大部分來自學習，不像低等生物的行爲主要是被牠的本能所主宰。在某一種社會文化中成長的小孩，會由家庭、學校或其他機構，學習到基本的價值觀（value）和行爲方式。

假使有個消費者張三想買錄影機，張三之所以對錄影機產生興趣，乃因爲他生長在擁有錄影科技的現代社會。在另外一個文化，例如一個落後的部落，根本不曉得錄影機是什麼東西，也就不會對錄影機產生需求。從事國際行銷者應該知道對於錄影機的需求而言，各種文化是處於

不同的發展階段，他們應該注意那些對錄影機已有高度興趣的市場。

每個國家的文化中都包含一些較小的社會群體的規範或價值觀，也就是所謂的個體文化。個體文化又可分為四種：(1)國籍群體——例如在臺北的外僑中，英國人、日本人、美國人與德國人，各有不同的民族嗜好和習性；(2)宗敎群體——例如佛敎徒、道敎徒、基督敎徒等，他們分別代表有某種信仰、偏好及禁忌的個體文化；(3)種族群體——例如漢、滿、蒙、回、藏五族各有不同的文化形態；(4)地理區——例如我國的南方、北方、蒙古、新疆，均有不同生活形態的個體文化。

張三對於各種產品的興趣顯然受到他的國籍、宗敎、種族以及地理等背景的影響，這些因素對他食物的偏好、衣飾的選擇、娛樂活動都有所影響。張三對個體文化的認同，可能會影響他對錄影機的興趣。

二、社會階層

消費者的購買行為，常會反應出他的社會階層。社會學家指出社會階層可分為以下六種：

1.上上層（少於 1%）。上上層（upper uppers）是由繼承龐大財產與家世背景的高貴分子所組成。他們活躍於社交場合，擁有數棟住宅，是珠寶、古董與度假旅遊的最好市場。雖然此階層的人僅佔少數，但他們的消費形態與決策往往是其他社會階層參考或模仿的對象。

2.下上層（大約 2%）。下上層（lower uppers）是由具專業或商業特殊才能的高薪人士所組成。他們通常來自中產階級。他們購買昂貴的住宅、游泳池與汽車。他們之間不乏暴發戶，故意藉搶眼的消費行為，使中下階層的人對其印象深刻。

3.上中層（12%）。上中層（upper middles）的人既無顯赫的家庭，也無巨大的財富，他們關注的是自己的職業前程，他們之間大多為公司經理人員、生意人與專技人員等。他們是品質較佳的房屋、衣飾、家具

及家電等產品之最佳市場，因為這些人希望有個優雅的家庭來款待其親友。

4.下中層（30%）。下中層（lower middles）主要由辦公人員、小企業老闆、工廠領班等所組成。通常他們購買的是較保守的家具，而且在住家周圍都有做些美化的工作。對於衣服，他們喜歡整齊與清新，並不喜歡時髦。

5.上下層（35%）。上下層（upper lowers）是人數最多的社會階層，包括工廠的技術工人與半技術工人。此階層的丈夫們喜歡戶外工作，嗜好菸酒等。妻子們大都全心全力在管家，照顧小孩，做些烹調、清潔等工作。

6.下下層（20%）。下下層（lower lowers）是由低教育程度與非技術工人等所組成，社會階層最低。這些人有衝動性購買的傾向，他們不注重品質，而且常賒帳。他們是食品和廉價服裝的廣大市場。

不同社會階層的人具有不同的產品與品牌偏好，例如對於衣飾、家具、休閒活動與汽車等產品，各種階層的人分別有其不同的偏好，有些行銷者因此集中全力於某個社會階層。針對不同的社會階層，決定了不同的零售方式，某些名店可能吸引高社會階層者，而地攤可能專門吸引較低階層者。許多高級產品，例如勞力士手錶、賓士汽車的目標市場是高社會階層的人士，而像卡西歐電子錶等許多大眾化產品的主要目標市場為中下階層。在廣告媒體的接觸方面，也因社會階層而異，高社會階層人士喜歡閱讀雜誌與報紙，而低社會階層者比較喜歡閱讀內容為愛情故事或電影的雜誌。就電視節目而言，高階層人士喜歡時勢分析與戲劇節目，低階層人士則較喜歡連續劇與綜藝節目。此外，各社會階層亦常有不同的用語，廣告者必須具有選擇各種口語及字眼的能力，以與各不同階層順利溝通。

三、參考群體

一個人的行為會受到許多參考群體的影響。所謂參考群體就是指能提供規範或價值觀，而直接或間接影響個人的態度或行為之群體。有共同歸屬，對個人有直接影響的群體稱為「成員群體」（membership group），這些群體是個人所屬的群體，而且個人與群體內之其他人能夠交互影響。成員群體又可分為兩類，一為「主要群體」（primary group），係個人與之保持連續性交互影響的群體，如家庭、朋友、鄰居、同事等；另一為「次要群體」（secondary group），係比較正式的組織，個人與之往來較不密切的群體，如宗教組織、同業公會及工會等。

除了成員群體之外，人們也會受到非其所屬的群體影響，「崇拜性群體」（aspirational group）是個人盼望能成為其中一份子的群體，例如愛打棒球的青少年會夢想有朝一日能夠加入兄弟棒球隊，雖然他們沒有面對面接觸過，但早已和這支著名的球隊認同了。「隔離性群體」（dissociative group）是價值觀或行為方式為個人所不能接受的群體，例如上述的青少年就不希望與黑社會的幫派有任何關係。

參考群體影響力大的產品及品牌之製造商，必須要設法找出有關群體的「意見領袖」（opinion leader）。在以前，大家都認為社會上的領導人物就是意見領袖，社會大眾都會上行下效，事實上在社會的每一階層裡都有意見領袖，一個人可能是某些產品的意見領袖，又是其他產品的「意見追隨者」（opinion follower）。行銷人員應找出意見領袖的個人特徵，選用他們能接觸的媒體，並針對他們設計廣告信息。

四、家庭

購買者的家庭成員對其決策影響很大。每個人的生命旅程中有兩個家庭，第一是出身的家庭（family of orientation），包括了父母親等人。

每個人從其雙親處學習到了許多的概念與知識，例如宗教、政治、經濟以及個人的抱負、自我價值及愛等。

另外一種家庭是從己身創造出來的家庭 (family of procreation)，其對每天的購買行爲影響很大，這是社會上最重要且最受注目的消費者購買組織。行銷者對於丈夫、妻子與孩子在許多產品與服務的購買上所扮演的角色以及重要性，極感興趣。

另外一種分類方式，是把家庭分爲核心家庭 (nuclear family) 和擴大家庭 (extended family)。核心家庭只包括父母親和子女。擴大家庭則除了父母親、子女之外，還包括祖父母、伯伯、叔叔、姑媽、姨媽、堂兄弟、表兄弟及其他姻親。核心家庭由於每天見面，關係密切，對消費者的影響最爲重要。

夫妻參與購買的程度，因產品之種類而異。譬如在食品、雜貨與家常衣服方面，傳統上妻子是主要的採購者。但是隨著職業婦女的增加，以及更多的丈夫願意參與家庭用品的購買，日常用品的行銷者再也不能誤認爲女人是他們產品的主要或唯一購買者。

關於價值昂貴或是不常購買的產品或服務，通常都由夫妻兩人共同作購買決策。行銷者關心的是，到底夫妻中的那一位對決策有較大的影響力？可能是丈夫較有影響力，也可能是妻子較有影響力，或是夫妻兩人具有同樣影響力。底下是分別屬於這三類的一些主要產品：

1.丈夫較具影響力者：如人壽保險、汽車、電視。

2.妻子較具影響力者：如洗衣機、吸塵器、廚房用具、客廳外的家具。

3.夫妻同具影響力者：如客廳家具、度假、戶外娛樂、房子。

五、社會角色和地位

人們在一生中會參與許多的群體，譬如家庭、俱樂部或其他組織，

一個人在每一群體的處境可以角色及地位來說明。例如在父母親的眼光裏，張三扮演的是兒子的角色；在他的家庭裏，扮演的是丈夫的角色；在他的公司裏，則扮演行銷經理的角色。張三所扮的每一角色，都會影響其購買行為。

每一個角色都顯示不同的地位，地位能夠反應出該角色在社會中或是在其所處群體中一般受尊重的程度。譬如位居行銷經理，張三將會購用能夠顯示其角色與地位的衣著。

人們通常會選擇代表其社會地位的產品。因此，公司的總經理坐賓士或凱迪拉克的車子，穿剪裁合身的昂貴衣服，喝高級的洋酒。行銷者必須瞭解，產品可以當作社會地位的象徵，這種象徵會因時間、空間而異。例如在紐約，地位的象徵是豢養名馬、買歌劇季票、出身於常春藤聯盟之大學；在臺北則是高級俱樂部或高爾夫球場的會員證。

貳、個人因素

購買者的決策亦受到個人外在特徵的影響，譬如購買者年齡與生命週期階段、職業、經濟環境、生活形態（life style）以及人格與自我觀念等，以下分別討論這些個人特徵。

一、年齡與生命週期階段

毫無疑問地，人們購買的商品及服務會隨著年齡的增長而有變化。一個人在早年吃的食物是嬰兒食品；待長大成年後，大部分的食品均可吃；到了晚年，許多食物不可多吃，往往須吃一些特定的食物，如低脂牛奶、低鹽麵包。此外，關於衣飾，家具與娛樂等嗜好亦皆跟年齡有關。

消費亦因家庭生命週期之階段有異，「家庭生命週期」（family life cycle）可劃分為九個不同階段，以下說明各階段的購買行為及各階段最

感興趣的產品:

1.單身期: 不居住在家的年輕單身漢, 是時尚之意見領袖, 而且喜歡休閒活動。主要購買的東西包括: 基本的廚房用具、家具、機車、聚會用的設備、度假等。

2.新婚期: 剛結婚、年輕、無小孩。時常購買耐久品。購買: 電冰箱、瓦斯爐、耐用的家具、度假等。

3.滿巢一期: 小孩年齡小於六歲。家庭用物品的購買最多, 財務狀況不太好, 對新產品有興趣, 亦喜歡有廣告的產品。購買: 洗衣機、烘乾機、電視、嬰兒食品、維他命、洋娃娃等。

4.滿巢二期: 小孩年齡大於六歲。財務狀況較好, 受廣告影響較少; 常購買大包裝或是多用途組合之產品。購買: 食物、清潔用品、自行車、音樂課程、鋼琴等。

5.滿巢三期: 孩子長大, 但仍需扶養, 受廣告影響力小, 常選購耐久品。購買: 新型家具、旅行車、看牙醫。

6.空巢一期: 年老夫妻相依, 孩子不住在身邊, 家長尚在上班。家庭產權最多, 其財務狀況最好, 喜歡旅遊、休閒活動與自我教育。時常贈送禮物及捐獻財物, 對新產品不感興趣。購買: 度假、奢侈品及改善居住環境的產品。

7.空巢二期: 年老夫婦相依, 孩子不居住身邊, 家長已退休。收入劇減, 但仍保有住宅。購買: 醫療器材, 幫助健康、睡眠與消化的藥品。

8.鰥寡就業期: 收入尚可, 但接近變賣家產的邊緣。

9.鰥寡退休期: 同樣需要許多醫藥品, 收入劇減, 對受照顧、受注重與安全感的需求大。

二、 職業

一個人之職業也會影響他對產品的購買行為。工廠的工人常買些工

作服、工作鞋、便當等；公司的總經理則購買高級襯衫、航空旅行、高爾夫俱樂部會員等。一般而言，行銷者可以研究出那一種職業群體對該公司的產品及服務有較高的興趣，公司甚至可以產銷專門適合某些職業群體的產品。

三、經濟情況

一個人的經濟情況對產品的選擇，也有相當大的影響。因此，張三所以想到要買昂貴的錄影機，可能是他擁有足夠的所得，而且他寧可花費而不願儲蓄。對於所得反應較敏感的產品與服務，行銷者必須不斷地注意消費者個人所得、儲蓄及利率等方面的變化。在經濟景氣指標預測景氣不佳時，行銷者就必須積極地重新設計及定位其產品、重新訂定價格、減少產品與存貨。

四、生活形態

在研究消費者行為時，生活形態是指一個人生活及花錢、花時間的形態，生活形態是個人在文化、社會階層、參考群體和家庭等因素的影響下，所學習來的。它具體地表現在一個人的活動（activity）、興趣（interest）與意見（opinion）上。

衡量生活形態的技巧稱為「心理統計法」（psychographics）。前三個層面是行動、興趣與意見，就是所謂的 AIO 層面，每個層面又包含許多變數，受訪者必須填答相當長的問卷(有些長達三百個題目以上)，對問卷裏的每一條題目表示他們同意與不同意的程度，例如：

＊我喜歡參加音樂會。

＊我穿衣服先求時髦，再求舒適。

這些 AIO 的題目，又可分為兩大類：一類是一般性的生活形態題目，是用在衡量影響個人活動與認知過程的一般性生活形態；另一類是

特定產品的生活形態題目，通常是和購買特定產品所追求的利益有關。例如嚴奇峰在研究國內大學生的咖啡消費行為時發現，經常飲用者不愛做家事、愛上西餐廳、愛聽音樂。例如愛喝咖啡的大學生，認為咖啡適合送禮、招待親友，高尚氣派，象徵精力充沛，一般性的 AIO 和特定的 AIO 都可以用來描述消費者的特徵，說明生活形態和消費行為之間的關係。但特定的 AIO 預測消費者對產品和品牌的選擇時，可能更加有效。

　　在擬定行銷策略時，行銷者必須研究生活形態群體與產品或品牌偏好之間的關係。例如：某家酵母乳的製造商可能發現最常喝酵母乳的男士是成功的專業人員，因此就可以將產品或品牌塑造得更符合這種人的生活形態，廣告的訴求和文案也可以配合這種生活形態的表徵。

五、人格與自我觀念

　　每個人都有自己獨特的人格，它也會影響購買行為。所謂「人格」（personality），是指一個人獨特的心理特徵，它使個人對於周遭的環境刺激有相當一致的反應。

　　人格通常是以「人格特質」（personality trait）來表示，例如：

＊自信心（self-confidence）

＊支配性（dominance）

＊自主性（autonomy）

＊社交能力（sociability）

　　人格可以說是分析消費者行為的一個很有用的變數。例如，一家啤酒公司發現：經常喝啤酒的人，大都具有社交能力強與攻擊性高的特質，因此啤酒公司可以發展一種能吸引這類消費者的品牌形象（brand image），並且在廣告中，用具有這些特質的人當模特兒，使經常喝啤酒的人能夠產生認同，感覺到這是屬於他們的品牌。有些公司已經能夠用

人格變數來區隔市場，並且有很大的收穫。

許多行銷人員採用另外一種與人格相關的觀念，即「自我觀念」，又稱爲「自我形象」(self-image)，我們對於自己都有一幅複雜的心靈圖畫，例如：張三或許認爲自己是外向、愛社交、有親和力的人，由於這種觀念，因而促使他喜歡以錄影機來滿足和表現這些特性。如果錄影機廠商在促銷時，強調這個品牌是專門爲外向、愛社交、有親和力的人而設計，那麼這個品牌形象將會符合張三的自我形象。行銷人員所發展出來的品牌形象，應該要和目標市場消費者的自我形象互相配合。

叁、心理因素

購買決策也受到四個主要心理因素的影響，那就是：動機（motivation)、知覺(perception)、學習(learning)以及信念與態度(belief and attitude)。

一、動機

一個人在任何時刻都會有許多的需求，其中某些需求是生理的，這是由於飢餓、口渴及不舒服等原因所引起的生理緊張狀態；另外一些是心理的需求，這是因爲需要被確認、受尊敬或被認同等原因所引起心理上的緊張狀態。以上所說的各種需求，在大部分的時間，都未強烈到會激勵人們產生任何行動。當需求的強度達到某個程度後，就可以變成一種動機（motive）或驅力（drive)，動機是一種被激發的需求，動機會迫使一個人採取行動來滿足它。需求獲得滿足之後，人的緊張狀態就可以解除，而回復到平衡的狀態。

心理學家曾經提出許多人類動機理論，其中兩個最著名的是：佛洛

依德 (Sigmund Freud) 和馬斯洛 (Abraham Maslow) 的理論，這兩個理論對於行銷及消費者的分析都有相當大的啓示。

㈠佛洛依德的動機理論

佛洛依德認爲在成長的過程當中，人會壓抑很多的衝動 (或稱爲內驅力)，而這些衝動並沒有消失或完全被控制，它們只是潛伏起來，潛意識裏的這些衝動或驅力，雖然只有在夢裡或失言說溜了嘴，或是行爲失常的時候，才會發洩出來，但是對消費者的行爲卻會產生很大的影響。

以潛意識動機來解釋購買行爲的研究，稱爲「動機研究」(motivation research)。動機研究通常是採用「深度訪問法」(in-depth interview)，深入的訪問一些目標顧客，來發掘他們購用產品或不願採用的深一層動機。爲了消除受訪者自我的防衛，往往也必須使用各種投射技巧，譬如單字聯想法、語句完成法、圖片解釋法與角色扮演法等技術。

動機研究專家歸納出許多有關購買者心理的一些有趣的假說，例如：

＊很多人不喜歡吃乾棗子，因爲乾棗子具有老年人皺紋般的表皮，它會使人引起年老和不安全的感覺。

＊婦女喜歡植物油而不喜歡動物脂肪，因爲動物脂肪較容易使她們聯想到屠殺動物的罪惡感。

㈡馬斯洛的動機理論

馬斯洛認爲人類的需求有層次性，從最基本迫切的需求一直到不迫切的需求，這些需求如圖 6-2 所示，共分爲五層，依照迫切性的大小順序，分別是生理需求(physiological need)、安全需求(safety need)、社會需求 (social need)、受尊重需求 (esteem need)以及自我實現需求(self-actualization need)。人們總是先設法滿足最迫切、最重要的需求，當它滿足之後，就不再是激勵因素，這個時候想追求的是下一個重要需求的滿足。

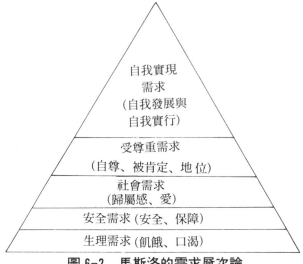

自我實現
需求
(自我發展與
自我實行)

受尊重需求
(自尊、被肯定、地位)

社會需求
(歸屬感、愛)

安全需求 (安全、保障)

生理需求 (飢餓、口渴)

圖 6-2　馬斯洛的需求層次論

例如一個飢餓的人(具有第一層需求),不可能對藝術方面有興趣(第五層需求),也不太會在乎別人是否看得起他或尊重他(第三層或第四層需求),甚至不在乎空氣是否新鮮、是否會影響長期健康(第二層需求),人們只有在第一層最重要的需求滿足以後,其他較高層次的需求才會顯得重要。

二、知覺

人們受動機激發之後,就會準備採取行動,但是被激發的人將會如何行動,必須依據他對於情境的知覺來決定。具有相同動機及相同客觀情境之下的兩個人往往會對情境有不同的知覺。

人們對於有相同的刺激或情境產生相異的知覺,是由於有下列三種知覺過程:選擇性接觸 (selective exposure)、選擇性曲解 (selective distortion) 和選擇性記憶 (selective retention)。

(一)選擇性接觸

人類在每一個時刻,都會接觸許多刺激,單單以商業刺激來說,一

個人一天中可能接觸到 1500 個以上的廣告，但是對大部分的廣告刺激，消費者都未加以注意。

選擇性接觸給予行銷人員的啟示是，在競爭劇烈的市場裡，行銷人員要盡力爭取消費者的注意，不屬於本產品市場的人們，大多數並不會注意到有關的訊息，行銷人員應了解其產品的訊息混雜在眾多的刺激當中，訊息表達的方式如果不夠傑出，那麼即使是屬於本產品市場的消費者也不會注意。反之，廣告規模如果比別人大；或者別人是黑白廣告，而我們用彩色廣告；或者是內容新奇，都比較可能會吸引消費者的注意力。例如臺北市忠孝東路某家餐廳，以一些巨大的臉部雕塑來吸引顧客的注意，而李立群拍的櫻花軟片電視廣告也頗能引起觀眾的注意，這個廣告還得到了民國七十六年的電視廣告金鐘獎。

㈡選擇性曲解

即使消費者注意到刺激，並不能保證他一定能夠了解這個刺激的原意，每個人都有自己的一套想法，對於外來的刺激，總是試圖用已存在的思想模式來解釋它，選擇性曲解就是指人們常有用自己的意思來歪曲資訊的趨向。譬如：某家汽車公司提供 30,000 公里的產品保證，對於偏好這種品牌汽車的顧客，會認為能提供這種保證，那品質一定相當好；可是對於不喜歡這種品牌汽車的顧客，卻可能會認為這種汽車在駕駛超過 30,000 公里以後，就必須要常常修理了。

㈢選擇性記憶

人們對自己所學習到的許多事物常常會遺忘，但比較會記住支持他們態度和信念的有關資訊。由於選擇性記憶，張三可能只保留有關 A 牌錄影機的優點，而忘記其他品牌的優點。

以上所說的三種知覺因素——選擇性接觸、選擇性曲解及選擇性記錄，意謂著行銷人員必須要打破一些強烈的知覺障礙，說明了行銷人員為什麼要花錢作許多重複性廣告，以及要為廣告編撰那麼多動人的情節。

三、學習

所謂學習是指個人由於經驗，而使得行爲產生較爲持久的改變，許多行爲的改變是經由學習而來，但有些行爲的改變，卻不是學習的結果，而是由於成熟（如神經肌肉的成長）或飢餓、疲乏等一些生理上的現象。

許多廣告活動常常根據古典制約學習的原則來製作。例如圖 6-3 的例子中，許多人在看到談情說愛的畫面時，會產生愉快的感覺，談情說愛的畫面是一種非制約刺激，愉快是非制約反應。如果在出現談情說愛的畫面時，也同時出現 A 品牌的產品，在看過多次的廣告後，A 品牌與愉快的感覺會產生連結，此後，消費者看到 A 品牌的產品，就會產生愉快的感覺。

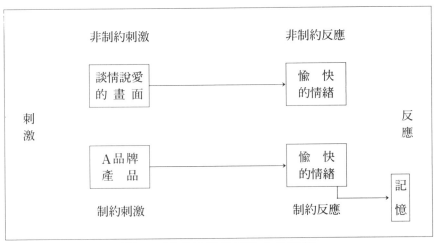

圖 6-3 形成品牌偏好的古典制約

操作制約學習又稱爲工具制約學習，是指在發生某種反應以後，給予某些增強，以增加這種反應的頻率或機率。行銷人員如果在消費者出現某種購買行爲後，給予適當的獎賞或增強，也可以增加這種購買行爲出現的頻率。

四、信念與態度

經由行動與學習過程之後，人們便形成某些信念與態度，這些信念與態度將會影響到他們的購買行為。

信念是指個人對某些事物所持有的看法，譬如張三可能相信 SONY 錄影機的影像十分清晰，錄影的時間也夠長，但價格稍微貴了一點。這些信念可能是基於實際的認識、意見或信心，也可能包括情感上的因素。

當然，製造廠商很想知道人們對於其產品與服務有什麼信念，這些信念會鑄成產品或品牌形象，而且決定人們的購買行為。如果有某些不好的信念會影響到產品的銷路時，製造商就必須採取行動來更正人們的信念。

所謂「態度」是指個人對於某些事物或觀念所繼續抱持的有利或不利的評價、情感及行動傾向。一個人的各種態度已經形成了一種調和均衡的狀態，如果想要改變任何態度，那麼其他的態度也得經過一段相當長的調整。

因此，公司應該儘可能地使產品符合消費者原有的態度，而避免去改變消費者的態度。當然也有些例外，下面是一個以鉅大的花費、成功地改變消費者態度的例子。

本田（Honda）公司打入美國機車市場時，面臨一個很大的難題。因為許多人對機車騎士都有不佳的態度，他們易將機車騎士與犯罪聯想在一起。本田公司於是以「本田機車騎士溫文儒雅」為主題，投入大量的廣告，結果這個促銷活動大為成功，許多人因此改變了對機車的態度。

由以上的說明，可以瞭解影響消費者購買行為的因素實在是非常的錯綜複雜，消費者的決策是社會文化、個人以及心理等因素交互作用的結果。這裡面有許多因素並不是行銷人員所能控制的，然而這些因素在辨別誰才是對產品較有興趣的消費者時，卻是很管用；另外有些因素能

夠受到行銷人員的影響，行銷人員挖空心思去擬定產品、價格、配銷通路與促銷等策略，希望能夠獲得消費者熱烈的回響。

| 重要名詞與概念 |

文化　　　　　　知覺

次文化　　　　　選擇性注意

社會階層　　　　選擇性曲解

參考群體　　　　選擇性記憶

家庭　　　　　　學習

角色　　　　　　信念

生命週期階段　　態度

生活形態

人格

動機

深度訪問法

投射技術法

自我評量題目

1.請描述您自己所屬的次文化，並說明它如何影響您的購買行為？

2.請說明何謂「參考群體」，它們如何影響購買決策？

3.試討論影響消費者選擇商店的社會因素有那些？

4.試說明您在購買食物、服飾時受何種個人因素影響最大？

5.試說明如何衡量個人之生活形態？

6.試說明如何克服「選擇性注意」和「選擇性曲解」的現象？

7.試討論消費者的知覺如何影響其購買行為？

8.試說明為何行銷人員極為關心消費者對產品的態度？

第七章　競爭者分析

單元目標

使學習者讀完本章後能

● 瞭解競爭的原則與產業競爭的動力

● 瞭解競爭者的利益

● 說明分析競爭者行為之步驟

● 說明競爭者優勢和弱勢之評估重點

● 說明預測競爭者反應所應考慮的問題

● 說明競爭策略之選擇

● 瞭解我國企業所面臨的競爭問題

摘要

企業要生存，就必須擁有某種比競爭者更強的競爭優勢，優勢代表公司在某方面的特性比其他競爭者更能配合環境的差異性。產業競爭的態勢是由潛在進入者的威脅、替代品威脅、購買者議價力量、供應者議價力量及現有競爭者相互對抗五種競爭動力所決定。

競爭者也可帶來各種利益如：增加產業需求、分擔市場開發成本、提供比較基準、降低顧客風險、吸收需求波動、提高努力動機、指出市場機會等。

分析競爭者行為之步驟有三：1.確認競爭者，2.分析競爭者的目標，3.分析競爭者策略。

評估各產業所應重視的因素包括：1.產品，2.經銷商／配銷通路，3.行銷與推銷，4.成本，5.財務能力。

預測競爭者反應時所應考慮的問題，如：1.競爭者改變策略的可能性，2.可能採取的策略行動，3.策略行動的力量與認真程度，4.對高度敏感地帶的拼命防衛。

競爭策略中最重要的三項選擇乃是：1.選擇攻擊或防衛對象，2.選擇戰場，3.選擇競爭手段。

我國企業目前所面臨的競爭問題是：1.市場自由化使競爭愈加激烈，2.企業國際化使競爭關係日趨複雜，3.產業成熟化使競爭方式日趨劃一。

多年來，行銷人員一直奉行顧客導向的精神。但在一九七○年代後期，有人對顧客導向的適用性表示懷疑，並提出「競爭導向」(competition orientation)的觀念，試圖補充顧客導向的不足。主張競爭導向的

人認爲市場的成長已趨緩慢，甚至已經飽和了，因此，市場競爭已接近「零和競賽」的形態。一家廠商在市場上的「得」，往往來自其競爭對手之「失」。許多公司的高級主管，認爲九〇年代對企業成功最具威脅的因素，是來自國內外的劇烈競爭。爲維持或改善市場地位，廠商必確認其主要的競爭對手，不斷的將本身的產品、訂價、通路和促銷策略和主要競爭對手比較，了解他們的競爭優勢和弱點，研判其競爭策略和行爲，以獲得競爭上的優勢。

　　本章將先探討競爭者分析的意義和本質，而後依次探討如何確認競爭者並分析競爭者的目標和策略；評估競爭者的優勢和弱勢，預測競爭者的反應；然後說明如何選擇競爭策略，最後並說明我國企業所面臨的一些競爭問題。

壹、競爭者分析的意義及本質

　　競爭者分析的目的，是要將每一個競爭者可能採取的策略改變，予以描述並探討其特質，說明每一競爭者面對其他公司引發的策略行動，可能產生的反應，以及每一競爭者面對產業變動及更大的外圍環境變化，所可能採取的行動。細密週全的競爭者分析，必須能回答這些問題：如「我們應針對誰來競爭？以及採取什麼序列的競爭行動？」「競爭者的策略行動到底有何用意？我們應當如何對付？」以下將說明競爭的原則、產業競爭的動力、競爭者帶來的利益。

一、競爭的原則

　　韓德生(Henderson)曾經以達爾文(Darwin)進化論的觀點，來解釋企業競爭，他認爲競爭分析的好壞，可以左右行銷策略的價值。他提出了下列競爭的原則：

1. 能生存的競爭者皆須擁有某種比其他競爭者更強的競爭優勢。

2. 優勢存在的條件是競爭者的特性能配合環境的特性。

3. 共存的競爭者必須處於均衡狀態。

4. 競爭者彼此愈相似，競爭愈激烈，彼此之間的競爭性均衡愈不穩定：產業競爭者的能力相當時，將註定該產業很可能存在持續性的動亂。例如照片沖印業，由於產業競爭者彼此的成本結構不相上下，且產品本身差異性不大，因此，一旦有人採取降價行動，很快地就會破壞競爭性均衡，而由於產能供過於求，使得這種情況發生的可能性極高，這也難怪照片沖印常出現價格競爭。

5. 每一競爭者有一競爭區隔，在此區隔內他擁有競爭優勢，超出區隔之界限則無優勢。若無法維持此區隔，並獨佔此區隔內之優勢，將會被消滅。

6. 能生存的競爭者數目決定於環境中重要變數的數目。環境愈惡劣（重要變數愈少，只有少數變數對生存的重要性較高，取得競爭優勢的方法愈少時），生存者愈少。此外，競爭者愈多，每一競爭者對別人的優勢愈小，競爭也將變得更劇烈。

譬如在汽車業中，消費者重視的產品屬性很多，每個消費者的偏好又有所不同，因此，許多廠商都可以找到自己獨特的競爭優勢而獲得生存。例如富豪汽車的競爭優勢是「安全」，BMW 是「衝力十足」，賓士是「舒適豪華」等。而如在石化原料等的某些產業中，產品相當一致，顧客選購時考慮的屬性不多，故皆以價格為主，唯一能生存的是佔有成本優勢的競爭者。

二、產業競爭的動力

波特(Porter)認為，一個產業的競爭優勢，主要是由五類競爭動力決定，如圖 7-1 所示。這五種競爭動力——潛在進入者的威脅、替代品

威脅、購買者議價力量、供應者議價力量及現有競爭者相互對抗——反應了一件事實，那就是競爭的動力來源，不僅是產業內現有的廠商。顧客、供應者、替代品以及潛在的進入者，都是產業內公司的競爭對象。

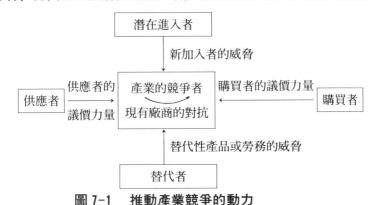

圖 7-1　推動產業競爭的動力

這五種競爭動力，共同決定了產業競爭激烈的程度，進而決定了產業的獲利率。其中最強大的一種動力，從擬定策略的觀點來看，將成為決定性的主宰因素。例如即使某公司在產業內佔有強大的市場地位，也不害怕潛在的新公司進入競爭，但是如果碰到成本更低、品質更好的代替品，獲利能力就會變壞。即使沒有替代品的威脅，新加入者也被阻擋，但現有競爭廠商之間的強烈對抗，也會限制潛在的報酬率。塑造每一產業競爭態勢的主要力量，其來源各有不同。比方說在輪胎工業的主要競爭動力，為汽車製造商（OEM）這些有力量的購買者，和力量雄厚的競爭同業；在鋼鐵工業，主要的影響力量來自外國競爭者和替代性材料的威脅；在塑膠加工業，則為少數供應塑膠原料的大廠，和競爭十分激烈的眾多同業。

三、競爭者帶來的利益

大多數的公司認為競爭者有害無益，而處心積慮想加以消滅。但事實上，競爭者可以帶來許多的利益，例如：

㈠增加產業的需求

競爭者的廣告促銷活動，可以增加產業的知名度；競爭者所推出來的新產品，或互補性的產品，也會提高消費者購買的興趣，增加整個產業的需求。例如照相機的廠牌增多，反而使柯達底片的需求大增。

㈡分擔開發市場的成本

競爭者可以分擔發展新產品、新技術、鼓勵消費者試用、對抗替代品以及修理服務等各項成本。

㈢提供比較的基準

競爭可以提供比較的基準，從比較中才能顯示公司產品獨特的地方，或者顯示產品售價的低廉，使公司的差異化優勢或成本領導優勢能夠發揮。

㈣降低顧客的風險

當某種新產品只有一個生產廠商時，許多購買者會覺得風險太大，而不願購買此種產品。增加供應的來源，可以降低顧客所感受的風險。

㈤吸收需求的波動

競爭者可以吸收由於景氣循環、季節性或其他原因所引起的需求波動，使廠商可以經年維持適當的產能利用率，而降低其成本。

㈥提高努力的動機

競爭者的存在，會使公司更積極地去降低成本、改善品質、發展新產品。在缺乏競爭者的獨佔產業中，易使公司過於自滿，對環境的反應變得遲鈍，容易被淘汰。

㈦指出市場機會

當競爭者成功的進入新市場或導入新產品時，往往也指出了公司可以跟進的大好機會。公司可以採取下列三種方式來分享市場：

1.模仿：仿效競爭者的產品、促銷或其他成功的策略。例如幾年前美國米勒啤酒提出低熱量的淡啤酒成功後，其他公司紛紛跟進，淡啤酒

的銷售節節上升。

2.革新：將競爭者產品或行銷策略加以革新修正。例如國內的黑松公司和美國IBM公司，往往不願最先進入市場，而是等到顧客嘗試過新產品後，再根據顧客反應來設計出更能迎合顧客需求的產品。

3.互補：推出與競爭者的新產品互補的新產品，來迎合市場的需求。例如個人電腦、電視遊樂器暢銷後，軟體的需求也大增了。

貳、確認競爭者並分析其目標和策略

分析競爭者行為時，首先必須確認誰是公司的主要競爭者，這些競爭者有何種特徵，然後必須進一步分析這些競爭者與其母公司（若有的話）的目標和競爭策略。

一、確認競爭者

企業同時面對了很多競爭的形式。在行銷的個體環境中我們已介紹過欲望、類別、形式和品牌四種形式或層次的競爭。這四種競爭形式，所競爭的是兩種類型的需要，欲望的競爭者和類別的競爭者，是競爭者去滿足顧客的基本需要(primary demand)；而形式競爭者和品牌競爭者則是競爭者去滿足顧客的選擇性需要，通常也就是同一產業的競爭者。

所謂產業乃是指由一群提供類似且彼此具有高替代性產品的公司所組成的集合。其中「高替代性」在經濟學上指的是需求交叉彈性高的產品；也就是說當一種產品的售價提高時，將造成市場對其替代性產品之需求顯著的增加。譬如說當香蕉全面漲價時，很可能市場對於西瓜的需求量會大幅增加，因為有不少人此刻就少吃香蕉而多吃西瓜（儘管二者不見得是完全相同的產品）。這些高替代性的各種形式、各種品牌的產品

即為同一產業內的競爭者。

　　產業內的競爭乃是公司競爭壓力的主要來源，但是除了現有的同業競爭者之外，分析潛在的競爭對象也很重要，要預測潛在的競爭對象並不容易，不過往往可從下列的特性來預測：

　　1.公司雖然不在此產業內，但可以很容易的克服進入障礙。

　　2.公司在產業內有明顯的配合對象。

　　3.進入產業內競爭是該公司目前策略的自然延伸。

　　4.可以向後整合或向前整合的顧客或供應商。

　　同一產業內的競爭行為可利用圖7-2所示，Scherer 的產業組織分析模式來加以說明。首先，一些供給與需求面的基本要件影響一個產業的結構，產業結構則會影響產品發展、訂價及廣告策略等產業行為；最後，這些產業行為則將展現其產業績效──諸如成長率、就業率及利潤率等等。以下說明產業結構之各項重要構面：

　　㈠**銷售廠商數目與產業集中度**

　　描述一個產業，首先要說明該產業是由多少家廠商所組成，以及市場占有率集中的程度。廠家數愈多的產業，競爭程度愈高。若市場占有率集中在少數幾家大廠商，則其他小廠商和新進的廠商將很難和幾家大廠商競爭。

　　㈡**產品差異性**

　　產品差異性愈大，廠商可以塑造其產品的差異，形成競爭優勢的著力點愈多，廠商較會傾向於採用差異化的策略。反之，若為完全同質性的產品，各家廠商會傾向於採取低價競爭的手段，形成惡性的競爭。

　　㈢**市場進入與移動障礙**

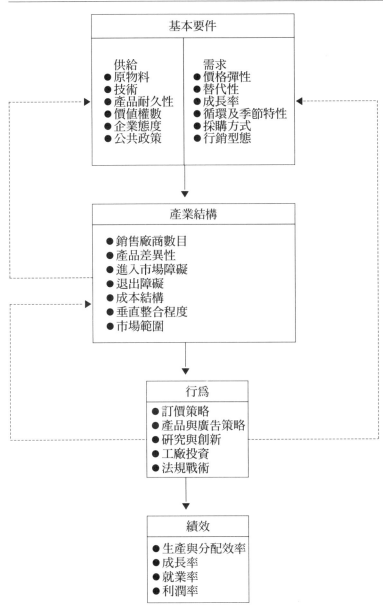

資料來源：Adapted from F. M. Scherer, Industrial Market Structure and Economic Performance, 2 nd ed, (Chicago: Rand McNally 1980) p. 4.

圖 7-2　產業組織分析模式

在理想的情況下，任何廠商都可以自由地進入該市場；隨著新廠商的陸續加入，市場將出現供給面增加，而至最後使產業原先的獨占或寡占利潤降到一般正常的投資報酬率。然而在實際的社會環境中，各個產業或多或少都存在某種進入市場的障礙，且障礙程度依各產業特性而有所不同，例如人們很容易投資經營雜貨店，加入零售服務業競爭，却很難隨意投資興建輕油裂解廠，加入石化原料工業。市場進入障礙很多，例如高資本需求、經濟規模、專利及技術授權需求、原物料貨源之缺乏、配銷管道稀少等。

㈣退出市場障礙

在理想的情況下，廠商應可以自由地退出該產品市場，然而在實際的環境中，却存有某種退出市場的障礙，例如對顧客持續服務之義務、對於員工之義務、政府法規限制、高垂直整合作業及創辦人個人情感因素等。

㈤成本結構

每一產業都有不同的成本結構。譬如石化原料業的廠家一般會有相當高的製造及原物料成本，而化粧品業者的配銷及行銷成本，則可能在整個成本結構中，占有較大的比重。據此成本結構之不同，廠商將會「策略性地」專注於降低在整個成本結構中，占有最大分量的成本項目，譬如石化原料公司的首要目標，可能卽是儘量追求製造成本的降低，如此當某家石化原料公司擁有一座現代化的工廠，卽可以在同業中占有絕對性的競爭優勢。

㈥垂直整合程度

在某些產業，廠商會發現當它能夠有效地投入向前或向後的垂直整合業務時，將會擁有極大的優勢。譬如在石化業界，各主要的石化公司，大部分的業務範圍，向上則涵蓋石化基本原料的製造，向下則包括石化下游產品之製造及銷售。垂直整合的優點通常不只可以降低整體產製成

本，更可以確保產銷一貫之控制權操之在我。此外，廠商更可以主動調節各個區隔市場的售價及成本，以配合各個區隔市場之稅率，而使利潤增大。

㈦市場範圍

有些產業為高度地區性營業，例如美容美髮、升學補習班等；有些產業為全國性營業，例如郵政、電力等產業；有些產業則通常屬於全球性營業，例如航運公司、錄影機產業等。在全球性營業的產業中，如果廠商想享有規模經濟效益及掌握最前瞻性的技術，則必須基於全球性的觀點來經營、管理與競爭。

二、分析競爭者的目標

確認誰是我們的競爭者及產業競爭狀況之後，接著要確認競爭者目標，以預測每個競爭者是否滿足他們現在的地位和財務績效，以及競爭者改變策略的可能性，和對外來事件（例如景氣循環）或其他公司行動的可能反應程度。舉例來說，某公司若很強調穩定的銷售成長，在面臨景氣下降或其他公司提高市場占有率時，其反應可能非常不同於另一偏重投資報酬率的公司。

美國廠商通常追求短期利潤最大化的目標，原因是股東較重視短期經營績效，一旦績效不佳，股東失去信心，便會拋出持股，使公司的資金成本因而上漲。相反的，日本廠商則以擴大市場占有率為目標；他們對利潤目標的要求不高，且多半可自銀行獲得融資，因此他們只要求有穩定的財源支付利息即可，而不必為短期的利潤目標去冒風險。

假如競爭對象是一個大公司的事業單位，母公司可能對該事業單位加上約束或要求，這對預測它的行為很重要。母公司有關的許多問題也需要加以探討，例如：

1.母公司目前的營業績效如何？包括銷售成長、報酬率等目標，這

些目標值可以轉換爲事業單位的利潤和市場占有率目標，而對其訂價決策和發展新產品等各種策略形成壓力。一個事業單位的績效如果不如母公司整體的績效，往往就會感受到壓力。

2.什麼是母公司的整體目標？根據這個目標，母公司將需要事業單位貢獻什麼？

3.就整體策略而言，母公司對事業單位賦予了怎樣的策略地位？公司將該事業單位視爲其「根本事業」或是一個「外圍事業」？事業單位在母公司的投資組合中的地位如何？它在公司的心目中是成長的領域，是公司未來發展的明星事業，或是成熟停滯的部門，是提供資金的搖錢樹事業？

分析競爭對象的目標是很重要的，因爲它能幫助廠商避免採取一些策略行動，威脅了競爭對象達成其關鍵目標的能力，因而觸發激烈的商戰。假如，組合分析能分淸楚競爭者母公司視爲搖錢樹及收成的事業和母公司希望建立的明星事業，則向一個搖錢樹事業贏得一點地盤往往可能性很大，只要不威脅到它給母公司的現金流量；但是針對母公司希望建立的明星事業(或是存有情感因素的事業)，想向其爭奪地盤，就具有潛在的爆炸力。同樣的，競爭者對做爲穩定營業收入支柱的事業，可能會積極奮戰，甚至不惜犧牲利潤，但是對於外圍事業或營業額比率較低的事業，其反應可能較爲緩和。

三、 分析競爭者策略

競爭者是誰與各競爭者所採用的策略，兩者之間存在相當密切的關係，而競爭者策略又與其目標有很大的關係。當某一競爭者的策略與本公司愈加類似，則兩者的競爭性將更強。在大多數產業中，競爭者都可以按其所採用策略之不同，而歸入於各個不同的集群。所謂的「策略集群」乃是指產業中採用類似策略的廠商所組成的集群。

　　爲說明起見，假設有一家公司想要進入家電用品產業，並明辨其主
要的關鍵性策略集群。公司認爲該產業最主要的兩項策略性區隔變數爲
品質水準與產品組合廣度。如圖 7-3 所示，目前整個產業界可以區分爲
四種策略集群，其中屬於集群 A 者如泰瑞電子公司，集群 B 者如國際、
聲寶、三洋，集群 C 者如大同，集群 D 則爲一些單項產品的小品牌。

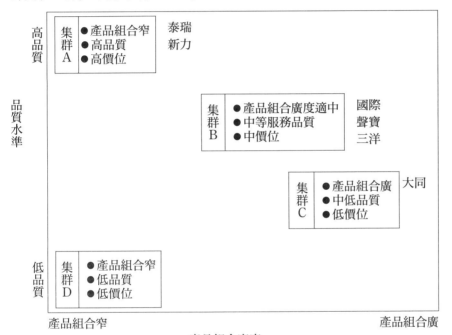

圖 7-3　主要家電用品產業的策略集群

　　由策略集群分析過程中，我們發現兩項要點。第一，各種策略集群
的進入障礙程度都不相同，例如新廠商想要進入集群 D，將比加入集群
A 或 B 容易多了，因爲集群 D 所需投資的產品組合較少，而且品質要求
也較低一些；第二，當新廠商進入某一集群時，屬於此一集群內的廠商
將成爲其主要的競爭者，例如當某一新廠商想進入集群 B 參與競爭時，
其面臨的主要競爭對手將是國際、聲寶公司。因此，新廠商在決定進入

某一集群參與競爭前，最好先衡量本身的競爭優劣勢，畢竟同一策略集群必將吸引能力相仿的廠商進入，如果沒有過人之處，又如何能確保未來的成功。

在同一集群內的廠商彼此成為主要的競爭對手，但兩個不同策略集群的廠商，有時也會有相當程度的競爭性。其原因有以下幾點：第一，不同集群的廠商也可能有重疊的顧客集群；第二，顧客可能無法分辨出各廠商所提供的產品或服務真正的差異性；第三，顧客的偏好會因時因地而異，各廠商在顧客心目中的定位也會隨之改變；第四，每一集群內的廠商在該集群站穩之後，通常會有進一步地擴張計畫，而成為另一策略集群的競爭者。

叁、評估競爭者之優勢與弱點

競爭者分析的最後一項診斷步驟，是對每一競爭者的能力做一切實的評價。競爭者之優勢與弱點將決定其發動或反應一項策略行動的能力，以及處理環境或產業事件的能力。

分析和評估競爭者所應涵蓋的範疇很廣，每一產業所應重視的評估因素可能都不太一樣，但下列一些因素是評估各產業的競爭者皆應包括的：

(一)**產品**
- 在每一個市場區隔中，產品在使用者心目中的地位。
- 產品線的寬度與深度。

(二)**經銷商/配銷通路**
- 通路的涵蓋範圍與品質。
- 通路關係的強度。
- 服務通路的能力。

㈢行銷與推銷

● 行銷組合各方面的技術。

● 市場研究與新產品開發的技術。

● 銷售人員的訓練與技術。

㈣成本

● 相對總成本之高低。

● 其他事業單位的成本。

● 經濟規模的大小。

㈤財務能力

● 現金流量。

● 短期與長期的借款能力（相對負債/權益比例）。

● 獲利能力，包括資產報酬率、淨利率或毛利率等。

● 財務管理能力，包括交涉、籌資、債信、存貨與應收帳款。

表 7-1 係某家公司在市場調查中由消費者就本公司及 A、B、C 三家競爭者在五項屬性的表現，予以評定優劣等級。結果顯示 A 公司知名度頗高，且有良好的銷售人員推銷其被認為品質極佳的產品，但是 A 公司在產品可獲性和技術支援方面，則反應並不理想；B 公司則在各方面都頗為不錯；C 公司的一般反應都不好。從這些情報我們可以得知，A 公司在產品可獲性與技術支援方面有弱點，而本公司在這兩個屬性上很強，可以有讓我們發揮的地方，而 C 公司則破綻百出，頗為不堪一擊；至於 B 公司在每一屬性上都不比本公司差，並不適合列為競爭對象。

表 7-1　消費者對競爭者重要屬性的評等

公司	知名度	產品品質	產品可獲性	技術支援	銷售人員
本公司	好	普通	特優	好	普通
A	特優	特優	不好	不好	好
B	好	好	特優	好	特優
C	普通	不好	好	普通	普通

肆、預測競爭者的反應

在完成對競爭者優勢和弱點的評估之後，接著應預測競爭者可能採取的各種反應或策略行動,以下為預測競爭者反應時應考慮的幾項問題:

1.競爭者改變策略的可能性: 比較競爭者（及其母公司）之目標與其目前地位後, 應研判競爭者是否會試圖進行策略性的改變?

2.可能採取的策略行動: 根據競爭者的目標、優勢和弱點, 競爭者所最可能採行的策略性變動是那些?這些改變將反應出競爭者對於未來的看法, 它認為自己的力量為何, 它認為那些競爭對手有懈可擊, 它競爭的意願程度。

3.策略行動的力量與認真程度: 對於一競爭者的目標和能力的分析, 可用來評估各種可能策略行動的預期力量。同時評估競爭者於行動中將有何獲益也是蠻重要的。例如, 競爭者與其他事業部共同分攤成本的行動, 將大幅改變其相對的成本地位, 也許比略為改變促銷效果的行動更重要些。分析了競爭者的目標及其從行動中可能產生的利益, 將可指出競爭者在面對阻力時, 其貫徹行動的認真程度。

4.對高度敏感地帶的拚命防衛: 必須瞭解何種行動或事件必定會引起競爭者採取強烈的報復行動, 即使報復的成本很高並將導致較差的財務績效?亦即, 何種行動會非常威脅到競爭者的目標或地位, 以致其不得不採取反擊?大多數的競爭者會有「高度敏感地帶」, 亦即會因任何威脅就引發極端反應的事業範圍, 反應出其所堅持的目標, 感情上的固執, 及其相似的事情。可能的話, 應極力避免攻擊其高度敏感地帶。

韓德生(Henderson)曾針對競爭者的反應行為提出三項建議:

1.讓競爭者得到充分的教訓, 使其瞭解「合」則同蒙其利,「爭」則兩敗俱傷。

2.避免觸怒競爭者，使其行為能保持理性，不會因感情用事，造成令人意想不到的衝突事件。

3.使競爭者確信你安於目前的競爭地位，並且認為這是對雙方都有利的最佳安排。

伍、選擇競爭策略

結合上述各項分析及預測，行銷者應著手擬定公司之競爭策略，競爭策略中最重要是三項重要的選擇：

1.選擇攻擊或防衛對象。

2.選擇戰場。

3.選擇競爭手段。

以下依序說明這三種選擇：

一、選擇攻擊或防衛對象

在擬定攻擊或防衛策略時，行銷者首先必須決定何種類型的競爭者是其攻擊或防衛的對象。選擇公司攻擊或防衛的對象時需針對下列各種類型進行考慮：

㈠現在或未來的競爭者

大多數公司都會選擇目前對其威脅最大的競爭者進行攻擊或加以防衛。不過，有些競爭者雖然目前對公司的威脅不大，但因這些競爭者的成長速度極快或者其策略方向（未來可能採取的策略）可能對公司造成極大的威脅，則可能有必要趁機採取行動，削弱這類競爭者的實力，以減低其威脅。

㈡同類或異類的競爭者

許多公司選擇競爭者對象都是以業務性質近似的同類公司為主。因

此裕隆汽車的主要對手是福特汽車，而不會找上賓士汽車；然而，必須注意的是，應該避免完全「毀滅」親密的競爭者，因為「鷸蚌相爭」的結果，往往最後都是漁翁得利。Porter 就曾以下述例子說明競爭的勝利者，也有可能嚐到苦果：

某家特殊橡膠製造廠對另一家同業發動猛烈的攻擊，結果獲得完全的勝利，並擴大了市場占有率；結果由於這家公司無法完全彌補落敗者所讓出的市場，使得另一家大型的橡膠製造廠有機可乘，不費吹灰之力的進入原本飽和的特殊橡膠市場，對其形成更大的威脅。

(三)強勢與弱勢的競爭者

大部分的公司都吃軟不吃硬，專挑較弱的競爭者做為攻擊或防衛的對象，然而找個弱者比劃的結果，對公司的成長往往並無太大的助益；因此，公司有時應該鼓起勇氣面對強敵，因為由設法力克頑強競爭者的過程中，公司才能夠發揮自己的潛力，而有快速的成長。

(四)良性與惡性的競爭者

Porter 認為每個產業都存在著良性與惡性的競爭者，公司必須要能分辨好壞，支援與扶植良性競爭者，而攻擊與剷除惡性競爭者。所謂良性競爭者的特徵是：他們遵守產業的「遊戲規則」、他們對產業成長潛量的假設切合實際、他們依據成本結構訂定合理的價格、他們喜歡一個平靜和諧的產業結構、他們所要求的市場區隔範圍不大、他們能促使同業致力成本節約與產品差異化，最重要的是他們安於市場占有率的現狀。相反的，惡性競爭者就不按牌理出牌：他們企圖以財大氣粗手法掠奪市場占有率、他們甘冒風險、經常做超過需求的產能擴充投資，並且他們一向是在擾亂產業的均衡；例如對 IBM 公司而言，克雷電腦(Cray Research)就是良性競爭者，因為他們謹守規則、安於現狀，且不會動 IBM 主力市場的腦筋；相反的，日本的富士通(Fujitsu)就屬於惡性的競爭者，因為他們以超低價、無差異性產品，猛攻 IBM 的主力市場，企

圖豪奪強改取這個案例說明了公司應該設法聯合同業消滅「害群之馬」。

二、選擇戰場

在選定公司所要攻擊或防衛的對象之後，接著公司的策略是選出最佳的戰場，以戰勝競爭對象。此戰場是競爭對象所疏忽、興趣缺缺或最不利於競爭者的市場區隔或策略構面。此最佳的戰場或許是依據成本競爭，集中於產品線之高價位或低價位部份或其他區域。

Porter 認為理想的方式是尋出競爭者在目前情況下無法反攻的策略。由於受到其過去與目前策略的約束，將使競爭者於跟進時有一些行動措施，須付出極大的代價，而就發起的公司而言，其困難度與費用則極低。例如，當佛吉(Folger)咖啡以減價的方式侵襲麥斯威爾(Maxwell House)在東部的堅強據點時，此時就麥斯威爾而言，由於其市場占有率甚大，所以其配合減價的成本就很大。

戰爭時往往會設法引誘敵人到一個惡劣複雜的陌生環境而後再設法擊潰敵人。行銷者可創造一動機交錯或目標衝突的情境給競爭者，使競爭者即使採取有效的報復，也將傷害到其更多方面的地位。例如，當 IBM 公司以其自有的迷你電腦來對應迷你電腦的威脅時，將使得其大型電腦的業務成長急速下降，因市場用戶往往會因其策略改用迷你電腦。因此，IBM 在施展其策略時會有許多顧忌。

三、競爭手段之選擇

波特認為競爭優勢基本上是由於公司為顧客所創造的價值，超過了創造這些價值所產生的成本。此種剩餘價值(margin)愈大，競爭的優勢也就愈大。因此，競爭優勢也就可以分為兩種基本的類型：一是成本領導，另一是差異化。成本領導是藉降低成本來提高企業之剩餘價值。差異化是藉提高顧客的滿足，為顧客創造更高的價值而提高企業之剩餘價

值。

競爭優勢為成本領導的廠商，傾向於採取價格競爭的手段，例如艾德蒙彩色電視機。反之，競爭優勢為差異化的廠商，則傾向於採取非價格競爭的手段，例如普騰電視機。如圖7-4所示：

競爭手段之選擇，也會受到產業特性的影響。有些產業的廠商比別的產業更傾向於採用價格競爭的手段，例如我國的百貨業和家電業。產業的下列特性會影響廠商對於競爭手段的選擇：

競爭優勢	競爭手段
成本領導 ⟶	價格競爭
差異化 ⟶	非價格競爭

圖 7-4　競爭優勢與競爭手段

㈠市場之異質性

市場上的顧客若對產品有不同的需求，除了經濟性之外，還追求各種不同的利益和屬性，例如汽車業，此種產業的廠商較傾向於採取非價格競爭的手段。

㈡資源（武器）之差異性

異質化的市場，常常會誘使產業中的各家廠商發展出獨特的資源或武器。產業中的各家廠商若擁有各種不同的資源或武器，則各家廠商皆可藉獨特的武器來從事競爭，而不會全部訴諸價格戰。

㈢產業生命週期

當產業的生命週期逐漸邁向成熟或衰退的階段時，產品會變得愈來愈同質，而產業中的各家廠商由於彼此模仿、學習的結果，往往不再有所謂「獨門武器」，結果往往訴諸價格戰。

㈣報復的可能性和嚴重性

產業中的各家廠商若從過去的經驗或其他的跡象得知，採取價格競爭的手段必定會招致同業的報復，而且此種報復的結果會帶來嚴重的損

失，則可能會儘量避免採取價格競爭的手段。

陸、我國企業所面臨的競爭問題

一、市場自由化使競爭愈加激烈

　　政府為了貫徹自由化的經濟政策，開放國內的許多市場，過去受到保護的許多國內產業，突然面臨了許多在成本或差異化上，具有優勢的國外競爭者，不僅會覺得競爭日愈激烈，甚至會在競爭中逐漸屈居下風。

　　例如原本獨占市場的菸酒公賣局，在香菸、啤酒和葡萄酒開放進口後，就面臨了非常激烈的競爭。就以香菸來說，進入國內市場的競爭品牌不下數十種，其中如日本的「峰」，美國的「萬寶路」、「肯特」，英國的「三五」牌等香菸，在品牌、包裝、口味、品質或成本上都擁有相當大的優勢，對公賣局的香菸市場構成極大的威脅。其他因自由化而使競爭加劇的尚有保險業、汽車業等多個產業。

二、企業國際化使競爭關係日趨複雜

　　為了提高國內企業的經營水準和競爭能力，國內許多企業紛紛與國外的大企業合作，有些是由國外參與投資，或者共同合資成立新的公司。此種企業國際化的結果，往往使得競爭關係變得十分複雜。例如在國內日用品市場形成雙雄爭霸局面的南僑、國聯兩家公司都是中外合資企業。最近因為國聯合資外商利華集團併購了美國旁氏化粧品公司，而美國旁氏公司在臺灣旁氏公司擁有 30% 的股份，利華集團間接成了經營臺灣旁氏公司的南僑企業的合資廠商。利華集團透過美國旁氏與南僑關係企業，由冤家變親家的情勢，自然使得南僑的合資對象──寶鹼公司甚感不是味道，因為利華集團與寶鹼公司在國際市場是死對頭。由於這種國際間

複雜奧妙的競爭關係，南僑企業在擬定臺灣旁氏公司的競爭策略時，頗有左右爲難之感。

三、產業成熟化使競爭方式日趨劃一

近年來，雖然政府積極鼓勵國內的企業界改變工業結構，建立技術密集、資本密集的新產業，但除了資訊工業之外，並沒有太大的成果(韓國卻已在半導體、汽車、錄影機等產業上卓然有成)。由於我國製造業的許多主要產業日趨成熟，產品逐漸標準化，但技術上缺乏重要的創新，大多數的廠商都缺乏獨樹一格的競爭武器。因此所採取的競爭方式，無論在廣告訴求、銷售推廣活動或訂價策略上，都沒有太大的差異，廠商行銷策略的效果自然大打折扣，於是各家廠商的廣告費用愈來愈高，贈品或抽獎活動愈變愈多，而價格折扣愈來愈大，廠商的利潤也就愈來愈少了。

重要名詞與概念

競爭優勢　　　　Scherer 產業組織分析模式
競爭動力　　　　策略集群
競爭者的利益　　高度敏感地帶
高替代性產品　　競爭手段

自我評量題目

1. 試說明產業競爭的動力爲何？

2. 試說明競爭者的利益有那些？

3. 試說明分析競爭者行爲之步驟爲何？

4. 請問策略集群的觀念爲何對行銷策略人員很重要？

5. 試說明競爭者優勢和弱勢之評估重點爲何？

6. 試說明競爭策略之選擇要點？

7. 美容美髮業一般都僅局限於地區性競爭，請解釋爲何會形成這個現象？如果您是某家美容美髮公司的行銷經理，請問您會如何使公司的品牌暢銷全國？

第八章　市場需求之衡量

單元目標

使學習者讀完本章後能

● 瞭解市場及需要衡量之多重意義

● 說明如何預測當期市場之各類需要

● 瞭解銷售預測之各種技術及其應用

摘要

當公司發現一個富吸引力的市場，在針對此市場擬定行銷策略之前必須先估計市場目前的規模，以及預測市場未來的銷售潛能。

市場乃是由產品所有實際和潛在購買者所組成，而所謂的市場規模是指購買者的人數。

市場意義包含了潛在市場、可能市場、合格市場、合格有效市場等多重意義。

當期市場需要量之衡量主要估計三類需要：1.市場總需要，2.區域市場需要，3.實際銷售額與市場占有率。

除了當期市場需要之衡量外，公司還要爲未來的市場需要先做估計，而銷售預測可分爲三種主要的技術：1.判斷預測，2.數量預測，3.模擬預測。

預測新產品市場的大小及其成長率，是相當困難的事，而諸如碟影機、汽車用無線電話機等科技性新產品的預測更是複雜。因爲社會大眾過去並無這些產品的使用經驗，預測者必須考慮消費者對產品可能有的反應、競爭者反應、未來技術發展、環境的變化和許多其他因素，許多公司從錯誤的教訓中知道，預測錯誤的代價實在太高了。

當公司發現一個極富吸引力的市場時，必須妥善的估計該市場目前的規模以及未來的潛力，不論是低估或高估市場規模，都將使公司損失不貲。本章將討論衡量與預測市場需要之原則與工具，下一章則進一步探討如何區隔市場與選擇最有吸引力的區隔市場。

壹、市場及需要衡量之多重意義

一、定義市場及市場規模

　　要衡量市場需要，首先必須清楚的定義「市場」(market)。多年來，「市場」一詞有多種意義：

　　1.市場最原始的意義乃為買賣雙方聚集以交易商品與服務之實際場所(physical place)。在許多早期印第安人的廢墟中就有市場了，賣方在此擺售商品，買方則在此選購商品。

　　2.對經濟學家而言，市場乃指對商品或服務進行交易之所有買賣雙方。如清涼飲料市場是由可口可樂、百事可樂、七喜等賣方以及清涼飲料之購買者所組成。經濟學家著重市場的結構、行為與績效。

　　3.對行銷者而言，市場乃由產品所有實際和潛在的購買者所組成。因此，行銷者所謂的「市場」係指買方，賣方則稱為「產業」(industry)。

　　本書第一章中已將市場定義為對特定產品有需求、有購買能力、有購買意願及有購買資格的顧客或潛在顧客之集合。此種定義所指的乃是某種產品之合格有效市場，除了此狹義的市場外，尚有其他不同定義之市場。利用各種不同定義的市場，我們可以導出市場規模——顧客人數的多少。

　　潛在市場人數＝市場總人口數×對產品有需求者之比率

　　可能市場人數＝潛在市場人數×有購買能力者之比率

　　合格市場人數＝可能市場人數×有購買意願者之比率

　　合格有效市場人數＝合格市場人數×有購買資格者之比率

　　以下就以高雄地區汽車市場為例，說明市場規模之估計。(參考圖8-1)

公司首先要調查或估計高雄地區市場之總人口數，除了戶籍設在高雄縣市的人口之外，尚需估計到高雄縣市上班的流動人口，假設估計的結果此地區總人口數為 300 萬人。

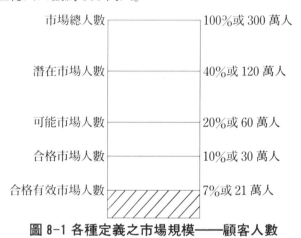

市場總人數	100%或 300 萬人
潛在市場人數	40%或 120 萬人
可能市場人數	20%或 60 萬人
合格市場人數	10%或 30 萬人
合格有效市場人數	7%或 21 萬人

圖 8-1 各種定義之市場規模──顧客人數

其次需要估計對擁有汽車或有潛在需求之消費者比率，最普遍的方法是選取一消費者隨機樣本，詢問他們「是否需要擁有一部汽車?」假如十個裡面有四個回答「是」，我們可推斷百分之四十的消費者是對汽車的潛在市場。「潛在市場」（Potential market）係指所有對產品有某種需求程度的消費者。高雄地區汽車潛在市場人數為 120 萬人。

僅憑消費者的需求不足以構成一真正的市場，潛在消費者必須有相當的所得，才有能力購買產品，他們對底下這個問題的答案應該是肯定的：「您是否有能力購買汽車？」價格愈高，買得起汽車的消費者人數愈少。市場規模是需求與所得的函數。「可能市場」（Possible market）係指對產品有需求，又有購買能力的消費者。假設潛在市場的消費者中有 50%買得起汽車，可能市場人數即為 60 萬人。

購買意願會進一步縮小市場的規模。某些潛在消費者會認為購買的成本太高(包括金錢、時間、便利性和緊張焦慮等各種成本)，則這些潛

在顧客對行銷者而言毫無助益。「有效市場」（available market）係指對產品有需求，且有購買意願的消費者。假設可能市場的消費者中有50%有購買意願，有效市場人數即為 30 萬人。

某些產品的銷售對象可能有所限制，例如我國規定年滿 18 歲才能開車，18 歲以上的成年人即為「合格有效市場」（qualified available market）。換言之，合格有效市場係指對產品有需求、有購買能力、有購買意願且有購買資格的消費者。假設合格市場的消費者中，70%的人有購買資格，合格有效市場人數即為 21 萬人。

以上這些定義是行銷規劃時的利器，假如公司不滿意現有的銷售額，它可以考慮採取下列各種行動：(1)設法降低購買者的購買資格；(2)以廣告或促銷活動提高購買意願；(3)降低價格以擴大可能市場的規模；(4)改進產品功能，滿足購買者更多的需求，擴大潛在市場；(5)擴大市場範圍，增加市場之總人口數，如擴展進入臺南地區。

二、需要衡量之型態

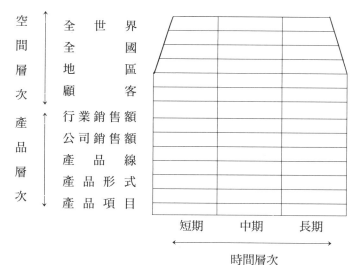

圖 8-2　需要衡量的六十種型態

首先，我們了解到需要的衡量與預測有多種層次，圖 8-2 列示六十種需要衡量的型態，五種產品層次（產品項目、產品形式、產品線、公司銷售額、行業銷售額），四種空間層次（顧客、地區、全國、全世界）以及三種時間層次（短期、中期、長期）構成了六十種衡量需要的不同型態。

每一種型態的需要衡量都有其特定之目的，例如公司可能對某產品項目之總需要作一短期預測，以為訂購原料、計劃生產及短期財務調度之基礎；也可能對主要產品線之各地區需要作一長期預測，以為考慮擴張市場之基礎。

貳、當期市場需要之衡量

本節將討論估計當期市場需要的實際方法，行銷主管通常得估計三類需要：1.市場總需要（total market demand）；2.區域市場需要（area market demand）；3.實際銷售額與市場占有率。

一、估計市場總需要

市場總需要的定義如下：

產品的「市場總需要」係指在行業特定水準的行銷努力之下，特定時間、特定地區及特定行銷環境之特定顧客群購買產品的總量。

特別要注意的是，市場總需要不是一個固定常數，它是多種特定條件的函數，行業行銷努力是其中之一，環境狀況是其中之二。圖 8-3 A 說明市場總需要與這些條件的關係，橫軸代表特定期間內各種不同的行業行銷支出水準，縱軸代表市場需要水準。即使不支出任何費用來刺激需要也會有的基本銷售額，我們稱之為「最低市場需要」（market minimum）。行銷支出愈多，市場需要水準愈高，增加的速度首先是遞增，

然後遞減；當行銷支出高到某一水準時，已無法刺激需要水準再上一層，此即市場需要的上限，稱爲「市場潛量」(market potential)。

　　市場潛量與最低市場需要的差距，代表整個需要的行銷敏感性 (marketing sensitivity of demand)。我們想像有兩個不同極端的市場型態，一爲「可擴展性市場」(expansible market)，一爲「不可擴展性市場」(nonexpansible market)。前者如網球拍市場，其市場需要深受行業行銷支出水準影響，表現在圖 8-3 A，Q_0 與 Q_{10} 的距離較大；後者如平劇市場，其市場需要幾乎與行業行銷支出水準無關，Q_0 與 Q_1 的距離很小。在不可擴展性市場裡，公司可視市場大小（基本需要的層次）爲固定，集中行銷資源去爭取市場占有率（選擇性需要的層次）。

　　現在就可導出產業的市場預測了，「市場預測」(market forecast) 顯示在於特定行銷環境之下，預定的行業行銷支出水準所造成的市場需要水準。

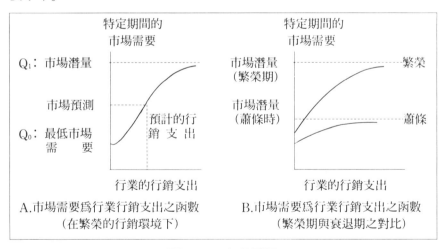

圖 8-3　市場需要

　　如果對行銷環境有不同的假設，市場需要曲線就必須重新估計。舉個例子來說，經濟繁榮時期的汽車市場需要必大於經濟衰退時期。市場

需要隨環境而變動，如圖 8-3 B 所示，因此行銷人員估計市場需要時，應詳細界定其所處的行銷環境。

假設一家唱片公司欲估計唱片市場每年的總銷售額，最普通的方法是：

Q＝n×q×p

其中

Q＝市場總需要

n＝購買者人數

q＝每一顧客每年平均購買量

p＝平均單價

假設錄音帶市場的購買者每年有 500 萬人，平均每人每年購買 6 捲錄音帶，每捲平均售價 100 元，則錄音帶市場的總需要為 30 億元（＝5,000,000×6×100）。

上式中的購買者人數可以是連鎖比率法（chain ratio method）來估計，此法是將一個總數乘以數個百分比加以調整，茲舉例說明之：

假設 A 牌連鎖漢堡店計畫每年吸收 150,000 名 30 歲以下的青少年食用漢堡，問題是與市場潛量比較起來，這個目標是否合理？市場潛量可以估計如下：

30 歲以下的青少年總數	10,000,000
對西式食品有興趣者的比例	×.50
對漢堡類食品有興趣者的比例	×.15
以 A 牌漢堡為優先考慮者的比例	×.30

由此算出市場潛量為 225,000 名，這個數字遠大於預定之目標，只要行銷工作做得恰當，達成目標應該沒有太大困難。

二、估計區域市場需要

所有公司都需考慮如何選擇最佳的區域市場，並以最適當的方式將行銷預算分配到這些區域，因此有必要估計各個區域的市場潛量。主要的估計方法有二：一為「市場累加法」(market-buildup method)，多用於工業產品；另一為「市場因素指數法」(market-factor index method)，多用於消費產品。

㈠市場累加法

市場累加法必須找出每一市場內所有的潛在顧客，然後估計他們可能的總購買數量。茲舉下例說明之：

＊我國某塑膠機器設備製造商甫發展出一種全自動電腦螢幕顯示型之塑膠射出成型機，該廠商認為該機器可節省人力，提高塑膠製品之品質，故目前之塑膠射出成型加工業者都可能購買一臺或一臺以上的機器，視其規模大小而定。目前他所面臨的問題是決定各地區的市場潛量，臺南地區為其首先要估計的區域。

表 8-1　中華民國商品標準分類

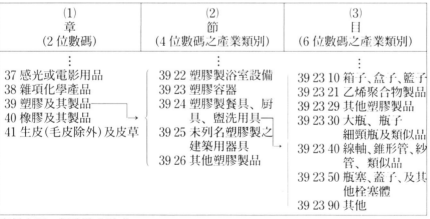

(1) 章 (2 位數碼)	(2) 節 (4 位數碼之產業類別)	(3) 目 (6 位數碼之產業類別)
⋮ 37 感光或電影用品 38 雜項化學產品 39 塑膠及其製品 40 橡膠及其製品 41 生皮(毛皮除外)及皮草	⋮ 39 22 塑膠製浴室設備 39 23 塑膠容器 39 24 塑膠製餐具、廚 　　　具、盥洗用具 39 25 未列名塑膠製之 　　　建築用器具 39 26 其他塑膠製品	⋮ 39 23 10 箱子、盒子、籃子 39 23 21 乙烯聚合物製品 39 23 29 其他塑膠製品 39 23 30 大瓶、瓶子 　　　　細頸瓶及類似品 39 23 40 線軸、錐形管、紗 　　　　管、類似品 39 23 50 瓶塞、蓋子、及其 　　　　他栓塞體 39 23 90 其他

資料來源：行政院主計處

為了估計台南地區市場潛量，該製造商必須從標準工業分類 (Sta-

ndard Industrial Classification,S.I.C.）開始著手。在我國則可採用
中華民國商品分類（China Commodity Classification），簡稱 C.C.C.
Code，其分類標準依照生產的產品或作業的性質而定。所有的產業分成
21 類別，如表 8-1 的第一欄，每一章都有一組兩個數碼的代號，例如塑
膠及其製品的代號為 39，每一章之內再分節，如表中的第二欄，每一節
的代號為該章號碼之後再加兩位數，例如塑膠容器的號碼為 3923，每節
之內又分目，各目之代號為該節號碼之後再加兩位數，例如 392310 為箱
子、盒子。假設該製造商所重視的為塑膠箱子盒子（392310）和塑膠餐
具廚具此兩類產品的加工廠。

　　其次，該製造商必須參考臺南地區工商名錄的資料，以了解臺南地
區塑膠射出成型加工業者的家數、地點、員工人數、年度銷售類以及資
產淨值。利用臺南的資料可估計當地市場的潛能，估計結果如表 8-2 所
示：第 1 欄依員工人數分為三類，第 2 欄為各類規模塑膠加工公司之個
數，第 3 欄為各類公司的潛在機器購買量，第 4 欄為市場潛量（將 2、3
欄的數字相乘），第 5 欄則為每臺售價 100 萬元時，臺南市場潛量的總金
額為 3 億 7 千萬元。

表 8-2　台南地區塑膠機器市場潛量估計——利用 C. C. C Code 之市場累加法

S. I. C.	(1) 員工人數	(2) 礦業公司個數	(3) 各類公司潛在的購買量	(4) 市場潛量 (2)×(3)	(5) 金額市場潛量×$100 萬
392310 （塑膠箱子、 盒子）	10 人以下 10-15 人 50 人以上	80 50 20 150	1 2 4	80 100 80 260	26,000 萬
392410 （塑膠餐具、 廚具）	10 人以下 10-15 人 50 人以上	40 20 10 70	1 2 3	40 40 30 110	11,000 萬 37,000 萬

㈡市場因素指數法

　　產銷消費品的公司也有必要估計各個區域的市場潛量，茲舉下例說明之：

　　＊美國某襯衫製造商為了擴展銷售量，打算成立全國性的特許加盟商店來銷售 T 恤衫。每家特許商店都有各種顏色及尺碼齊全的 T 恤衫，同時可以免費在上面印出顧客所指定的圖案。顧客可選擇的圖案有數百種以上，製造商估計全國的總銷售額每年可達 1 億美元，只要商店的年銷售額達 6 萬美元，即可在每一城鎮設立一特許商店。他可在華爾街日報上刊登廣告吸引有興趣加入的人。然後評估應徵者的條件，並確定當地是否具有足夠的購買力來設立特許商店。

　　該製造商接到一份來自伊利諾州香檳（Champaign）城的申請書，製造商關心的問題是香檳城的銷售潛量是否夠大？他與特許加盟商店是否有利可圖？

　　該製造商必須評估香檳城 T 恤衫的市場潛量，最普遍的方法是找出與區域市場潛量有關的市場因素，綜合成加權指數，「購買力指數」(buying power index) 即為其中最著名的例子。《銷售與行銷管理》雜誌每年出版的購買力調查報告中，刊載有全美各區、各州及大都會區的購買力指數。影響購買力指數的三大因素為各區域的可支配個人所得、零售額及人口佔全美國之比例。購買力指數可用下式表示：

　　$B_i = 0.5\, y_i + 0.3\, r_i + 0.2\, p_i$

其中

　　B_i＝i 區域的購買力占全美國的百分比

　　y_i＝i 區域的可支配個人所得占全美國的百分比

　　r_i＝i 區域的零售額占全美國的百分比

　　p_i＝i 區域的人口占全美國的百分比

　　上式中的三個係數乃表示三個因素的相對權數。

該製造商經查閱有關香檳城的資料後，得知該區的可支配個人所得佔全美國的 0.0764%，零售額佔全美國的 0.0900%，人口佔全美國的 0.770%，於是香檳城的購買力指數可算出如下式：

$$B=0.5(0.0764)+0.3(0.900)+0.2(0.0770)=0.0806$$

亦即香檳城 T 恤衫的總銷售額佔全美國的 0.0806%。由於製造商預計全美國每年的銷售金額爲 1 億美元，所以香檳城的銷售額可達 80,600 美元（＝100,000,000×0.000806），超過其所訂之標準，因此該製造商有意將特許權賣給該地區的申請者，當然他還必須確定其他的 T 恤衫製造商尚未捷足先登，否則該公司的銷售額可能就沒那麼高了。

使用購買力指數法的廠商必須明白權數多少有些武斷，通常比較不適於低價的日用品與高價的奢侈品；當有更合適的權數時，應隨時取而代之。有些廠商可能希望加入其他的考慮因素，如市場內是否有競爭者存在、當地的促銷成本、季節性波動及當地的市場習性等，來調整其市場潛量的估計。例如香檳城乃是一大學城，其學生人數高達 3 萬人以上，考慮此一市場特性之後，使得香檳城更具吸引力。

㈢估計實際銷售額與市場占有率

除了估計市場需要與區域市場需要之外，公司亦需要知道市場實際的銷售額，換句話說，公司必須估計每一競爭者的銷售額。

產業工會通常會收集並公佈該行業的總銷售額，但不列出個別公司的資料，這種資料至少可讓公司將自己的表現與整個行業水準作個比較。假設公司的銷售額每年增加 5%，而整個行業則平均增加 10%，則公司在產業中的地位實際上是日趨下游。

另一種估計實際銷售額的方法是購買行銷研究機構的報告，這些機構會定期或不定期調查產業總銷售額以及各品牌的銷售額。例如 A.C. Nielsen 的臺灣分公司調查超級市場與雜貨店中各類產品的零售額，將這些資料售給有興趣的公司，買到資料的公司可以知道某類產品的總銷

售額以及各品牌的銷售額，比較自己與競爭者或同業平均水準的差異，
考慮公司到底是處於有利或不利的狀況。

叁、預測未來需要

　　討論過當期需要的估計問題之後，底下將探討未來需要的預測方法。

　　銷售預測的方法很多，有的只憑預測者的主觀判斷或猜測，有的則
須借助於複雜的統計方法。銷售預測的方法大致可劃分成判斷預測、數
量預測和模擬預測等三大類，表 8-3 是銷售預測技術的分類表。

表 8-3　各種銷售預測方法

```
一、判斷預測
　　㈠專家預測法
　　　　1.個別估計法
　　　　2.小組討論法
　　　　3.德飛法（Delphi method）
　　㈡調查預測法
　　　　1.銷售員意見調查
　　　　2.顧客意願調查
二、數量預測
　　㈠時間數列模式
　　　　1.簡單移動平均法
　　　　2.指數平滑法
　　　　3.時間數列分解法
　　㈡因果模式
　　　　1.迴歸模式
　　　　2.領先指標
　　　　3.擴散指數
三、模擬預測
```

一、判斷預測

　　判斷預測可分為專家預測法及調查預測法兩部分。專家預測法係根
據預測者的直覺反應和主觀評估做預測。在某些情況下，直覺或主觀判

斷是預測者惟一可採用的預測工具。因為沒有客觀的統計方法來評估預測的數值，因此一項判斷預測的結果是否被接受採用，大半要看預測者的聲譽或地位如何而定。判斷預測缺乏輔助性資料及客觀的分析，它所擁有的只是預測者的經驗及知識，而直覺和常識就是它的分析工具。

㈠專家預測法

專家預測法通常是根據個別專家的估計或一群專家的共同判斷來做預測，常用的方法有個別估計法、小組討論法和德飛法三種。個別估計法是由專家做個別估計；小組討論法是集合幾個專家一起集會，共同討論，以得出一個一致的預測；德飛法比小組討論法複雜，它係以一系列的問卷向專家小組詢問，依據專家們對一個問卷的答覆擬定下一個問卷再向專家詢問，直到獲得一個令人滿意的預測為止。

㈡調查預測法

調查預測法是利用常用的調查訪問法，如郵寄問卷、電話或人員訪問，收集有關人們意圖的資訊，然後根據意見調查所得的資訊做預測。如果被調查者（即樣本）是隨機抽選的，即可用推論統計的工具來評估調查所得的資訊，求得估計值的平均數、標準差及信賴區間。譬如根據對零售商店的抽樣調查結果,，預測明年度某產品的銷售量將為 100 萬元，在 90% 的信賴水準下銷售量將在 90 萬元到 110 萬元之間。調查預測法中企業界最常用的有顧客意願調查和銷售員意見調查，因景氣預測主要是用於政府和研究機構，於此不再介紹。

1.銷售員意見綜合法

若直接從事購買者意圖調查不切實際時，公司可以要求銷售員從事估計。

不過，銷售員的估計大多都必須經過調整之後才能利用。第一，銷售人員的估計通常有所偏差，他們可能過度的悲觀或樂觀，或是由於最近銷售的成敗使他們對未來預測變得很極端。第二，銷售人員通常不清

楚未來的經濟發展，且不了解公司的行銷計畫是否會影響他們的銷售地區之銷售量。第三，他們可能故意低估未來的需要，使得公司設定較低的銷售配額。第四，他們也許沒有時間詳細估計，或是認為銷售預測沒什麼重要，不值得小題大作。

如果公司能克服以上的偏差，那麼利用銷售員從事估計有下列的優點：第一，由於銷售人員對未來的發展趨勢較其他人有更深入的認識；第二，由於銷售人員參與預測過程，因此他們對於公司制定的銷售配額較有信心，同時可以激勵他們努力達成目標。第三，此種由基層向上的「草根式」（grassroots）預測過程，可以得到產品別、地區別、顧客別及銷售員別等銷售預測值。

2.顧客意願調查

預測乃是在假設條件下，預估顧客可能行為的一種藝術。最有用的情報來源是購買者本身，尤其當購買者有明顯的購買意圖並且會付諸行動，而且願意將購買意圖告知訪問員時，此種購買者調查更有價值。

我國的電力公司每兩年舉辦一次「臺灣地區家用電器普及狀況調查」，採用顧客意願調查方式，詢問樣本用戶在未來是否打算購買電視機、電冰箱、洗衣機、冷氣機、電鍋、烤麵包機……等 15 種家用電器，以及預定購買的時間、大小和數量。調查中詢問類似下列的問題：

表 8-4　購買機率量表
你在未來兩年之內打算購買一架電視嗎？

.00	.10	.20	.30	.40	.50	.60	.70	.80	.90	1.00
|	|	|	|	|	|	|	|	|	|	|
絕無可能	很小的可能	稍可能	有些可能	還算可能	算是可能	有可能	可能	很可能	幾乎肯定	一定

上表稱為「購買機率量表」（purchase probability scale）。除此

之外，尚有各種調查消費者目前與未來的財務狀況及對經濟的看法等之表格。例如密西根大學調查研究中心的「消費者意見衡量指數」（consumer sentiment measure），生產消費性耐久財的廠商可根據指數，預知消費者購買意圖的變化，從而調整生產活動與行銷計畫。

二、數量預測

㈠時間數列模式

數量預測可分為時間數列模式和因果模式兩部分。時間數列模式把相依變數當做時間的函數，時間是其惟一的獨立變數。此法以相依變數和時間二者的統計相關性為基礎，但時間和相依變數之間並不一定有真正的因果關係存在。時間數列模式中只包含兩個變數，即時間和一個相依變數，很容易用圖形來表示。

時間數列模式有移動平均法、指數平滑法、時間數列分解法、巴克斯、任金斯法等等。在此僅介紹時間數列分解法。

有許多廠商以過去的資料來預測未來，其隱含的假設是過去的資料具有持續性的因果關係存在，且可經由統計分析方法求得，因此可以用來預測未來的銷售值。一項產品以往銷售額(Y)的時間數列可以分解為四個主要的部分：

第一部分為「長期趨勢」（trend, T），乃是銷售額成長或衰退的長期性基本形態，是由人口、資本形成及技術等因素的基本發展而來。通常將銷售資料配成直線或曲線，可以求得未來的趨勢。

第二部分為「循環變動」（cycle, C），乃指銷售額呈波狀的中期性變動，是由一般經濟和競爭活動的改變而來。此種循環變動對於中期預測而言是十分重要的。但循環變動，由於不太規則，預測上頗為困難。

第三部分為「季節變動」（season, S），乃指每年之銷售額呈相當一致的波動。所謂「季節變動」乃是指每小時、每週、每月或每季的銷售

變動。季節變動的成因可能與天氣、假日或商業習慣有關，它可作爲短期預測的基準。

第四部分爲「偶發事件」(erratic events, E)，包括罷工、災難、熱潮、暴動、火災、戰爭與其他干擾因素。這些偶發因素由定義來看就可知是無法預測的，因此必須將不規律的因素自歷史資料中分離出來，方能看出正常的銷售型態。

時間數列分析法便是將原有數列(Y)解析成四個部分──T、C、S、E，然後結合這四個部分來預測未來某段期間的銷售額。

(二)因果模式

因果模式是根據預測變數（相依變數）和一個或以上的解釋性變數之間的預測關係建立模式，然後利用所建立的模式進行預測。這些模式雖名爲因果模式，其實在被預測變數和解釋性變數之間不一定要具有因果關係，只要二者的相關性可供預測之用就行了。

以下說明迴歸模式、領先指標和擴散指標：

1.迴歸模式

直線迴歸模式是最常見的一種因果模式。直線迴歸模式是估計一個相依變數和一個或以上的獨立變數之間的直線關係的一種統計方法，市場中各變數之間的關係很少是直線的，理論上似應利用比較複雜的非直線迴歸分析。不過，許多預測的經驗顯示直線模式已足夠表示變數間的眞正關係。有時亦可將相依變數或獨立變數做某種變換，以建立二者的直線關係。

中國石油公司曾以迴歸模式來預測民用汽油的需求。此迴歸模式如下：

$$Q = -11.014342 + 0.693043 \text{ GNP} + 0.463557 \text{ Q-1}$$

其中　GNP 爲實質國民生產毛額，單位爲百萬元

Q-1 爲上一年之民用汽油銷售量，單位爲公秉

行銷主管可以先預估下一年度 GNP,再利用上式導出民用汽油的銷售預測值。例如民國 80 年的預測值為 3,894,637 公秉。

2.領先指標

一種經濟活動的時間數列的變動如果領先於另一種經濟活動的時間數列, 而且做同方向的變動, 則前一種數列就是一個領先指標。在銷售預測方面, 我們可先找出領先銷售活動的指標, 然後利用此一指標預測未來的銷售情形。領先指標適用於銷售轉折點(turning point)的預測, 而且常用於品類 (product class) 的銷售預測, 而非品牌 (brand) 的銷售預測。領先指標通常也不能用於二年以上的較長期預測。

許多公司利用一個或數個領先指標來預測銷售額。例如水電設備供應公司的銷售落後房屋興建指數約四個月, 該指數就是水電設備供應公司一個很好的領先指標。

3.擴散指標

由於利用個別經濟指標來做預測時, 解釋困難易生錯誤, 摩爾於一九五四年提出擴散指數(diffusion index), 他認為個別經濟指標之時間數列的變動較一群經濟指標的變動為大, 於是他先利用移動平均法將個別的數列修勻, 愈不穩定的數列用愈長的移動平均, 並將各指標分成領先 (leading)、同時 (coincident) 及落後 (lagging) 三組, 計算在某一時間各組中有多少個指標數列有上升的情形, 再將各組中上升指標的數目化成各該組中指標總數的百分比。如果高於 50%, 表示上升的指標較多。

擴散指數只是將經濟資料機械性地加以綜合, 充其量只能做為一種初步分析的工具, 協助分析人員迅速了解經濟情勢的大概趨向。擴散指數不應用來取代比較複雜精確的預測工具。

三、模擬預測

市場模擬是利用模擬模式預測未來的市場情況，對未來不確定情況的預測。

若影響預測變數的因素不多，統計分析技術不失為一預測良法，惟如影響預測變數的獨立變數太多，彼此交互作用，數量性預測模式的設立及運用將困難重重，有時很難行得通。在市場上影響市場反應的變數往往很多，譬如銷售量可能受到價格、廣告、零售店數目、人員銷售、競爭者的各項行銷策略等因素的影響，此外，人口、經濟變動、消費者所得及嗜好……等因素也都可能影響到銷售量，在這麼複雜的情況下，要想建立一個合理的數量性預測模式實在有很多的困難，此時適於利用市場模擬模式來進行預測工作。

市場模擬模式不需要分析預測變數及每一個獨立變數間的統計關係，也用不著建立一個包含好幾十個變數的純粹數量性模式。市場模擬模式係模擬個別決策單位的購買行為，然後將各別決策單位的模擬結果彙總，而後以模擬結果的總和代表市場的購買行為。每一個被模擬的決策單位（家庭或各別消費者）都具有特定的人文、經濟或其他特徵，這些特徵在模擬單位中的分配情形應與他們在整個市場或母體中的分配情形相同。

> ### 重要名詞與概念

潛在市場　　　　　可能市場

合格市場　　　　　合格有效市場

連鎖比率法　　　　景氣預測

市場總需要　　　　時間數列模式

市場累加法　　　　簡單移動平均法

市場因素指數法　　時間數列分解法

專家預測法　　　　因果模式

個別估計法　　　　廻歸模式

小組討論法　　　　領先指標

德飛法　　　　　　擴散指標

調查預測法　　　　模擬預測

顧客意願調查

自我評量題目

1. 試舉例說明如何估計市場總需要？

2. 如何運用「商品標準分類」來估計工業產品之需要？

3. 試說明專家預測法之種類及其優缺點？

4. 何謂銷售員意見綜合法？有何優、缺點？

5. 解釋領先指標、擴散指標之涵義及運用？

6. 試說明時間數列模式與因果模式兩者的意義。

第九章　市場區隔與目標市場選擇策略

單元目標

使學習者讀完本章能

● 說明區隔市場觀念

● 說明市場區隔之程序

● 指出有效區隔市場的條件

● 列出用來區別市場的各類情境有關的變數

● 比較無差異行銷、差異行銷和集中行銷的差異性

摘要

市場之所以需要區隔，乃因顧客對產品的需求有差異。顧客的偏好可分為同質偏好、擴散偏好和集群偏好三類，集群偏好最適合進行區隔市場。

區隔市場的程序為：1.定義及描述市場，2.選擇區隔變數，3.分析顧客資料找出區隔市場，4.評估區隔市場之效果。

區隔市場可採用個人有關的變數，包括人口統計、地理和心理性變數等。也可採用情境有關的變數，包括購買情境、產品使用情境和對行銷組合的反應等。

選擇目標市場時，有三種市場涵蓋策略，即無差異行銷、差異行銷和集中行銷。選用某一策略時，應考慮公司資源、產品的同質性、產品生命週期、市場同質性及競爭者之策略。

選擇適當的目標市場和設計適合目標市場的行銷組合策略，是行銷策略成功的兩個要件。如何選擇最具有吸引力，而又適合公司本身資源條件及競爭環境的目標市場，是行銷理論研究及實務上最重要的問題之一。本章將摘要介紹區隔市場和選擇目標市場之策略。

壹、市場區隔的基本理論

一、區隔市場觀念

許多公司都曾發現，它不可能服務或吸引市場中全部的購買者。因為購買者人數眾多，分佈廣泛，而且往往有不同的購買習性與要求，所

以各個競爭者均能以其最有利的條件，服務某一特別的市場區隔。因此，每家公司應該選擇對其最具吸引力的市場，有效地提供服務。這種區隔市場的觀念可稱為目標區隔行銷(target segment marketing)。

目標區隔行銷是指銷售者將整個市場區分成許多不同的部分之後，從中選擇一個或數個小市場區隔，針對該目標區隔擬定產品及行銷策略。例如：可口可樂為想要減肥的消費者設計特殊低熱量的 Diet Coke 飲料，以因應這類消費者的需求。香港的香菸公司也針對女性推出女性專用香菸，為喜好名牌者，推出高價位的名牌香菸。

二、區隔市場的原因

市場之所以需要區隔，主要的原因是顧客對產品的需求具有差異性。有些產品的購買者，對產品的需求或對行銷活動的反應相當接近。例如：鹽的購買者，不論在品質、數量、價格等因素，需求大致相同，這種產品不太需要區隔。另一方面，有些產品的購買者對產品的需求或對行銷活動的反應有相當大的差異，例如，女性服飾產品的購買者，需要不同的式樣、尺寸、顏色、質料和價格等。這一類市場是由需求和興趣不同的顧客集群所構成的，是有需要加以區隔的市場。

為決定顧客對一種產品屬性，如品質、價格、式樣等的偏好，我們可以訪問一些消費者，請他們列出在購買該產品時，特別注重的屬性。假設消費者在購買汽水時，指出最重視甜度和含氣量兩種屬性，每位消費者還需指出其心目中偏好的品牌位於這兩種屬性上的那一點。顧客偏好可以表現在這張產品空間圖上，橫軸代表甜度，縱軸是含氣量，每一點代表一個消費者的偏好。顧客的偏好型態，通常可以歸納為下列三種類型：

1.「同質偏好」(homogeneous preference)：如圖 9-1(a)表示市場中全體消費者大致有同樣的偏好。至少就這兩項屬性而言，這市場沒

有「自然區隔」(natural segments)。因此我們可以預料，現有的各種品牌將很相似，而且皆定位於偏好的中心。

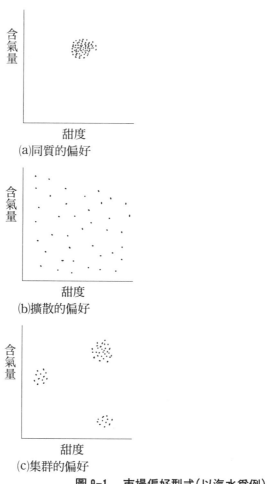

(a)同質的偏好

(b)擴散的偏好

(c)集群的偏好

圖 9-1　市場偏好型式（以汽水爲例）

2.「擴散偏好」(diffused preference)：另一種極端情況，是消費者的偏好分散在整個空間各處，如圖 9-1(b)所示，顯示消費者對產品的偏好均不相同。假如市場只有一種品牌，它可能會定位於中心位置，以期吸引大部分的消費者。這種定位能把全部消費者的不滿足降到最低。

假如有新競爭者出現，它可能會定位在第一種品牌附近，和它互爭市場占有率，或者也可能定位在角落，來吸收那些不滿意中心品牌的顧客。假如市場出現許多競爭者，他們可能在市場的各部分尋求立足點，希望顯示其真正差異以滿足消費者不同的偏好。

3.「集群偏好」(clustered preference)：第三種類型是消費者的偏好，形成若干個不同偏好的集群，如圖 9-1(c)所示。此種市場適合進行區隔，劃分爲不同偏好的市場區隔，而後選擇適當的目標市場。

貳、市場區隔的程序

區隔市場的程序包括四個步驟，如圖 9-2：

圖 9-2　區隔市場的程序

1.定義及描述市場。

2.選擇區隔變數。

3.分析顧客資料發現區隔。

4.區隔市場效果的評估。

以下摘要說明每一步驟：

一、市場的定義及描述

在進行區隔時，首先必須明確的定義和描述市場的領域。一開始行銷人員對其所經營的市場，給予最廣泛的定義，而後逐步的對這個市場給予更明確的定義和描述，縮小了其所服務的市場的範圍和對象。例如：某一家玩具製品公司，對整體市場的定義中，其顧客包含了所有的人，

而其產品則可能包含了所有的玩具，經過一連串的區隔市場及選擇目標市場的過程後，最後以適合 5 至 6 歲的兒童玩具車為目標市場。

在定義市場時，一般採用的構面常是產品有關的構面，例如：錄影機市場、玩具市場等。其實，顧客的需求才是最核心的觀念，顧客購買不同類型的產品是因為想要得到不同的功能，而不同類型的顧客對產品功能的需求也會有所差異。產品是能夠滿足某種特定需求，或者能夠提供某種特定利益的一些財貨或服務，顧客則是有購買力並且願意用購買力來滿足某些特定需求的人，兩者的核心觀念都是需求。

在定義市場時，宜由顧客想要滿足的各種功能性需求著手，這些功能性需求宜加以明確的說明。例如：把到理髮店或美容院洗頭的顧客所追求的功能性需求描述為舒適，就稍嫌不夠明確，應進一步說明是何種舒適的感覺，清潔頭髮後所產生的舒適感覺，和按摩頭部所產生的舒適感覺有很大的不同。顧客所追求的可能是不同的舒適感，在定義市場時，宜詳細描述顧客所欲滿足的各項功能性需求。

除了顧客的功能性需求外，顧客類型、產品類型、技術類型、地理區域隔等都可作為定義市場的良好構面，行銷人員可以同時採用這些構面來定義及描述其產品市場。例如：Abell 就認為市場的定義是以各種替代性的技術來提供某些特定功能給特定顧客群。他的定義中包括了顧客類型、顧客功能及技術類型三個構面。

二、選擇區隔變數

在選擇區隔變數的基礎時，行銷人員最大的難題並非是缺乏區隔的基礎，反而是因為可用來區隔市場的基礎太多，而面臨了抉擇上的困難。幾乎所有消費者購買行為有關的變數，都可用來區隔市場，銷售人員又如何曉得應當使用那些區隔變數呢？有一種方法就是訪問部分消費者，發現這些消費者作購買決策時，決策的種類、順序及最能影響決策的變

數。例如許多消費者在買汽車時，先決定他們想要的品牌，然後再決定汽車的型式。我們必須設法了解那些變數最能影響其品牌和型式的決策。行銷人員需根據行銷理論及其經驗來選擇較佳的區隔變數，有時還需嘗試多種變數後才能找到最適當的區隔變數。

三、分析顧客資料發現區隔

行銷人員可採抽樣方式訪問一些購買者，針對所選定的區隔變數來蒐集資料。然後利用各種統計的方法來分析這些資料，就可以從中發現許多有意義的市場區隔，用來分析市場區隔的方法很多，從最簡單的交叉分類分析，到比較複雜的多變量分析，如因素分析、集群分析等，都可以採用。例如：Lessig 和 Tollefson 以集群分析方法，先依購買行為變數，將消費者加以區隔，產生了八個集群（每個集群可代表一個區隔市場），而後又依個人特徵變數再進行區隔，發現兩類區隔變數所產生的集群間有顯著的相關。

四、評估區隔市場之效果

經上述區隔分析的方法產生多個市場區隔之後，行銷人員須以下列標準來評估區隔的結果，是否可用來制定其行銷策略。

㈠**每一區隔內的同質性**：在同一區隔內的顧客，對產品的需求或對行銷變數的反應等，各方面的同質性是否夠高。

㈡**不同區隔間的異質性**：不同市場區隔的顧客，對產品需求或對行銷變數的反應等，各方面的異質性是否夠高。

㈢**足量性**：區隔分析所產生的市場區隔是否會太小太細，使每一市場區隔沒有足夠的銷售及利潤的潛量。例如家俱公司如果要為二百公分以上的人特別設計床舖，很可能不太划算。

㈣**可辨認性**：各市場區隔的顧客是否可以有效的辨認和描述。若區

隔時所選擇的區隔基礎，本身較難用來確認顧客，是否能以另一群描述變數來描述這些市場區隔,亦卽區隔基礎和描述變數間的相關是否夠大。

㈤**可接近性**(accessibility)：行銷人員對這些市場區隔的顧客，是否能有效地進行溝通，其產品或服務是否能有效的送達顧客手上。例如某公司爲經常深夜回家的女性，設計了一種防身器，這家公司必須設法找出這些婦女經常購物的地點，或常接觸的媒體，否則就很難接觸到這些顧客。

根據上述標準評估的結果，若認爲無法根據這些市場區隔來制定行銷策略，則最好能再重新檢討，考慮市場的定義和描述是否適當，而不僅是選擇另一組區隔基礎，重新進行一次區隔分析。

叄、市場區隔所根據的因素

區隔市場的方法不是唯一的，我們可採用不同的變數，用許多不同的方法同時來區隔市場，以眞正能深入瞭解市場的結構。可用來區隔市場的變數很多，一般而言，可分爲個人有關的變數和情境有關的變數兩大類。以下分別說明這兩大類變數：

一、個人有關的變數

個人有關的變數是指和消費者本身有關的一些變數，又包括人口統計變數、地理變數及心理性變數三類。

以下摘要說明各類變數的區隔方式：

㈠人口統計變數的區隔

「人口統計的區隔」(demographic segmentation)是依據人口統計變數來區分市場。銷售者可以依年齡、性別、家庭人數、家庭生命週期、所得、職業、教育、宗敎、種族與國籍等人口統計變數，將市場劃

分成不同之群體。人口統計變數長久以來即常被用爲區隔消費群體的基礎，其主要理由是由消費者的欲求、偏好及使用率等，均與人口統計變數有極大的關係；另一原因則是這些變數易於衡量。甚至以非人口統計變數（例如人格）區隔的目標市場，亦須藉助於人口統計變數，俾能瞭解目標市場的大小及如何有效觸及該市場。此處，我們將詳細討論區隔市場常用之人口統計變數。

1.年齡與家庭生命週期階段

消費者欲求與消費能力隨著年齡在變。出生六個月的嬰兒，所需要的產品不同於三個月大的嬰兒。某玩具公司瞭解到這一點，遂設計十二種不同的玩具，以供三個月至一歲的嬰孩使用，譬如有一種玩具適合於剛在學抓東西的嬰兒，另一種玩具則適合於剛會抓東西的嬰兒。這種區隔策略之好處是，父母或贈送禮物者只要知道嬰兒的年齡，即可很容易地找到適當的玩具。

年齡或生命週期有時也會是個令人捉摸不定的變數。例如，福特汽車公司(Ford)在促銷其野馬車(Mustang)時，也是依照目標市場購買者之年齡去設計，公司認爲野馬車適用於年輕人，是經濟而又具有跑車性能的汽車。然而，出乎公司意料之外，此型汽車的購買者卻都是較年長的一群，福特公司後來才瞭解其目標市場的購買者是心理上的年輕者，而不是年齡上年輕的人。

2.性別

很久以來，許多產品及服務如衣飾、整髮、化粧品與雜誌等，都以性別來區隔市場。其他產品或服務亦能以性別爲區隔之基礎，香菸市場就是個很好的例子。以往多數品牌的香菸均是男女適用，但是近來標榜女性品牌的香菸漸漸地增加，它們以適當的味道、包裝與廣告爲線索，以增強目標市場的印象。另一開始注意到性別區隔的行業，就是汽車業，過去的汽車都是針對家庭的所有男女成員而設計，沒有所謂的男用車或

女用車，但是隨著職業婦女的增加，女人擁有汽車者愈來愈多，祥瑞汽車就特別強調其車型能滿足婦女的需要。山葉電子琴班，以年輕女性上班族為目標市場，招生情況相當良好。

3.所得

所得亦是汽車、遊艇、衣飾、化粧品及旅遊等產品或服務常用的區隔方法，其他行業有時也有引用的機會。譬如日本的 Suntory 製酒公司，曾經產銷每瓶七十五美元的威士忌酒，以吸引那些講究身份和氣派的顧客。

和年齡一樣，單看所得有時也不見得能確定產品的購買對象。例如在美國通常人們認為雪佛蘭(Chevrolets)車專門為勞工階級所購買，而凱廸拉克(Cadillacs)車專門為管理階層所購買。可是事實上，許多中等所得家庭皆購買雪佛蘭車(通常作為第二部車子)，而有些勞動階級家庭卻購買凱廸拉克車(譬如高所得的水電工人或木匠)。勞動階級亦是昂貴彩色電視機的購買常客，因為對他們而言，購買這些電視機要比出外看電影或上館子便宜得多。

㈡地理變數之區隔

「地理變數之區隔」(geographic segmentation)是將市場區分成不同的地理區域。例如國家、省縣、城市或鄉鎮。

地理之區隔常採用下列的變數：

1.地理區域：消費者的需求常因地理區域的不同而有顯著的不同。例如，一家大型童裝連鎖店業者，曾對不同地區父母購買童裝行為做過分析，發現北部的家長，一般較喜愛設計簡單、舒適、重視質料與觸感的童裝，很在意是否純棉；在中南部，家長們較偏愛繁複的款式，對式樣的重視程度遠超過質料本身，且偏愛鮮麗顏色，由於北部與南部消費者喜好的口味不同，所以業者在批貨時，會有所區隔。

2.人口密度：人口密度對產品的需求也有很大的影響，人口愈密集

的都市，對鐵窗、鐵門的需求也就愈強。

　　3.氣候：建築、家電、服飾等各種產品的需求常受到氣候的影響。例如靠海邊的建築物，門窗必須選擇防銹較佳的材料。多雨的地區對除濕機、乾衣機、雨傘及雨衣的需求較強烈。愈悶熱的地區，冷氣機的銷路愈好，買衣服時也愈重視吸汗、透氣等特性。

　　㈢心理性變數之區隔

　　根據各種心理統計變數，將顧客劃分為不同的群體，包括社會階層、生活型態及人格等。

　　1.社會階層

　　每個人所處之社會階層，對汽車、衣服、裝飾品、休閒活動、閱讀習性及零售商等之偏好均有莫大的影響，許多公司就以特定之社會階級為目標市場，設計能吸引他們的產品或服務。

　　2.生活型態

　　顧客對產品的興趣受其生活型態的影響，甚至可以說顧客的消費行為正是他們生活型態的寫照。目前以生活型態來區隔市場的行銷者與日俱增，例如美國某家牛仔裝廠商曾經針對各種不同生活型態集群的男士，來設計牛仔裝，這些不同生活型態的男士集群，包括：「追求成就者」、「縱情享樂者」、「傳統的標準丈夫」、「企業領導者」或是「卓然有成的傳統主義者」。不同的集群需要不同的服裝設計、售價、廣告文案、銷售通路等，公司必須認清它的主要目標市場，否則它設計的牛仔裝將乏人問津。

　　3.人格

　　行銷者也曾使用人格變數來區隔市場，他們塑造產品適當的品牌個性（品牌形象、品牌觀念），以吸引相對應的消費者人格（自我形象、自我觀念）。在西元一九五○年代晚期，福特和雪佛蘭兩種品牌汽車的買主被視為具有不同的人格個性。福特車之買主具有「獨立、衝動、男性化、

應變力強及自信」等個性，而雪佛蘭之車主具有「保守、節儉、希望被尊重、較不男性化、避免極端」等個性。美國安布釀酒公司曾將喝酒的人區分為純交際應酬者、陪人小酌者、豪飲者和酗酒者四種人格型態，安布公司分別設計不同的廣告訊息，並採用不同型態的媒體來吸引不同型態之飲酒者。

二、情境有關的變數

情境有關的變數是指和產品的購買及使用情境有關的變數，包括購買情境、產品使用情境及對行銷組合的反應三類。

以下摘要說明如何以各類變數來區隔市場：

㈠購買情境的區隔

購買情境會影響消費者對許多產品或品牌的抉擇；這些購買情境包括：

1.購買時機

以購買者想購買產品之時機，作為區隔之基礎。許多產品如糖果與鮮花，在一些重要節日（如婦女節、母親節或父親節）均藉機推銷，以增進其銷售量。美國有些糖果公司曾大力提倡在萬聖節恢復「請客或惡作劇」(trick or treat)之風俗，此風俗使每個家庭均準備有糖果，以便別家小孩來敲門拜訪時，贈送糖果予小孩子們，不送糖果就會被惡作劇。節日時買花或糖果與平時之購買常有不同的評估標準。

2.購買地點

行銷者也可以根據顧客所喜愛的購買地點或店舖類型來區隔市場。喜歡在委託行或名店買衣服的婦女和喜歡向攤販買衣服的婦女，屬於全然不同的類型。

3.決策時間長短

不同的消費者在購買產品時，所面臨的時間壓力各有不同，有些顧

客可以把決策拖延幾個月才完成決策，有的則必須在幾小時內就完成決策。決策時間愈短的顧客，對產品的品牌知名度可能愈為重視。

4.購買行為之階段

消費者在購買產品時，常處於各種不同階段的購買行為。有些人並不知道有某種產品，有些人則已知此產品，有些人瞭解得相當清楚，有些人對此產品相當有興趣，有些人極想要購買，有些人則即將購買。各個階段相對人數之多寡，對於行銷方案之設計，就有很大之影響。例如衛生機構要鼓勵新生兒注射 B 型肝炎疫苗，以預防 B 型肝炎，剛開始時，大眾可能都不知道此種預防注射，因此其行銷力量要傾注於大量的廣告，利用簡單訊息使大眾瞭解。假使初步階段成功，市場上有許多人曉得 B 型肝炎預防注射後，此時廣告的重點要放在注射 B 型肝炎疫苗的優點和不注射的缺點上，因此可引發人們到想要試試的階段。一般而言，行銷方案會不斷隨著購買行為之演進而變化。

㈡**產品使用情境的區隔**

1.追求利益

依購買者從產品中追尋的利益來區隔市場，是相當有用的。約克洛維(Yankelovich)曾引用利益區隔法來研究鐘錶市場，他發現「大約23%購買者著重低價格，46%著重鐘錶耐用性及其一般品質，而31%著重鐘錶所代表的特徵。」味全低脂鮮奶則頗符合年輕女性怕胖愛美的心理，因此頗受此類「怕胖族」的歡迎。

使用利益區隔法，首先須知道消費者使用產品，所追尋的主要利益是什麼？然後研究追求某種利益的消費者是那些人？以及有那些品牌接近該種利益？利用利益區隔法最成功的例子之一是由 Halay 所作之牙膏市場研究。他發現依顧客所追尋之利益可分成四個利益區隔：經濟、醫療、美容與味道。每一利益區隔都有特別之人口統計特徵、購買行為及心理統計等特徵，例如追求預防蛀牙之利益者多數為大家庭，他們都

常用牙膏，且較傾向保守型的生活型態。

每一區隔市場都有較偏好的品牌，牙膏公司可由此研究結果瞭解它的產品最吸引那一區隔的消費者，其特徵為何？主要競爭品牌為何？也可研究現有競爭產品所缺乏之利益，然後另外再發售一新品牌，俾能提供此項利益。

2.使用時機

市場可依購買者的使用時機來區隔，某公司曾為消費者發展各種使用時機之音樂，例如早晨散步專用音樂，背景音樂逐漸增快，係專為上班族和通勤學生所設計；慢跑音樂則純粹為了滿足健身者的需求；減肥中的婦女也有專用音樂可用，叫「節食步行音樂」；想跳有氧舞蹈，不但有專門音樂，而且節奏和節拍還特別強調經過設計；此外，開車乃至騎腳踏車也都有專用音樂。

3.使用率

市場亦可依產品的使用率加以區隔，分為「從不使用」、「很少使用者」、「尚常使用者」及「經常使用者」四個集群。經常使用者可能僅佔市場的一小部份，但其消費量卻佔相當大之比例，如以啤酒為例，某研究顯示有68%的受測者不喝啤酒，剩下32%則依使用率分為輕重兩半，其中16%為很少飲用者，其消費量僅佔12%，經常飲用的16%，佔總消費量的88%，為前者的七倍強。因此很明顯地啤酒公司較喜歡招徠經常飲用之顧客，大多數的啤酒公司也確實把目標放在嗜好啤酒的人。

經常使用者往往具有某種共同的人口統計特徵、心理統計特徵以及接觸媒體的習慣。常喝啤酒者多為勞動階層（很少使用者的社會階層較高），其年齡約介於25歲至50歲（很少使用者為25歲以下與50歲以上），每天看電視的時間約超過三個半小時(很少使用者少於兩個小時)，而且較喜歡看運動節目。這些資料均有助於行銷者擬定價格、訊息及媒體等策略。

(三)對行銷組合的反應

1.對產品的態度

顧客可依其對產品熱中的程度予以分類，大體上可分成五種態度——狂熱、喜歡、無所謂、不喜歡及敵視。挨家挨戶拜訪選民的候選人可依選民的態度來分配他拜訪的時間，他得向狂熱擁護者致謝，並提醒他們去投票，討好那些喜歡他或無所謂的人；而不花時間去改變那些對他有敵意或不喜歡他的選民之態度。顧客的態度與人口統計變數愈相關，則愈能有效地打入最有潛力之顧客群。

2.價格敏感度

消費者對價格有不同之敏感度，行銷者可以根據消費者對價格的反應來區隔市場。在對價格較爲敏感，價格彈性較大的區隔市場中，減價、特價活動往往是非常有效的促銷活動。

3.對廣告的態度

消費者對廣告訊息有不同的態度，有些消費者認爲廣告可以提供有用的資訊，增加購買決策所需的資訊。有些消費者則認爲廣告大多是誇張騙人，而排斥各種廣告的訊息。行銷者可根據消費者對廣告的態度來區隔市場，擬定不同的產品和溝通策略。

4.忠誠性

一個市場亦可依消費者的忠誠型態來區隔，消費者可忠於品牌（如喜年來）、忠於商店（如統一超級商店）或其他個體。品牌忠誠性高之市場，是表示擁有較多的死硬忠誠者。譬如，牙膏及啤酒市場均是品牌忠誠性相當高的市場。在這種市場銷售之公司，須經過一段艱難的努力方能提高其占有率，而欲進入此市場的新廠商，也要經歷一段困苦的奮鬥方能打入市場。

公司分析其市場之忠誠性型態，可以對市場有深入瞭解。首先當然需研究本公司死硬忠誠者的人口統計及心理統計的特徵如何，例如如果

了解使用旁氏香皂之死硬忠誠者大多是中產階級，擁有大家庭及注重衛
生的人，就可清晰的描繪出旁氏香皂的目標市場。

然而，在研究消費者時，公司人員應注意到，有時表現品牌忠誠性
之購買行為可能僅是反應消費者的習慣，或是消費者認為無所謂，或因
價格較低，也可能是因為沒有其他可用的品牌。因此，品牌忠誠性的觀
念有時候也相當模糊，在應用上應特別注意。

肆、目標市場的選定

區隔市場後，公司可以看出各市場區隔之機會。接著公司必須評估
各個不同的區隔，並且決定服務多少個區隔，以下我們就逐一討論每一
決策。

一、市場區隔的評估

假設公司已經確認許多市場區隔，為了選擇目標市場，公司首先必
須評估每一區隔的潛在銷貨額和利潤，下一章將介紹各種估計的方法。

一、市場涵蓋策略

公司必須決定它的市場涵蓋策略，也就是說，公司將服務多少個市
場。公司可能採用三種市場涵蓋策略之一，即無差異行銷（undiffer-
entiated marketing）、差異行銷（differentiated marketing），和集中
行銷（concentrated marketing）。這三種策略如圖 9-3 所示，並討論如
下：

㈠無差異行銷
採行無差異行銷之公司不重視各市場區隔的差異性，而把整個市場
視為一個整體，把行銷重點放在人們需求之共同處，而非差異處。公司

所設計的產品和行銷方案都是以吸引廣大消費者為目的，使用大量配銷
通路及大量廣告，以使人們初對其產品有特別良好的印象。臺灣早期的
速食麵如生力麵都只有一種口味、一種包裝，來銷售給所有的消費者，
這是一個最好的無差異行銷例子。

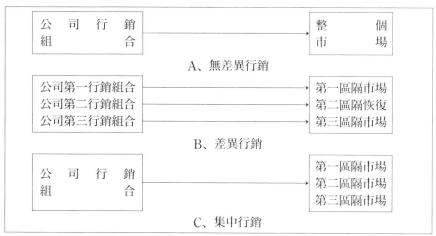

圖 9-3　選擇目標市場之三種可行策略

　　贊同無差異行銷者，主要理由是在於節省成本，符合「標準化」和
「大量生產」的原則。產品線範圍小，可以降低生產、存貨及運輸等成
本。無差異之廣告方案，可使公司享受高額的媒體折扣，而且因不必進
行區隔市場所需的行銷研究及規劃，故也可以降低行銷研究成本和管理
費用。

　　實行無差異行銷策略的公司，一般皆針對最大的區隔市場來發展產
品及行銷計畫。當數個公司都如此做時，則將在最大的區隔市場內導致
劇烈競爭，而較小市場的需求卻不能獲得滿足。例如，1970 年代美國的
汽車公司只重視生產大型汽車，小型車的市場則被忽視了，Kuehn 及
Day 認為這種做法是「多數之謬差」（majority fallacy），因最大區隔市
場競爭太劇烈，故其獲利能力並非最高。

　　㈡差異行銷

在差異行銷策略下，公司決定在兩個或幾個區隔市場內經營，針對每一區隔市場，分別設計不同的產品及行銷計畫。近年來採行差異行銷策略之公司日漸增多。我國的速食麵廠商，近年來已大量的推出各種不同的口味和包裝的速食麵，來滿足不同區隔市場的顧客。口味方面有香菇、牛肉、雞絲、肉燥、素食等不同的變化。包裝方面也有袋裝、碗裝、盒裝等不同的方式。

差異行銷之效用在於較無差異行銷創造出較高的銷售額，「通常產品線及產品通路多樣化之後，常可獲致高的銷售額」。但是，毫無疑問的，差異行銷勢將會增加許多的營運成本。

差異行銷策略可能創造較大的銷售量，但同時也會提高公司之成本，所以事先很難判斷採行此策略是否有利。事實上有些廠商發現，他們的產品太過於差異化，品牌太多，乃著手減少市場區隔之數目或擴大每種品牌之基本消費者，增加每一品牌之銷售量。例如嬌生公司將嬰兒洗髮精，推廣到成人的區隔市場，而不推出新的產品。

㈢集中行銷

第三種策略就是集中行銷，尤其當公司之資源有限時，它們可全力爭取一個或幾個次級市場之大部份，而不需把重點置於爭取一個大市場中之小部份。

我們可以舉出幾個集中行銷的例子：德國的福斯汽車公司(volkswagen)一向都集中全力於小型汽車市場之發展，臺灣的華泰書局一向致力於經濟與企管方面教科書之出版，而松崗圖書公司則專門出版電腦的書籍。採行集中行銷策略之公司，因為對某特定區隔市場之需求情況較能掌握，所以在其專注之市場中，往往可獲得較有利之地位及商譽。尤其當生產、配銷及促銷專業化之後，公司可享受許多作業性的經濟利益。因此只要能正確地選擇市場區隔，公司定能得到較高的投資報酬。

但是公司採行集中行銷所冒之風險，遠較其他策略為大，因為其所

精選之區隔市場可能由某因素而突然轉壞，譬如年輕仕女曾有一陣子不再購買運動衫，這使得專門經營女性服飾的 Bobbie Brooks 公司隨即轉盈為虧。另外一個風險是其他廠商眼紅也進入同一市場區隔競爭，以致利潤降低。基於這些原因，許多公司喜歡在多個市場區隔中行銷。

重要名詞與概念

市場區隔	生活型態
目標區隔行銷	情境有關之變數
同質偏好	忠誠性
擴散偏好	無差異行銷
集群偏好	多數的謬誤
個人有關的變數	差異行銷
人口統計變數	集中行銷
地理變數	心理性變數

自我評量題目

1. 試說明顧客偏好型態與區隔市場的關係。

2. 試說明區隔市場之程序。

3. 請說明有效區隔市場的必備條件。

4. 請舉例說明如何應用各種人口統計變數來區隔市場？

5. 請舉例說明如何應用各種心理性變數來區隔市場？

6. 請解釋利益區隔法，自行車有那些潛在的利益區隔？

7. 請比較說明三種市場涵蓋策略？

8. 何謂多數的謬誤？它是否意謂廠商應該放棄較大的市場區隔？

9. 何以「經常使用者」對行銷人員相當重要？重視經常使用者是否可能導致多數的謬誤？

第十章　產品決策與管理

單元目標

使學習者讀完本章後能

● 舉例說明產品的三個層次

● 列舉消費品與工業品的分類

● 說明產品線和產品組合之管理

● 說明品牌的定義和功能

● 說明廠商必須考慮的品牌決策

● 說明包裝的功能及主要的包裝決策

● 分辨標示的種類並說明標示的重要性

● 舉例說明廠商如何考慮其服務決策

摘要

　　凡是在交易過程中，顧客所接受的一切事物(有利或不利)，均可謂之產品。產品可以三種不同的層次定義之：核心產品是顧客購買產品所追求的利益；有形產品是基本的實體產品；附增產品則不僅包含有形要素，同時還附隨著服務或保證等特性。

　　消費品是預定供最終消費者使用的產品。我們可以根據消費者在選購產品時所投注的心力多寡，將消費品分爲：1.日用品或便利品，2.選購品，3.特殊品三類。

　　工業品係可供購買者製造其他產品或維持組織營運的產品。工業品可依其特性及用途分成：1.原料、材料和零件，2.資本財，3.物料及服務三大類。

　　有關產品的觀念，包含產品項目、產品線、產品組合等，而一個公司的產品範圍則可用產品組合廣度和產品線長度兩個向度來說明。在瞭解以上概念之後，才可從事產品線與產品組合的各種決策。

　　品牌是產品的名稱、符號、設計，或其合併使用，它可用於識別特定廠商的產品，使之與競爭者的產品有別。品牌可以保護廠商權益，協助廠商促銷產品，協助消費者辨認產品，增加消費者心理滿足。廠商必須考慮的品牌決策包括：1.產品是否冠上品牌，2.如何保護品牌，3.採用製造商品牌或經銷商品牌，4.採用個別品牌或家族品牌，5.新產品是否要沿用既有品牌，6.同一產品是否要採行多品牌策略。

　　一般的包裝可分爲三層，直接容納產品的稱爲基本包裝，保護基本包裝的稱爲次級包裝，最外層爲了儲存、裝運等目的所加的包裝稱爲裝運包裝。

　　標示的功能包括：1.辨認產品，2.區別產品的等級，3.提供產品製

造、保存和使用等重要的訊息，4.促銷。

　　對於實體產品，廠商可提供附帶服務，廠商必須考慮服務組合及水準、服務方式及提供服務的組織。

　　產品是公司滿足顧客需求之最重要的工具，公司的產品如果無法滿足顧客的期望和需要，而又無法有效的改善其缺點，公司的前途將會十分危險。產品策略是行銷組合策略中相當重要的一環，行銷組合中的其他策略，如定價策略、配銷通路策略和促銷策略，都必須和產品策略密切地配合。本章將介紹產品的觀念、產品的分類，而後說明品牌、包裝、標示和服務等各種產品策略中的基本決策。

壹、何謂產品

一、產品的定義

　　一雙黑豹球鞋、在學校福利社的一次理髮、一場鄧麗君的演唱會、一次澎湖的度假旅遊，以上這些「事」或「物」都可稱之為產品。產品(product)的定義如下：

　　「產品」是在交易的過程中，顧客所接受的一切事物（包括對顧客有利和對顧客不利的一切事物）。「產品是由各種有形的(tangible)和無形的(intangible)屬性所構成的複合體。」產品提供了功能、社會和心理等各方面的效用和利益。所以產品可以是一個觀念、可以是一種服務、可以是一種貨品，也可以是這三者所組合而成的。

二、核心產品、有形產品與附增產品

　　產品有三種不同的層次，那就是核心產品(core product)、有形產

品(tangible product)與附增產品(augmented product)。圖 10-1 說
明了各層次產品的內涵。最基本的層次是核心產品，此乃顧客購買產品
時真正想要的東西。實際上，每一種產品都是在幫助顧客解決問題。例
如：婦女購買唇膏，不只是買嘴唇的顏色，露華濃公司認為，他們在工
廠製造的是化粧品，但在商店銷售的是希望，顧客所要買的是青春美麗
的希望。同樣的，牛排店賣的不是牛排，而是它的滋滋聲。行銷人員的
任務是挖掘隱藏在產品背後的真正需求。我們賣給顧客的是，產品所能
帶給他們的「利益」(benefit)，而不是產品的「功能特色」(feature)。
如圖 10-1 所示，核心產品是整個產品的中心。

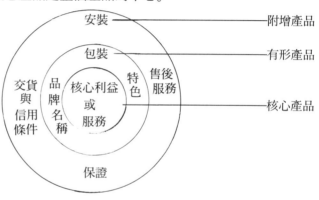

圖 10-1　產品的三個層次

　　產品策劃人員必須把核心產品轉變成有形的東西，才能把顧客所期
望的利益帶給他們，這個層次便稱為有形產品。香水、電腦、音樂會、
政治候選人等都屬於有形產品，假如有形產品是有實體的物品，那麼它
應該有五種特徵：品質水準、功能特色、式樣、品牌名稱以及包裝。

　　最後，產品策劃人員應該決定隨著有形產品，要提供那些附加的服
務或利益給顧客？換句話說，他們要製造附增產品。例如：雅芳化粧品
的附增產品，如人際間的交往和接觸、送貨到家、不滿意保證退錢等，
是它成功的主要因素。當其他電腦公司忙著向潛在買主說明其電腦的功

能特色時, IBM 公司已經注意到顧客要買的是解決問題的服務, IBM 在廣告中宣稱他們賣的是結果, 而不是電腦的硬體。顧客需要電腦使用說明、軟體程式、程式設計、快捷的修護以及使用保證等附增產品, 才能順利而安心的使用電腦。IBM 公司賣的是整個資訊系統和結果, 而不只是一部電腦, 這是 IBM 成功的主要因素。

貳、產品的分類

產品可分爲工業品和消費品, 工業品包括1.原料材料及零件, 2.資本財, 3.物料及服務。消費品包括1.便利品, 2.選購品, 3.特殊品。以下進一步說明各類消費品和工業品的特色和行銷上的一些考慮。

一、消費品

㈠日用品(convenience goods)

日用品又稱爲便利品, 是一般消費者經常購買、購買時不費時間和精力去選擇的消費品。這種產品的特色是: 單價通常比較低、消費者比較熟悉, 一旦有需要就想立刻加以滿足, 而且如果同一種產品有很多的品牌, 每種品牌所能提供的滿足程度也很接近。日用品的範圍很廣, 例如香菸、餅乾、書報雜誌、牙膏、香皂等一般雜貨都是。這些產品購買的次數多, 每次購買的數量少, 消費者對同一類產品各種品牌的特點也都比較了解, 因此購買時不需要銷售人員的協助, 適合在自助式的商店、市場出售。

許多便利品零售商都採取自助式(self-service)的行銷。整個促銷重任, 轉移到製造商, 因此他必須密集廣告, 以造成其品牌的認知及偏好。此外, 自助式零售方式, 使購買點的陳列及包裝變得更加重要, 此外銷售點的促銷也很重要(point of sale), 因爲對衝動購買者都會產生重大

的影響。

㈡選購品(shopping goods)

選購品和便利品剛好相反，一般消費者比較不常購買，對於這類產品比較缺乏充分的認識。消費者在購買這些產品以前，往往會發現不同的商店或不同的品牌，在價格、品質和樣式等各方面，有明顯的差別，這些差別會影響到他的滿足，因此會花比較多的時間和精力，對各家商店或對各種品牌加以比較。女人的珠寶、服裝、家具及一般耐用品等都屬於選購品。

㈢特殊品(speciality goods)

這種產品有獨特之處，對消費者有特別的吸引力，使消費者願意花費相當的時間和精力去購買。特殊品與日用品、選購品不同之處在於這種產品對消費者相當重要、相當有吸引力。如果他所需要的商品或者品牌在某家商店買不到，他寧可跑到比較遠的地方去買，或者是等到他所偏好的商品或品牌到貨後再去購買，而不願隨便接受其他的代替品。這類商品包括音響組合、攝影器材與名貴的手錶等。

二、工業品

工業品是用來生產其他產品或者提供公司作業上使用的產品，又可分為三類:

㈠原料、材料和零件

原料、材料和零件是完全進入產品製造過程的工業品，它們經過製造的過程而成為製成品的一部分。這類產品又可分為原料、加工材料及零件三類。原料又包括農、漁、牧產品（小麥、棉花、漁產、牧產等）和林、礦產品（林產、礦產）兩類。加工材料包括鋼鐵、水泥等已經加工過，但仍需進一步製造的材料。零件則是指馬達、輪胎等各種可以組合成產品的一些組件。

㈡**資本財**(capital items)

資本財是指從事生產時所用的各種設備，這些設備可分為兩類：一類是廠房、機器、電腦等各種主要設備；另一類是手工具、堆高機及打字機等各種輔助設備。

㈢**物料及服務**(supplies and services)

物料及服務是用來幫助生產，使生產過程更加順暢的產品。物料包括有潤滑油、鉛筆、打字紙、油漆等各種產品，而服務則包括掃地、修理打字機、管理顧問、廣告企劃等各種服務。

叁、產品線和產品組合之管理

行銷者必須了解公司行銷的各種產品之間有何種關係，方能協調所有產品的行銷活動，產生較佳的績效，以下先說明產品線和產品組合之意義，而後分別說明產品線及產品組合之各項管理決策。

一、產品線和產品組合之意義

下列觀念對說明產品間的關係相當重要：

㈠**產品項目**(product item)

產品項目是指一種特定的產品，它在形式、品牌、外觀、大小或其他屬性方面有別於公司的其他產品。公司對這種產品，賦予特定的識別名稱或代號，不同的產品項目通常可以帶給顧客不同程度的滿足，在廠商的銷售目錄或發票上會單獨列出。例如 Sony 18 吋經濟型彩色電視機。

㈡**產品線**(product line)

產品線是指一群相關的產品，這群產品可能功能相似，能滿足同一種需求，可能賣給同一顧客群，可能透過相同的銷售通路或者在同一價

值範圍之內。

　　黑松公司生產一系列的清涼飲料；裕隆汽車公司生產一系列的汽車；資生堂公司生產一系列的化粧品，這都是產品線。產品線的定義中，「相關」兩個字的含義太模糊，對產品線的界定不夠明確，例如某一廠商可能將「飲料」視為一種產品線，包括汽水、沙士、果汁、果汁汽水；而另一家公司則將果汁汽水單獨視為一條產品線。

表 10-1　統一公司產品組合的廣度與產品線的長度

畜牧產品	統一雞	統一豬	統一牛								
飲料	統一咖啡	統一汽水	統一蘋果汁	統一柳橙汁	統一菊花茶	統一檸檬汁	統一楊桃汁	統一甘蔗汁	統一蘆筍汁	統一酸梅湯	統一仙草茶
速食麵	統一肉燥麵	統一炸醬麵	統一香菇麵	統一牛肉麵	統一當歸麵線	統一肉燥米粉	統一蝦仁米粉	統一滿漢大餐	科學麵		
乳品	統一鮮乳	統一純豆奶	統一奶茶	統一豆奶	統一蘋果牛乳	統一草莓牛乳					
醬製品	統一醬油	統一油膏	統一辣椒醬	統一脆瓜	統一香辣瓜	統一花生麵筋					

㈢**產品組合**(product mix)

　　產品組合又稱爲產品搭配(product assortment)，是指一家廠商所產銷的產品線及產品的總稱。有些大廠商的產品組合中，往往有上千種以上的產品項目。

　　統一公司的產品組合裏，有許多條產品線：麵粉、麵包、畜牧產品、飲料、速食麵、乳品等，每條產品線都擁有很多個產品項目。

二、公司之產品範圍

　　一個公司的產品範圍，可以用產品組合廣度和產品線長度兩個向度來說明。在表 10-1 中，我們選用統一公司的某些消費品解釋這個觀念。

㈠產品組合的廣度

　　統一公司產品組合的廣度，是指該公司擁有幾條不同的產品線。假定統一公司只有如表 10-1 所示的 5 條產品線，則其產品組合的廣度就是5(實際上該公司的產品線不止 5 條，其他尙有麵粉、麵包、油脂、奶粉、電子產品等)。

㈡產品線的長度

　　統一公司產品線的長度是指該公司產品組合裏，各條產品線所包含的產品項目，例如統一公司的飲料產品線相當長，包含很多的產品項目，而畜牧產品的產品線就比較短。

㈢產品組合一致性

　　產品組合的一致性也是一項重要的觀念，產品組合的一致性是指不同產品線在用途、生產技術、配銷通路或其他方面相似的程度。若僅從上述五條產品線來看，統一公司的產品組合一致性頗高，因爲幾條產品線同屬食品，透過同樣的配銷通路。

三、產品組合廣度決策

　　公司目前的產品組合廣度是否合適？是否要增加產品線？或者要減

少產品線？如果公司的聲譽相當好；或者技術相當優越；或者是有些剩餘的產能，增加產品線可以善用目前在市場上良好的聲譽和技術，或者充分發揮產能降低成本，如果有些產品線由於市場上的競爭過於劇烈，或者消費者的需求已經大量減少，公司應考慮是否需要減少公司的某些產品線。前面介紹的波士頓顧問團等產品組合分析模式，可以用來協助制定有關產品組合的決策。

四、 產品線長度決策

產品線經理，必須考慮產品線的長度是否合適。如果增加一些產品項目，還可以提高整條產品線的利潤，那就表示產品線太短；如果減少一些產品項目，還可以提高整條產品線的利潤，那就表示產品線太長。

產品線的長度要看公司的目標來決定。如果要成為一個綜攬全線產品的公司，或者要求高的市場占有率和市場成長率，那麼產品線的長度就該長一點，這時候即使有些產品項目未到達預定的利潤也在所不惜。如果公司注重獲利力，那麼產品線的長度就該短一點，只要包括那些較賺錢的產品項目就行了。

以下我們分別來談產品線的加長和縮短：

㈠產品線的加長

公司可以有系統地增加產品線的長度，其方式有四種：1.向下延伸2.向上延伸；3.雙向延伸；4.向中插補。

1.向下延伸：

許多公司先在市場上發展高級品，然後漸漸增加較低級的產品。美國 Beech 飛機製造公司一向以製造昂貴的私人飛機著名，Piper 公司則製造較便宜、較小型的私人飛機。幾年前，當 Piper 公司決定設計一些較大型的飛機時，Beech 公司立刻採取行動，開始設計較小型的飛機。

幾家著名的美國公司，無意經營較小型、較低級的產品，後來證明

他們大大失算。例如通用汽車公司不生產小型車子，全錄公司不生產小型複印機，因此都被日本公司乘虛而入，而且大有斬獲。

2.向上延伸

原來製造低級產品的公司為了以下的原因，也會朝向較高級的產品發展：

　　⑴較高級產品的成長率或毛利率可能較高。

　　⑵公司可能希望產品線包括低、中、高級產品。

決定產品線向上延伸也會面臨一些風險。第一、原先占據高級市場的競爭者以逸待勞，而且有可能使他們採取向下延伸的策略。第二、潛在顧客可能不相信公司有能力生產合乎品質的高級產品。第三、公司的銷售人員和配銷商可能缺乏足夠的能力和訓練來銷售這些高級品。

3.雙向延伸：

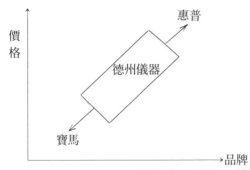

10-2　手上型電算機市場的產品線雙向延伸策略

原來以製造中級產品著稱的公司，可以跟在低級、高級產品大廠商之後，採取雙向延伸的策略。德州儀器公司(Texas Instrument)在掌上型電算器市場所採取的策略，就是雙向延伸，是一個最佳的實例。在德州儀器公司，進入這個市場之前，寶馬(Bowmay)公司在低價格、低品質的產品上居支配地位，惠普(Hewlett-Packard)公司則在高價格、高品質的產品上居支配地位，見圖 10-2 所示。德州儀器公司的第一架電算

器打的是中等價格、中等品質，然後朝兩方面延伸。它以和寶馬產品相同甚至較低的價格，賣出比寶馬產品品質還好的電算器，最後把寶馬打得一敗塗地；然後它又設計出一批高品質的電算器，以遠比惠普產品低的價格出售，搶走了一大片市場。德州儀器公司就是用這種雙向延伸的策略，在手上型電算器市場取得領導地位。

產品線如果過滿，會使線上的產品項目互相衝突，也會使顧客無所適從。公司必須要令各產品項目，在顧客心目中有所差異，也就是說各產品項目間的差異，要大到足以讓顧客感受到差異的存在。根據韋柏法則(Weber's Law)，顧客所感受到的是相對的差異，而不是絕對的差異。例如容量 100 c.c.和 150 c.c.的酵母乳，大家可以很容易感覺到它們的差異，而容量 1,000 c.c.和 1,050 c.c.的汽水，同樣只差 50 c.c.，但大家就很難感覺到它們的差異了。公司應該要確使其產品項目間的差異大到能被顧客注意到。

㈡產品線的縮短

產品線中如果充斥著銷售不佳的產品，不僅耗費公司的資金，而且往往為了挽救這些產品會耗費大量行銷資源和行銷力量。這些資源和力量如果用來發展新產品或修正現有的產品，將可產生更多的利益。因此公司必須有計畫的淘汰不良的產品。

五、產品線特色決策

產品線經理通常會選擇一個或數個具有特色的產品項目，以吸引顧客對這條產品線的注意。有時候產品線經理會促銷一些線上較低級的產品，做為「創造人潮的產品」(traffic builder)，以製造銷售聲勢。例如遠東百貨公司，在假日時常推出一些特價的襯衫、時裝，以吸引顧客到襯衫或時裝部門去選購。最近勞斯萊斯公司(Rolls Royce)也宣佈推出訂價僅 5 萬美元左右的經濟型車子，而該公司高級的車子訂價在 10 萬美

元以上，其目的也是吸引人們到它的汽車展售店去，一旦到了店裏面，推銷員會說服顧客購買較高級的車子。

六、產品線更新決策

有時候產品線的長度還算適中，但是其中的產品項目却需要更新。例如某公司的電扇產品線看起來像三十年前的東西，那麼它的市場可能會被競爭者那些造型較好的產品線所奪取。

產品線的更新可由三個方向來進行，也就是品質修改、特色修改和式樣修改。

1.品質修改(quality modifications)是在提高產品現有功能的效果，例如產品的耐用性、可靠性、速度或口味等。要改善產品的品質必須由產品的原料和加工的程序去求改善。

2.特色修改(feature modifications)是在增加產品新的特色，以使產品更安全、更方便、具有更多種用途。特色修改是日本手錶、計算機、複印機等製造商一項成功的策略，例如新力公司就不斷地增加其「隨身聽」產品的特色。

3.式樣修改(style modifications)是在增加產品審美上的吸引力。汽車公司每隔一段時間就推出新車型，以吸引那些喜歡新面貌的購買者。

肆、品牌決策

品牌決策是公司在擬定行銷策略時，勢必要考慮到的一個重要課題，好的品牌可以增加產品的價值。首先我們要了解幾個有關品牌決策的定義：

㈠品牌(brand)

品牌是產品的一個名稱、符號、表徵、設計或者以上幾種的組合，

它用來辨認某一個或某一組商品或服務，以便和競爭的產品有所區別。

㈡品牌名稱(brand name)

品牌名稱是品牌可以叫出的一部分，例如：統一、味全、狄斯耐樂園、第一銀行、政治大學等，都屬於品牌名稱。

㈢品牌標記(brand mark)

品牌標記是品牌可以辨認但無法叫出口的部分，包括表徵、設計或者特出的顏色或字體，例如：花花公子的兔子和米高梅電影的獅子、萬金油的老虎、綠油精的企鵝，都屬於品牌標記。

㈣註冊商標(trade mark)

註冊商標是品牌受法律保護，別人不得模仿的部分，它可能是品牌的一部分，也可能是品牌的全部。註冊商標讓註册者有獨家採用某個品牌及（或是）採用品牌標記的權利。

行銷人員必須爲品牌進行一些具挑戰性的決策，這些品牌決策包括命名決策、品牌保護決策、品牌歸屬決策、家族品牌決策，以下將分別說明。

一、命名決策

有關品牌的第一個決策就是，決定是否要給產品加上品牌。以前大部分的產品都沒有品牌，生產者和中間商賣東西，都直接以桶、袋、箱計，根本不加任何供應者的標記。產品最早有品牌的跡象是在中世紀，當時的同業工會，要求工匠要在他們的產品上打上商標，以保障商人和消費者，萬一發現品質不良時，可以由此商標知道是那個工匠製造的。我國最早的品牌和商標出現在我國北宋時期，大約公元八、九世紀，當時濟南有家姓劉的針舖，以兔子爲商標，中間畫著白兔搗藥圖，圖上橫寫著「濟南劉家功夫針舖」，這是目前所知最早的品牌和商標。

品牌的成長相當驚人，現在大多數的產品都有了品牌，汽車、書桌、

果汁等各類產品都有品牌，甚至在西瓜等水果上也加上品牌戳記，以提高其產品的價值。

在大家都套上品牌的同時，許多消費者又逐漸偏好沒有品牌的產品，有許多產品似乎要回復到沒有品牌的時代，這些「無品牌產品」（generics），沒有任何製造者的標記。

公司為產品命名時，應該視之為加強產品觀念的整體性措施，不可以草率從事。產品的品牌名稱，必須注意以下幾點：⑴暗示產品功能和利益，例如：福特千里馬汽車、歐羅肥飼料；⑵暗示產品的品質和成分，例如：香吉士柳橙汁、蝦味先；⑶簡短好寫又好唸，例如：乖乖、花王；⑷新奇、好認又好記，例如：566 洗髮精和琴香水口香糖。

臺灣嬌生公司利用整套詳細的命名程序來為其衛生棉新產品命名，包括聯想測驗（association test），是用來測驗消費者看到品牌會聯想到什麼，例如：「美貼適」這個名字會令人聯想到鞋子，而非衛生棉；學習測驗（learning　test），是用來測驗品牌發音的難度程度；記憶測驗（memory　test）是用來測驗品牌是否易記；以及偏好測驗（preference test）是用來測驗消費者偏好那一種品牌名字。嬌生公司最後選用「摩黛絲」在這四種測驗中皆相當不錯，產品上市後也相當成功。

二、品牌保護決策

如何維持顧客對一個特殊品牌的偏愛，是品牌決策的一項重點。品牌保護的目的，就是希望能維持顧客的偏好，避免顧客降低了對其特殊品牌的偏好程度，而失去了競爭上的優勢，品牌保護應該注意下列一些策略：

㈠防止品牌成為一般化（generic）的名詞

品牌固然是愈有名愈好，但是一個品牌真的變成家喻戶曉之後，它將面臨到另外一種危險，就是「一般化」的問題，也就是說，這一個品

牌名稱將從一個代表某一廠商產品的「專有名詞」，變成代表一類產品的「普通名詞」。這個時候，在一般人的心目中，已經全然忘記它們是代表某公司的產品，而只要看到這一類的產品，就直接用這個品牌來稱呼。例如大家看到各種活菌酵母乳時，往往都稱為養樂多，一旦到了這種程度，人人都可以使用這個名稱，原有的品牌所有者，也沒有辦法禁止別人使用，註冊商標的法律保障已在無形中消失，多年的心血豈不是白白浪費了。例如：尼龍(Nylon)、阿司匹靈(Aspirin)、賽璐珞(Celluloid)、全錄(Xerox)、生力麵、養樂多、Walkman 等，都已經變成「通用」名稱。

㈡申請註冊商標，防止仿冒盜用

目前我國商標法是採用「申請主義」，而不是「創用主義」，也就是說，品牌（包括品名與商標）的使用，如果沒有申請註冊商標，那麼創用這一品牌的人，就沒有排除他人而專用的權利，如果產品大為暢銷，很快的就會有人跟進仿用，到時候將無法阻止，例如草湖芋仔冰、大溪鎮的「萬里香」、「黃大目」、「黃日香」豆腐干，都未曾申請註冊商標，使得原創用者苦心經營下，所立金字招牌的品牌利益外流，相反的黑面蔡的楊桃汁、臺中的「一心」豆腐干，都得到了法律的保障，可以獨享其品牌利益。

三、品牌歸屬決策

關於品牌的歸屬，製造商可以有三種選擇：

第一、就是採用自己的製造商品牌(manufacturer's brand)，例如可口公司的餅乾使用公司的品牌「可口」或「金時代」，這樣消費者可以清楚地知道，產品的生產者是誰。

第二、是將產品批售給中間商，由中間商套上他們自己的品牌，稱為私品牌(private brand)，又名中間商品牌(middleman brand)或配

銷商品牌(distributor brand)。

第三、是一部分用製造商品牌，一部分用私品牌。

統一、國際等公司生產的產品都是用自己的品牌；我國許多公司的電子產品和紡織產品，都冠上美國幾家大零售商的品牌來出售，例如 Sears, K. Mart；而中興紡織公司的內衣，內銷用自己的品牌（三槍牌等），外銷時則用國外配銷商如 Sears 的品牌。

雖然在我國中間商品牌仍未盛行，但由於我國中間商的規模也日漸擴大，中間商品牌可能會有增加的趨勢。

四、家族品牌決策

製造商卽使決定大部分的產品，使用自己的品牌，他仍然有四種品牌策略可供選擇：

㈠個別品牌策略

卽每種產品使用不同的品牌，例如國信食品公司的健健美、金蘋果、金椰子、金蜜桃等各種飲料，都採用不同的品牌。

㈡單一家族品牌策略

卽公司所有的產品，都使用同一家族品牌，例如統一公司和味全公司都採取這種策略。

㈢分類家族品牌策略

卽公司有數個家族品牌，分別用於不同類的產品，例如美國的西爾士(Sears)公司就是採用這種策略。它的家用電器品牌是楷模 Kenmore，女裝是 Kerry brook，家庭用品是 Homart。

㈣公司名稱加個別產品名稱策略

卽每一個別產品名稱之前，一律冠上公司名稱，我國的家電廠商常常採用這種策略，例如三洋公司的冷氣機叫三洋冷氣機健康、洗衣機叫三洋洗衣機媽媽樂等。

個別品牌策略最主要的好處就是，公司的聲譽和個別產品的成敗分開，萬一產品失敗，公司不必背個包袱，或者是當新產品的品質比公司其他產品差時，也不會擔心聲譽受到損害。

和個別品牌策略相反的是，採取單一家族品牌策略，這種策略的好處是，不需要再費心去替產品找名字，也不必為創造品牌認知和偏好去花昂貴的廣告費，所以推出產品的成本比較低，同時如果這個名牌已有良好的聲譽，對產品的銷售將會大有幫助。因此，統一公司用「統一」這個家族品牌，可以不費吹灰之力地，推出各種新飲料產品，而且能立刻得到消費者的反應。

五、 品牌延伸策略

品牌延伸策略(brand extension strategy)，也就是利用已經成功的品牌推出修正過的產品或者新增加的產品，例如良機牌水塔成功後，該公司便利用這個品牌，推出一系列的廚房及衛浴設備；建弘電子公司的普騰電視成功後，普騰也被用來作為公司各種新產品（如冷氣機）的品牌，例如普騰除濕機若沒有普騰這個品牌，產品將很難找到配銷通路。一般說來，品牌延伸可以替公司節省促銷新品牌的費用，而且讓消費者感覺新產品具有該品牌的品質水準。反過來看，如果消費者不滿意新產品，則會影響到他們對同品牌其他產品的態度。

六、 多品牌決策

多品牌策略是指公司在一種產品上有二或多個品牌,自己互相競爭。美國的寶鹼公司是最早採用這種策略的公司之一，新力公司以新格電視機來和已經成功的新力牌競爭，雖然這種方法的採用，使得新力牌的銷售額稍微下跌，但兩種品牌的銷售額比原來只有一種品牌時高。國聯公司也採用多品牌策略,同時推出白蘭、水仙、花露等多種品牌的洗衣粉。

伍、包裝決策

在市面上出售的許多實體產品，必須要考慮產品包裝的問題。有些產品的包裝並不重要（例如一些價格便宜的小五金），有些產品的包裝，則為該產品的重點所在，例如許多化粧品、可口可樂的瓶子以及蕾格絲（Leggs）褲襪的蛋形容器，都是舉世聞名的包裝。

裝東西的容器或包裝紙、盒子通稱為包裝(package)，一般的包裝可分為三層，第一層是基本包裝(primary package)，是產品的直接容器，例如盛裝賓士美髮霜的塑膠盒子就是基本包裝。第二層是次級包裝(secondary package)，它是在保護產品的基本包裝，當產品即將啓用時可以將它丟掉。例如美髮霜外面的紙盒，就是次級包裝，除了保護作用之外，它還有促銷的功能。第三層是裝運包裝(shipping package)，是為了儲存、裝運和認貨的用途所加的包裝，每個可裝六打美髮霜的瓦楞紙箱就是裝運包裝。除了這三層包裝之外，標示(labeling)也算是包裝的範圍，標示就是印在或附在產品包裝上，有關產品的說明圖片或文字。

發展新產品的包裝，需要作一連串的決策，第一步是建立「包裝觀念」(packaging concept)；包裝觀念說明產品的包裝，基本上應該強調那些功能？這些功能是提供產品較佳的保護；或是介紹產品新奇的用法；或是用來顯示產品的品質；或是把包裝容器設計為能作其他用途的贈品。

接下去還要進一步決定，包裝設計的構成要素，如大小、形狀、材料色彩、文字說明以及商標。公司要決定文字說明要多或少；用玻璃紙或其他材料做盒子等等的問題。每一個包裝要素必須和其他包裝要素互相調和，例如大小和材料有關、材料和包裝內容和方式有關，包裝要素也必須要能夠配合價格、廣告以及其他的行銷決策。

陸、標示決策

　　廠商也必須為產品設計標示(label)，標示可以僅是附貼在產品上的一個簡單標籤，也可以是精心設計，和產品包裝合而為一的圖案。有的標示只標明品牌名字，有的標示內容却相當豐富，儘管廠商較偏好簡單的標示，有時候法律會要求標示要能提供較多的訊息。

　　標示有數種功能，廠商要決定自己產品的標示應具備那些功能。標示最起碼的功能就是辨認產品或品牌，例如香吉士柳橙汁上面的香吉士標記連不識字的小孩也知道那就是代表香吉士。第二個功能是區分產品的等級，例如水蜜桃罐頭上有 A 級、B 級、C 級的標示使消費者便於選購。第三個功能是敍述一些與產品的製造、保存和使用有關的訊息，這包括產品製造者、製造地點、製造日期、內容及使用方法等。第四個功能是標示透過其吸引人的圖案，也有促銷的功能。有些學者依據以上所說的不同的功能，就把標示分成識別標示、等級標示、說明標示以及促銷標示。

　　產品的標示如果久年不變的話，將很容易失去對顧客的吸引力，因此隔一段時間就要有所修正，例如美國的象牙肥皂(lvory)，其標示自 1890 年以來，在字體的大小與形狀上已改變 18 次之多。

　　法律對於標示的重視由來已久，不良的標示會使顧客產生誤解；或者是無法說明產品的重要成分；或者是無法提供充分的安全警告。我國的法律中對食品、藥品、化粧品等各種商品應有的標示內容，有詳細的規定。銷售者在推出新產品之前，必須先確定它的標示是否已包含所有必要的訊息。

柒、服務決策

顧客服務是產品策略的另一要素，公司提供市場的產品，通常都包括一些服務在內。

作服務決策的第一步工作，就是進行顧客調查，找出這個行業主要的服務要素及其相對重要性。例如加拿大的工業設備購買者，曾列出十三個服務要素，其重要性依次如下：(1)交貨可靠，(2)報價迅速，(3)技術諮詢，(4)有購買折扣，(5)有售後服務，(6)有銷售代理，(7)聯繫方便，(8)有更新保證，(9)產品範圍寬廣，(10)能設計機型，(11)可提供貸款，(12)有測試設備，以及(13)生產設備優良。根據這種排列，公司就可明白它至少要在交貨可靠、報價迅速、技術諮詢等顧客認爲重要的服務上，能夠和別人競爭。作者在 76 年的一項研究中也發現，國內塑膠加工業者在購買塑膠射出機時，對售後服務及技術協助相當重視。

在找出比較重要的服務因素後，公司必須進一步決定，該強調那些服務要素，有些服務要素雖然很重要，但是因爲所有的廠商在這方面，都能提供相同的服務，因此，並不是顧客決定其選購品牌的主要因素，公司應該強調那些顧客迫切需要，而競爭者也還沒有提供的服務。例如在某一家塑膠原料公司，由於提供他的顧客（一些下游的塑膠加工廠）所迫切需要的加工技術服務，而使銷售額大爲增加。

其次，公司要隨時了解和顧客的預期比較起來，自己以及競爭對手的服務水準如何？它可利用下列方式來追查這種服務的差距：實際購買比較、定期顧客調查、顧客意見箱以及顧客抱怨處理辦法。

如百事可樂在餐飲業領頭以新方法提供更迅速便利的送貨服務。拿原本以晚餐生意爲主的必勝客連鎖店爲例，它在午餐時間提供五分鐘送食物上桌的服務：由女侍在桌上擺一個計時器保證不超過五分鐘就能上

菜。除此之外，足球場、棒球場、小學的餐廳、機場的販賣亭都可以買到必勝客的披薩。將來可能連飛機上也可以吃到他們的產品，以強化其服務水準。

顧客服務既然是競爭的有利武器，那麼公司應該設立一個堅強的顧客服務部門，顧客服務部門的服務主要為：

1.顧客抱怨的處理及改善：公司必須建立一套發掘及處理顧客抱怨的程序，惠而浦以及其他幾家公司就為此而設置電話熱線，顧客可打免費電話來申訴他們對產品或公司的不滿。將顧客的抱怨予以分類統計，顧客服務部門就可以知道那裏需要改善，例如產品設計、品質管制、高壓式推銷法等等，並且付諸行動，立刻加以改善。在現有顧客心目中保住商譽，要比吸引新顧客或挽回已失去的顧客划算得多。

2.授信服務：公司應給顧客一些不同的購貨付款方式，例如分期付款契約、信用記帳、貸款及租賃等。擴張信用可以增加銷售額使毛利上升，也可減少公司為克服顧客因為錢不夠而不願購買，所花費的行銷費用，這足以彌補因擴張信用所增加的成本。

3.維修服務：公司應有一個有效、快速而成本合理的零件與服務系統，雖然維修服務通常是由生產部門來負責，行銷部門應密切注意顧客對於維修服務的滿意程度。

4.技術服務：對於購買複雜材料及設備的顧客，公司應提供技術服務，例如為顧客設計安裝、訓練人員、作產品應用的研究或者是製程改良的研究。

5.諮訊服務：公司要有一個諮訊單位，專門負責回答顧客的詢問，並發佈有關新產品、新機能、新製程、價格波動、訂單累積狀況以及公司的新政策等消息。這些消息可以經由公司的信涵，傳佈給特定的顧客。

以上所說的顧客服務，公司必須協調運用，以創造顧客的滿意及忠誠性。

重要名詞與概念

核心產品	無品牌策略
有形產品	製造商品牌
附增產品	經銷商品牌
消費品	個別品牌
便利品	單一家族品牌
選購品	分類家族品牌
特殊品	品牌延伸策略
工業品	多品牌策略
產品線	包裝
產品組合	標示
產品組合廣度	識別標示
產品線長度	等級標示
品牌	說明標示
品牌名稱	促銷標示
品牌標記	服務
註冊商標	

自我評量題目

1. 試以化粧品爲例，說明其核心產品、有形產品和附增產品。

2. 試比較便利品、選購品和特殊品的差異。

3. 試說明各類工業產品，在行銷上有何差異？

4. 試舉例說明(1)品牌名稱、(2)品牌標記、(3)註册商標的定義。

5. 全錄(Xerox)這個品牌經常被當做複印機（或複印）的通稱。全錄公司應該如何保護其品牌名稱呢？

6. 試舉例說明各種家族品牌策略。

7. 試說明包裝的功能。

8. 包裝決策是否應該考慮包裝對環境污染的影響？試申論之。

9. 試以影印機爲例，說明廠商之服務決策。

第十一章　新產品發展與產品生命週期

單元目標

使學習者讀完本章後能

- 解釋新產品發展程序所包含的階段

- 試說明如何定位新產品

- 說明新產品的購買者決策過程

- 說明影響新產品成敗之因素

- 說明產品生命週期的階段

- 說明產品生命週期各階段之行銷策略有何差異

摘要

新產品發展程序包含八個階段，分別是：1.構想產生階段，2.構想篩選階段，3.產品定位階段，4.產品觀念發展與測試階段，5.商業分析階段，6.產品發展階段，7.市場試銷階段，8.正式上市階段。每當要進入次一階段之前，廠商都應該慎重決定是否繼續發展新產品。

新產品的購買決策過程可分為五個步驟分別是：1.知曉，2.興趣，3.評估，4.試用，5.採納。產品採納的速度則會受公司行銷力量、消費者特性和產品特性所影響。

影響新產品成敗的主要原因約有下列數種，分別是：1.新產品缺乏顯著的差別性利益，2.公司並未配合本身的長處發展新產品，3.消費者的偏好改變，4.對目標市場的估計錯誤，5.競爭者迅速加入市場，6.缺乏通路成員的支持。

所有的產品都有生命週期，產品生命週期可分成：1.上市期，2.成長期，3.成熟期，4.衰退期四個階段。各階段在銷貨、利潤、競爭狀況及消費者需求上都可能有所改變，故公司必須配合產品生命週期的變化而適當地調整產品的行銷策略。

維持適當的產品線與產品組合，可使公司獲得行銷上的競爭優勢，而新產品的發展能為公司的產品線和產品組合不斷地注入新血。

本章將探討新產品發展的過程與行銷。

壹、新產品的發展策略

在現代的市場上消費者偏好、技術及競爭情況都是瞬息萬變，產品

不能一成不變。顧客希望產品不斷地推陳出新，競爭的情勢也迫使公司
盡力去滿足顧客這種需求，所以新產品的發展便成爲公司的一項重要策
略了。

　　新產品的發展是一項非常冒險的事情，福特汽車公司因爲發展艾廸
賽(Edsel)車，損失將近三億五千萬美元。全錄公司投入電腦市場也是災
情慘重，而法國的協和式飛機更是可能永遠無法收回老本。國內的南僑
公司先後推出的嬌安、嬌棉兩種品牌的衛生棉都宣告失敗，直到與寶鹼
公司合作的好自在誕生才攻下可觀的市場。

　　有一項研究指出，消費品的新產品失敗率約爲 40%，工業品爲 20%，
提供新服務之失敗率則爲 18%。可見新的消費品的失敗率相當驚人。

　　公司應該發展新產品，可是它的失敗率卻又如此高，該怎麼辦呢？
公司應在組織方面作妥善的安排，以便處理新產品的發展事宜。除此之
外，負責新產品發展的單位對於發展過程之每一階段，都必須謹慎從事，
新產品發展之過程，如圖 11-1 所示。

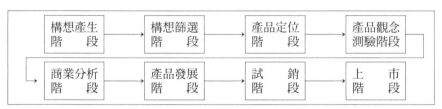

圖 11-1　新產品發展的八個階段

一、構想產生階段

　　新產品發展過程的第一階段是產生新產品構想。尋求新產品構想必
須有系統性的作法，否則公司將發覺一大堆的構想和本身之型態無法配
合。

　　新產品構想有許多很好的來源，第一是來自顧客，根據行銷觀念，
顧客乃是尋求新產品構想所當然之對象，透過直接的顧客調查、投射測

驗、深度集體訪問以及顧客寄來之信件，可以了解他們的需求。顧客還未滿足的需求，便是新產品構想最佳的來源。第二是來自科學家，他們的新發現或發明對公司發展嶄新產品或改良產品也有所助益。第三是來自競爭對手，由競爭對手可以看出他們有那些產品受顧客歡迎。第四是來自公司的推銷人員及經銷商，由於他們天天和顧客接觸，所以也是一個很好的構想來源。此外，發明家、專利權代理人、大學及商業性研究室、管理顧問、廣告代理商、行銷研究公司、貿易協會以及工業性刊物等都是新產品構想之來源。

二、構想篩選階段

第一階段之目的在激發許多好的構想，底下幾個階段則在減少構想的數目，而以構想篩選為其起點，篩選工作最主要就是要儘早將不好的構想剔除掉。

許多公司要求底下的人把新產品構想寫出來，以便新產品委員會審核，這時候新產品構想仍相當模糊，通常僅包括產品的描述、目標市場、可能之競爭狀態以及粗略估計市場大小、產品價格、產品發展之時間和成本、製造成本、報酬率等。

即使產品構想看起來不錯，對公司而言它是不是挺適合呢？也就是它能和公司的目標、政策與資源配合嗎？表 11-1 是一為回答此問題所設計的評分表。表的第一欄列出產品成功地上市所需具備之因素。第二欄是依照這些因素的重要性所給予的權數，在本例中公司認為行銷甚為重要，故權數為.20，採購及貨源供給較不重要，故權數為.05。第三欄則依據公司在這些因素上的競爭能力給予.0 至 1.0 的分數，例如公司認為自己在行銷上的競爭能力很強，在此因素上就給.9 分，地點及設備上的競爭能力較差，在此因素上就給.3 分。第四欄是將二、三欄的數字相乘，然後再加總，得到一個總分，這分數表示公司推出本項產品的適合程度。

假如行銷是產品成功的重要因素，而公司又以行銷見長，則此產品構想的總分必高，以表 11-1 為例，該產品構想之評分為.72，根據該公司的經驗，這可以算是頗佳的產品構想。

表 11-1　產品構想的評分表

產品成功所需之條件	(A)相對權數	(B)公司競爭能力											評分(A×B)
		.0	.1	.2	.3	.4	.5	.6	.7	.8	.9	1.0	
公司作風與商譽	.20							∨					.120
行　　　　銷	.20										∨		.180
研 究 與 發 展	.20								∨				.140
人　　　　事	.15							∨					.090
財　　　　務	.10									∨			.090
生　　　　產	.05								∨				.040
地 點 及 設 備	.05				∨								.015
採購與資源供給	.05									∨			.045
總　　　　計	1.00												.720

節錄並部分修正自 Barry M. Richman, "A Rating Scale for Product Innovation," *Business Horizons*, Summer 1962, pp. 37-44.
評分尺度: .00- .40 劣; .41- .75 尚可; .76-1.00 優, 目前最低接受標準: .70。

三、產品定位階段

產品定位是否適當對新產品未來的銷貨和利潤有重大的影響。每一種產品都會有許多替代性的競爭產品或品牌，例如對拍立得照相機而言，要沖洗的舊式照相機即為其競爭產品。產品定位(product position)是產品和競爭產品互相比較之下的產品印象。產品定位就是要分析現有產品市場內之市場區隔和競爭情況，而決定適當的產品位置。在這些產品位置上，由於需求較強，價格較不敏感，或競爭較弱等各種原因，可以獲得較佳的競爭利益。

假設目標市場的顧客注重汽車的兩種產品屬性——價格和體積，於是公司可以依據這兩種屬性調查競爭廠商在潛在顧客與經銷商心目中之

定位，如果如圖 11-2 所示之產品定位圖（product position map）。A
競爭者被視為高價格的小型車之製造商，B 為中等價格的中型車，C 為低
價的中小型車，D 為高價格的大型車，圓圈之大小代表它們的銷售額。

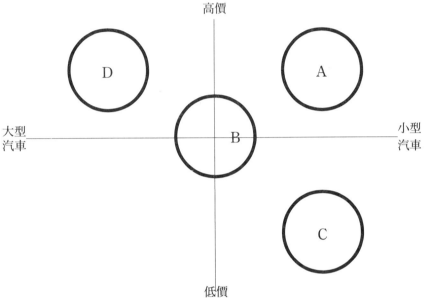

圖 11-2　四種競爭產品之產品空間圖

　　得悉競爭者的位置後，公司應將產品定位於何處呢？它有兩種策略
選擇，一為迎頭痛擊的策略，也就是把產品直接定位在現有競爭產品的
附近，爭取市場占有率。另一種策略選擇是乘虛而入的策略，把產品定
位在尚未有競爭者的位置上，製造目前市面上沒有的汽車，例如低價的
大型汽車（見圖 11-2 左下角），由於競爭者皆未供應此種型式之汽車，
公司將可立刻吸引有此需求的顧客。

四、產品觀念之測試

　　無論是採用迎頭痛擊或乘虛而入的定位策略，在決定產品的位置之
後，必須進一步測試目標市場的顧客，對產品觀念的接受性。

產品觀念(product concept)和產品構想(product idea)不同。產品構想係公司自己認爲可能可以提供市場某種產品的構想。產品觀念係公司以消費者之觀念來考慮之產品構想。南僑公司對旁氏冷霜產品觀念是：「中等價位、名牌、品質安全溫和、可單品簡易使用，能柔潤肌膚或徹底卸除化粧品、清潔皮膚、常保肌膚柔美，利於公開陳列讓消費者自助性購買、適合一般女性，感覺實用、有價值感的化粧品。」

在消費者知道上述的產品觀念後，公司便會詢問他們一些問題，以得知消費者對此產品觀念的反應。消費者的回答有助於公司選擇一個最吸引人的產品觀念。例如問題中包括消費者的購買意圖，它通常的問題是「請問您會不會購買本產品？□一定會，□可能會，□可能不會，□一定不會」。如果有10%的人回答一定會，5%的人回答可能會，公司便可依此估計市場上的銷售量，看看到底夠不夠大。不過這種估計只能算是暫時性的，因爲消費者說他想要買，事實上卻不見得買。

五、商業分析

商業分析是要描繪出新產品在市場上的相容性(compatibility)，相容性的因素包括公司的製造和行銷能力、財務資源和公司主管對此新產品的態度。

在進行商業分析時，新產品評估者須考慮下列問題：

1.市場需求是否夠強？此種需求是否有持久性？值不值得進入此市場？

2.這項新產品導入後，對公司整體的銷售額、成本和利潤各有何影響？

3.公司的研究、發展、工程和製造等能力是否足夠？

4.如果必須建立新廠或添置設備來生產新產品，多久才能完成？如果能利用舊有的廠房設備，新產品的存活率將大爲提高。

5.新產品是否能配合公司舊有的產品組合？如果可以採用類似的行銷通路或促銷資源，那麼和舊有的產品組合將更易協調。如果新產品所針對的是公司很熟悉的相同顧客群，而且新產品的產品印象也和舊有產品一致，那新產品就比較不會遭到這些顧客群的排斥。

6.發展和行銷新產品所需的資金，其來源有無問題？其資金成本或借貸條件是否低於新產品的投資報酬率？和這些資金的其他投資機會比起來，是否較為有利？

7.產業環境和競爭環境預期會有何種變化？這些變化對新產品未來的銷售、成本和利潤有何影響？

六、產品發展階段

一個產品觀念如果經過商業分析後評價甚高，就可以交由研究發展或者工程設計部門作成真正的作品。在此之前，產品觀念僅止於口頭描述、圖形或者粗略的模型。本階段需要大的投資，和它比起來，前面幾個階段所花之成本有如小巫見大巫。公司要投入大量的時間和金錢，根據產品觀念開發出技術上可行的產品，在這個階段，公司可以知道某個產品構想是否能變成技術上和商業上可行的產品，如果不能，則以往之投資將付諸東流，最多僅是在這個過程中得到一些情報資料而已。

研究發展部門依據既定之產品觀念，開發一或數種實體雛型(prototype)，然後以下列之標準來評估那一個是成功的實體雛型：(1)消費者看了之後，必須能聯想到原先產品觀念裡所提到之主要特點。(2)在正常使用情況下必須相當安全。(3)製造成本必須能在預算之內。

除了實體產品的發展之外，公司也必須為此新產品發展適當的行銷組合。例如品牌、包裝、標示、定價、廣告、配銷通路、人員推銷等行銷決策，使行銷組合的各種元素都能密切的配合。

七、試銷

試銷是在一些選定的代表性地區，有限度的導入產品，以確定消費者對新產品和行銷組合可能會有的反應。試銷是在新產品發展出來並且擬訂好行銷組合策略之後，才進行的整體測試工作。

行銷者可以在不同的試銷地區，以不同的廣告、價格、包裝等策略來進行實驗，以了解某項行銷組合的變化，對於品牌認知、品牌轉換和重複購買的影響。如果公司發現許多消費者在試用產品後由於不太滿意，便不再購買，或者發現第一次購買者雖多，但繼續重購者卻很少，很可能表示公司必須在產品、服務或包裝上多加改善，才能使顧客樂於重購。而如果品牌認知或試用率很低，則可能表示公司必須在廣告促銷上多加強。

但是試銷也有下列缺點：

1.試銷往往花費很多的時間和金錢。

2.競爭者可能會設法干擾試銷活動。例如藉增加廣告、降低價格等方式使試銷的結果較不理想，希望阻止該新產品的上市。

3.競爭者若看到消費者對試銷產品的反應不錯時，很可能趕快仿製產品搶先上市。

八、上市階段

試銷的結果如果決定將產品推出上市(commercialization)，行銷人員必須根據試銷結果來修正行銷組合，例如修改產品的外觀或配銷通路等，而後公司必須進行許多重大的投資，必須購買或租賃全套的製造設備，同時在第一年它必須花費大量的廣告和銷售推廣費用。

在決定推出新產品時，公司要作兩個最重要的決策：

㈠上市時間

上市時間錯誤是新產品失敗的一項重要原因。當產品的缺陷尙未完全改正，配銷網尙未健全或者顧客對產品的需求尙未完全旺盛之前，就匆匆地將產品推出市場，很容易遭受到嚴重的挫折。美國幾家大釀酒公司，在發展淡威士忌酒的新產品時，爲了搶先上市，而影響了酒的品質（貯藏時間太短、口味不對），結果各大品牌都發生了嚴重的滯銷。當產品需求的熱潮或旺季已經過去，或競爭性產品已經充斥市場時，才遲遲推出新產品也可能導致新產品的失敗。

㈡上市地點

產品初步上市的登陸地點，到底應該是一個城市、一個地區、幾個地區、全國或者全世界。很少公司有足夠的信心、資本和能力在新產品一上市就打入全國市場，一般的公司都會採取長期性有計畫的「市場擴展」（market rollout）策略。許多公司的作法是先選擇一個市場看好的城市，以迅雷不及掩耳的方式推出新產品來攫取市場占有率，等在這個城市站穩腳步之後，再以其他城市爲目標繼續下去。例如味全嬰兒奶粉剛上市時，只選擇員林的市場，等占有率提高後，再侵入其他地區的市場。

當公司擁有全國性的經銷網，而又確信產品頗受顧客歡迎時，公司也可以在全國市場同時推新產品，使競爭者來不及干擾，或者搶先占取市場。

貳、新產品的購買者決策過程

新產品的購買者決策過程是指消費者在決定購買新產品並有規律地使用該產品時，所經歷的步驟（見圖11-3）。此一程序以個體（micro）的觀點來分析個別的消費者如何採納新產品。

產品購買決策過程可分爲下列五個步驟：

1.知曉(awareness)：消費者第一次知道新產品的存在，但缺乏有關產品的用途、功能等資訊。

2.興趣(interest)：消費者開始去尋求有關產品的資訊。

3.評估(evaluation)：消費者考慮是否值得嘗試該項產品。

4.試用(trial)：消費者嘗試購買產品以測試產品是否有用。

5.採納(adoption)：消費者決定經常地(regularly)使用該項新產品。

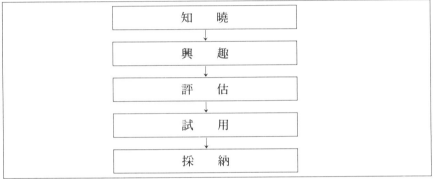

圖 11-3　產品購買決策過程

產品採納的速度會受公司的行銷力量、消費者特性和產品特性所影響：

㈠公司的行銷力量

公司的行銷力量會加速新產品的購買決策過程，在產品剛上市時，行銷人員經常借重促銷活動（如廣告、宣傳報導）使消費者知道新產品的存在，刺激潛在購買者尋求更多有關產品資訊的慾望，並評估該項產品。如果產品單價不高，則廠商可能會考慮贈送樣品讓消費者試用，以減少購買產品的知覺風險，廠商如果能隨時注意消費者在產品購買決策過程各階段需求的變化並使消費者的需求得到滿足，則產品購買決策過程會加快。

㈡消費者特性

如果消費者的可支用所得較高，且具有嘗試新產品的意願，則產品的採納速率會較快。

㈢產品特性

影響新產品採納速度的產品特性因素，包括下列五點：

1.產品的相對優點(relative advantage)

產品的相對優點意指新產品是否具有一些卓越的產品屬性或產品利益。當消費者認爲新產品比現有產品擁有愈多的優越性，他們採納新產品的速度就愈快。

2.產品的配合性(compatibility)

產品的配合性係指新產品是否與消費者的文化價值觀或生活習慣相一致。產品愈能符合消費者的價值觀與習慣，則消費者所知覺的風險便大爲降低，因而願意及早採納新產品。

3.產品的複雜性(complexity)

產品的複雜性是指消費者是否易於了解或使用新產品，較爲複雜的新產品通常需要一段相當長的時間，才能被消費者所熟悉而接納

4.產品的分割性(divisibility)

產品的可分割性係指產品可先行試用或小量使用的程度。像化粧品、洗髮精可以贈送免費樣品或發售小型包裝,有助於加快產品採納的速度。

5.產品的可溝通性(communicability)

產品的可溝通性係指使用產品的結果可以觀察或向他人描述的程度。產品愈具可溝通性則消費者可以談論其特點，因而能製造口碑效果,故能加快產品採納的速度。

叁、影響新產品成敗之因素

並非所有的新產品都能夠順利地被消費者所接受而達到廠商預期的

投資報酬率，根據一項研究的結果顯示，新產品推出後的失敗率約為20%～80%，其中消費品失敗的比率比工業產品來得高。

導致新產品失敗的原因很多，其中最主要的原因有下列數種：

㈠新產品缺乏顯著的差別性利益

如果新產品在價格或功能上並未顯著地優於競爭者的同類產品，則此一新產品將很可能會失敗。

㈡公司並未配合本身的長處發展新產品

當公司在發展新產品時並未考慮到配合公司本身獨特的資源、技術、專長、背景，也可能導致新產品的失敗。

㈢消費者的偏好改變

消費者的偏好改變亦可能是導致產品失敗的原因，當初公司必然是為了滿足消費者的偏好而決定發展某項新產品，但是新產品發展的過程如果拖得太久，消費者的偏好很可能在此期間發生變化，等到新產品推出時，可能就不再受到消費者的喜愛了。因此，公司在發展新產品的過程中仍必須不斷注意消費者的態度與偏好，才能避免發展出已經不受消費者歡迎的新產品。

㈣對目標市場的規模估計錯誤

如果公司對目標市場的規模做過分樂觀的估計，則很可能因實際上對產品有需求的人數不足，而導致無利可圖的局面，當公司將市場區隔得太細時，很可能發生這種情況。

㈤競爭者迅速加入市場

一項產品可能在上市初期有成功的跡象，亦即產品的銷售情況很不錯，但是如果這項產品很容易模仿的話，很快地便有一群競爭者一窩蜂地跟進，彼此互相削價競爭，致使所有廠商都無法獲利。為了制止競爭者的加入，廠商在發展新產品後應設法取得新產品的專利權，同時儘量使新產品的設計臻於完善，使其他廠商無法推出更具功能特色的新產品。

㈥缺乏通路成員的支持

如果通路成員不願意或不能支持新產品的行銷，則此一新產品亦可能失敗，亦即如果零售商或批發商不願意銷售新產品，不願提供較佳的商品陳列位置，不肯費心去促銷新產品，則新產品可能難逃失敗的命運。

其他導致新產品失敗的原因包括：新產品推出的時機不對、行銷組合策略失當、產品成本過高、來自社會大眾與政府的壓力、未經試銷就貿然推出新產品等因素。

肆、產品生命週期

一、產品生命週期之概念

產品像人類一樣亦有其生命週期。新產品在剛引介上市的初期，成長非常緩慢，而且新產品就像嬰兒一樣脆弱，有許多原因都可以使它夭折。然後，產品會經過快速成長的階段，而達到營業成長的顛峯成熟時期，最後則步入衰亡的階段。

每種產品之生命週期並不一致，有的長僅數週，有些則長達數十年。各階段之持續時間亦差別甚大，有些產品從導入階段進入成長階段須數年之久，有些則僅數週。有的產品甚至不經過成長階段而直接進入成熟階段。很不幸的是，各種產品的生命週期長短很難事先知悉。

一個典型的產品生命週期其曲線呈Ｓ型，有四個明顯的階段（見圖11-4）：

1.導入期(introduction)：在這段期間，產品初入市場，銷售成長緩慢，由圖中的銷售曲線可以看出本期幾乎無利潤可言，這是因為費用太高之故。

2.成長期(growth)：在這段期間，市場接受力大增，普及率快速增

加，利潤也有顯著的增加，往往在此階段利潤可達到最高峯。

3.成熟期(maturity)：在這段期間，由於產品已爲大多數的潛在購買者所接受，銷售成長漸緩，同時爲了應付劇烈的競爭，不得不增加費用以保住產品地位，利潤因而逐漸下降。

4.衰退期(decline)：在這段期間，銷售額急遽下降，利潤化爲烏有。

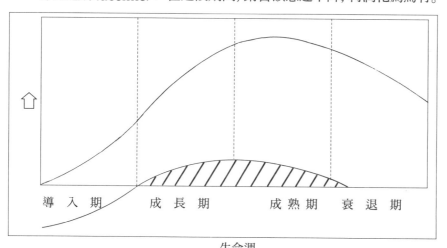

圖 11-4　產品生命週期的各階段

很多產品之成長往往是取代另一種產品之結果，除非此產品具有全新的功能。例如柴油機車（火車頭）替代蒸汽機車、電氣機車再替代柴油機車。彩色電視機替代黑白電視機，這些產品以較佳之功能或較低的成本取代舊有的產品，其取代之速度因產品類別及環境因素而異，根據費雪氏與甫里氏之研究，替代時間（從替代 10% 至 90% 所需之時間）有長至 58 年，也有短至 8 年者。

二、產品生命週期各階段之行銷策略

不同之產品生命週期階段有不同的競爭態勢，亦有不同之目標市場。因此在不同之產品生命週期階段應有不同之行銷策略因應之。

㈠**導入階段**

產品在剛導入市場時，策略的重心是在市場中奠定穩固的基礎，做為向其他市場滲透和擴展的灘頭堡。配銷網的建立、產品廣告、人員推銷等各項行銷活動都必須投入巨額的費用。在導入階段行銷組合宜有下述的安排：

1.產品策略

在導入階段，廠商應設法促使市場快速採用該產品，以便縮短導入階段，快速占有市場。行銷者必須先確定相對於新產品所要取代之舊產品，發展新產品所具有之相對利益。很多廠商尋求產品設計之差異化以強化其相對利益，或採用名牌零件以強化產品之感受價值，並注意產品之弱點加以改良之。

產品設計應注意使用之方便，才容易為消費者所採用，如自動照相機。結構複雜之產品應提供迅速之服務與適當之設備，以獲取消費者之採用，有時亦需要產品保證，以減少顧客之知覺風險。特別是機器設備及耐久消費品皆需要保證及售後服務。

為了溝通產品之相對利益，產品設計應以可得知之形式顯示產品之優異性。

2.定價策略

導入期產品的銷售量有限，而又必須負擔產品開發、設備投資和生產準備、廣告促銷等各項巨額的固定成本。同時由於生產和行銷各方面的工作都尚未熟練，故其變動成本也會較高，廠商必須採較高的定價，方能彌補一些虧損。同時此時期的顧客大多是對價格較不敏感的創新者，而導入期的競爭通常也較不劇烈，故廠商在導入期的價格往往最高。

3.配銷通路策略

導入期由於顧客人數較少，銷售量有限。零售商通常對產品的銷售不太感興趣，很難建立密集的配銷通路。而且由於多數顧客對產品都不

太了解，產品的銷售有賴零售商的介紹，爲了提高零售商推銷新產品的意願，往往授予零售商在某一地區範圍內的獨家經銷權，以保障零售商的權益。

4.促銷策略

導入期促銷的重點在於產品知名度，廠商必須投入大量的廣告來介紹新產品，並且要設法爭取各種公共報導來介紹新產品，使創新接受性較強者能知道產品的存在和用途。如果廠商能成功的利用廣告和公共報導，使新產品成爲意見領袖與人談天時津津樂道的話題，將可提高消費者對產品的認知和興趣，而提高新產品被採用的機會。

㈡成長階段

成長階段的策略重心是希望能迅速的滲透市場占有率。此時新產品有了相當不錯的利潤，許多競爭者會紛紛加入，廠商必須保護其產品的地位，故此時期的行銷支出仍然相當高。

1.產品策略

在成長期時，可以將產品加以改良，或者擴展產品線推出其他系列新產品，以吸引更多區隔市場的顧客，例如美國擁有 2000 家連鎖店的溫娣(Wendy's)漢堡店，成功的推出雞肉三明治，吸引了更多的顧客群。

2.定價策略

由於產品發展的成本已經回收，此外在生產和行銷各方面都較有經驗，設備利用率提高，而且由於產量和銷售量提高，可以享有規模經濟。故成長期的成本常呈大幅下降。此時若將價格降低可以進一步提高消費者對新產品的接受性。降價會使產品的邊際利潤降低，減少了新的競爭者加入市場競爭的意願。這是卡西歐手錶經常採用的策略。

3.配銷通路策略

在成長期時，由於消費者對新產品的接受性已經提高，廠商已經較容易找到新的配銷據點，廠商應設法建立較密集的零售網。此外，行銷

者必須注意提高訂貨、運貨、倉儲等實體分配系統的效率，避免中間商發生缺貨的現象。

4.促銷策略

成長期促銷的重點，就是要建立消費者對品牌的特殊偏好，由於競爭者的加入，廠商的促銷將不會著重於刺激消費者對產品的基本需求。廣告促銷的重點在於介紹個別品牌的獨特功能和利益，以建立消費者對品牌的偏好。雖然此時期仍需投入大量的促銷費用，但銷售量提高。促銷費用佔銷貨收入的百分比可望下降，利潤可以顯著的提高。

㈢成熟階段

在成熟時期，競爭的情勢已經逐漸穩定下來。新的競爭者已較少加入市場。相反的，一些實力較弱的公司逐漸地被淘汰出局，產業的集中度提高，也就是說少數幾家市場占有率較大的廠商占有了整個產業大部分的市場。此時，策略的重心即在如何保持甚至進一步擴展市場占有率。如果此時各領導廠商都能維持此種穩定局面的話，行銷費用水準可望大幅減少。

1.產品策略

成熟期廠商可將產品的品質、形式、風格、包裝等各方面加以改變，並且選用下列方法來創造銷售的另一高峯。

　⑴促使目前之使用者更常使用本產品，例如香皂業要求顧客經常使用香皂洗手。

　⑵修改產品以便對目前之使用者，介紹各種新的用途。例如３Ｍ公司增加有色膠帶及防水之膠帶，以便於包封及裝飾禮物。

　⑶修改產品，以創造新的使用者，例如美國通用食品公司在原來的果凍之外，推出減肥果凍，３Ｍ公司增加低費之膠帶及商業用之膠帶等。

2.定價策略

在成熟期時，產品的價格將呈現非常紛歧的局面。廠商往往對產品線中的各種產品，訂定差別幅度很大之不同價格水準，以吸引不同區隔市場的顧客。降價和折扣戰在此時最常採用。不過，廠商往往也會推出一些價格更高的產品，來滿足特殊區隔市場的需要，並且提升整條產品線的產品印象。

3.通路策略

成熟期時，製造商會更積極的爭取經銷商對產品的支持。在廣告和促銷活動上給予經銷商特別的支持或補助，或是協助降低經銷商的存貨成本，以增加零售商推銷公司產品的意願，減低對其他競爭品牌的銷售意願。成熟期時，許多中間商往往推出掛上自己中間商品牌的產品，來和製造商競爭，並且將製造商的產品擠到較差的陳列空間去銷售。

4.促銷策略

成熟期時，促銷的重點是在創造和維持顧客的品牌忠誠度。促銷費用的支出需視競爭情況而定，而就各種促銷組合的運用而言，銷售推廣活動(SP)和人員推銷是為廠商用來爭奪市場占有率的兩種主要武器。

㈣衰退階段

在衰退階段，很多廠商開始撤退，而堅持之廠商可能因接收撤退廠商之顧客而暫時增加銷售，例如美國寶鹼公司決定留在衰退之液皂業而獲得很大的利潤。此時策略的重心在提高生產力和整套行銷組合的效率，以維持適當的利潤。此時往往會減少些較不重要的行銷支出，使行銷支出水準達到最低。

1.產品策略

在衰退期，顧客對產品的差異性已經變得不太敏感。行銷者很少在式樣、設計或其他屬性上加以變化。相反的，往往會裁減產品線上一些銷售和獲利情況較差的產品。行銷者也須密切注意新技術、替代產品和其他環境趨勢的變化，適時將產品加以淘汰。

2.定價策略

衰退時期的定價，是以利潤爲其著眼點，而較不考慮對市場占有率的影響，廠商可以削減廣告促銷支出或降低服務水準，而維持相同的定價，甚至於若此產品的死硬忠誠者仍然偏好此產品，還可提高價格，以榨取最後之利潤。當然如果產品嚴重滯銷時，也可以大幅削價以出清存貨。

3.配銷通路策略

在衰退時期，行銷應重新整頓配銷據點，淘汰銷貨和獲利情況不佳的零售點，保留少數核心的銷貨據點。此時對產品仍然忠誠者，往往把此產品視爲特殊品，願意花時間到各家經銷店去尋求此種產品。例如作者原偏好布面的黑豹籃球鞋,當布面的球鞋逐漸爲皮面的球鞋所取代時,曾經找了十幾家球鞋店好不容易才買到布面的黑豹球鞋。

4.促銷策略

促銷策略在衰退期已失去了重要性，促銷支出通常也大幅削減。不過，利用一些提醒性的廣告，仍可喚回一些忠誠者，而減緩衰退的速度。利用贈獎、抽獎等促銷活動，也可暫時引起顧客對產品的重新注意和惠顧。

重要名詞與概念

新產品發展程序	產品生命週期
構想產生	上市期
構想篩選	成長期
產品觀念發展與測試	成熟期
產品定位	衰退期
商業分析	產品發展
試銷	上市

自我評量題目

1. 試列舉新產品發展程序的八個階段。

2. 試舉出新產品構想的主要來源。

3. 試說明構想篩選所可能犯下的錯誤。

4. 請說明試銷有何優缺點？

5. 試說明新產品的購買者決策過程。

6. 試說明影響新產品成敗之因素。

7. 試繪圖說明產品生命週期的觀念。

8. 試說明生命週期各階段所需採取的行銷策略有何不同？

第十二章　價格決策

單元目標

使學習者讀完本章後能

● 說明價格之意義及其重要性

● 說明訂定價格的程序

● 說明各種定價的目標

● 明瞭需要、成本和利潤之關係

● 說明各種定價策略的意義

● 說明各種定價方法的使用

摘要

　　價格係指在交易過程中, 購買者為了獲得產品或服務而支付之代價。廠商的定價程序可包含以下步驟: 1.選擇定價目標, 2.確定需求狀況, 3.計算成本, 4.分析需求、成本和利潤之關係, 5.分析競爭者的價格, 6.選擇定價政策, 7.選擇定價方法, 8.決定及調整最後價格。

　　定價目標顯示了價格在組織長期計畫中的功能。定價目標包括求生存、求本期利潤最大、滿意利潤水準、投資報酬率、市場占有率、現金流入、產品品質和維持現狀八種。

　　當廠商設立了定價目標後, 接著應該估計產品的需求水準。一般而言, 價格愈低, 產品的需求量愈大, 需求量變動的幅度, 則視需求彈性而定。需求決定了價格的上限, 而成本則決定價格的下限, 因此廠商必須計算固定成本、變動成本、總成本和平均成本等成本結構, 接著可以邊際分析, 分析需求、成本和利潤之關係, 做為定價之參考。為了能夠知己知彼, 廠商可利用實際購買比較、取得競爭者的價目表、詢問顧客意見等方式瞭解競爭者產品的價格。

　　定價政策是決定產品價格的指導方針, 公司必須確立的定價政策, 包括新產品定價時, 宜採取高價榨脂或低價滲透定價政策, 定價時如何利用消費者心理, 以產生較佳的效果。

　　定價方法包括: 1.成本導向定價, 又分成本加成法和目標利潤法; 2.需要導向定價法, 又包括感受價值定價法和差別取價法; 3.競爭導向定價法又包括現行價格定價法和投標定價法等。

　　當廠商綜合考慮了影響定價的各項因素後, 便可以決定產品的最後價格。

　　價格是公司行銷組合中相當重要的一環，而且也是行銷組合中最有彈性的一環。調整價格可以很快就進行，效果往往也可以很快地顯現出來。例如當消費者普遍認為彩色電視機售價過高時，艾德蒙彩色電視機立刻率先大幅降價，其銷售量也立刻巨幅增加。而其他行銷組合的異動通常沒有這麼容易實施，效果的顯現也比較緩慢。

　　本章首先介紹價格的意義及其重要性，而後說明訂定價格的詳細過程。

壹、價格之意義及其重要性

一、價格之意義

　　對購買者而言，價格是在交易時，為了獲得所要購買的產品或服務，所必須付出的價值。消費者必須付出一些有價值的東西，通常就是金錢或其他購買力(buying power)來交換他想要得到的滿足或效用。消費者的購買力會受到消費者所得、財富、信用及其他特性的影響。在交易時，不一定要用金錢、支票或其他財務工具。消費者可以使用其他的購買力，來支付他所要的產品，例如以物易物就是最古老的交易方式。現代的國際貿易也常常採用這種古老的交易方式，尤其是在對一些缺乏外滙的東歐國家時，這種以物易物的交易方式相當盛行。

　　由於現代的社會在交易時，都是以金錢（財務價格）來衡量產品的價值，因此，任何有價值的產品包括財貨、服務、觀念和權利在內，都可以設定價格。例如在倫敦或香港的古董或美術品拍賣會上，一件我國明朝的青花瓷器價格可能高達美金數十萬元，而梵谷的一張畫價格更可高達美金二千萬元。

　　產品的價格如何決定呢？有些產品的價格是買賣雙方討價還價後的

結果: 賣方通常開出比他實際想要的更高之價格, 買方則會開出比他實際能接受的更低之價格, 然後雙方討價還價, 一直到出現雙方均能接受的價格為止。

二、價格的重要性

在進行交易時, 價格對買賣雙方往往都很重要。就購買者而言, 由於每個消費者所擁有的資源或是購買力都是有限的, 消費者必須把購買力做適當的分配, 才能得到最多的產品及最大的效用。在交易時, 消費者往往需要費盡心思來判斷, 所獲得的產品, 能否值回他所犧牲的購買力。例如有一項研究曾指出, 有25%的消費者在買肉時, 主要是根據價格來做決策。

其次, 購買者往往將價格當做品質的指標, 曼洛(Monroe)曾經綜合了七十六個研究, 發現價格和品質印象之間確實有正相關。

不過, 也有人認為價格對消費者的重要性往往被過分高估了。許多消費者在購買時, 並沒有去找最低價的產品, 也沒有去尋找價格和品質間的最佳比率, 許多人甚至連產品的價格都不知道。例如有一項研究就指出, 25%的消費者並不知道其所購買的牙膏價格是高或低。

貳、訂定價格的步驟

在了解價格的意義及其重要性之後, 我們接下來談訂定價格的各個步驟。圖12-1中指出訂定價格的八個步驟, 並非所有產品的訂價都必須依照這八個步驟來進行, 事實上, 這些步驟主要是提供定價時的一些思考邏輯, 使行銷者在定價時能考慮得更有系統而週全。以下摘要說明每一步驟:

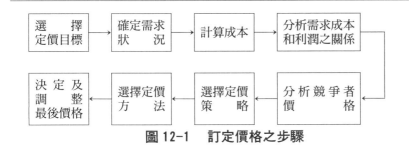

圖 12-1　訂定價格之步驟

一、選擇定價目標

在訂定價格時，公司首先必須決定定價目標。定價目標是一種整體性的目標，用來說明價格在公司長程計畫中的功能。由於定價目標會影響到公司各項功能領域，包括財務、會計和生產等，因此定價目標必須和公司整體的宗旨和使命一致。由於定價可能會涉及各個功能部門，行銷者往往採用多項的定價目標，以下爲公司經常設定的一些定價目標：

㈠求生存

一般公司如果面臨生產過剩、競爭激烈或消費者欲求變幻無常的情況，都會把生存當作主要的目標。爲了讓工廠繼續運轉，增加存貨週轉率，公司會定低價，冀望能因此增加銷售額，此時生存遠比利潤重要。像克萊斯勒汽車(Chrysler)公司在遭遇困境時，曾實施大規模的價格折扣，以求生存，只要價格高於變動成本並可彌補部分固定成本，公司卽可喘過氣來，繼續奮鬥。

㈡求本期利潤最大

許多公司定價的目標在求當期利潤最大。它們可以估計各種價格下的需求與成本，訂定可以使本期利潤、現金流入量或投資報酬率最大的價格；總之，公司重視的是本期的財務成果，而非長期的成果。

㈢滿意利潤水準

由於利潤極大化的成果很難衡量，許多公司往往設定一種能讓公司

股東和高階主管接受的「滿意利潤水準」，定價的目標就是要達成此種滿意的利潤水準。此種利潤水準可以實際的金額數字來表示。例如南部某家機械工廠，就將其七十五年度的利潤目標定爲新臺幣五千萬，而後根據此目標來定價。利潤水準也可以用和前期的變化率來表示，例如利潤比去年提高 15%。

㈣投資報酬率

這種定價目標也和利潤有關。公司希望能使其投資達到特定的報酬率。例如通用汽車公司傳統上都維持一個投資報酬率 15%～20%（稅後）的定價目標。但可惜的是，投資報酬率的定價目標，都是以嘗試錯誤的方式完成的。因爲在定價時，通常無法得到預測投資報酬率所需的各項成本和收入的資料。

㈤市場占有率

有些公司爭取最高的市場占有率，它們相信這可使公司的成本最低，獲致最高的長期利潤；爲了在市場占有率上領先，價格將儘可能定低。另外有些公司是以增加某比例的市場占有率爲其目標，例如定出一年內將市場占有率由 10%提高至 15%的目標，再擬出達成此目標的定價與行銷方案。國內的優美公司爲擴大其代理的 U-Bix 複印機之市場占有率，減價 20%，在一個月內市場占有率提高了一倍。

㈥現金流入

有些公司的定價是要先使現金能夠儘快的回收，財務經理通常都希望能將產品發展的資金儘早回收，當行銷經理認爲產品的生命週期較短時，往往也會設定此種定價目標。不過，此種定價目標，往往因爲其高價，使競爭者能以低價來掠取市場占有率。

㈦產品品質

有些公司以產品品質領袖爲其定價目標，通常這種公司的定價會比較高，以分擔高品質與研究發展的成本。米其林輪胎公司（Michelin）就

是著名的例子，該公司不斷推出有新特色更安全、更耐用的輪胎，價格大多比其他廠牌貴。

㈧維持現狀

有時候，公司若已經擁有最有利的競爭地位，對現狀可能很滿意，不希望再有什麼改變。維持現狀的目標可以針對幾個構面，例如維持市場占有率、配合競爭者的價格、保持價格穩定等。此種定價目標可穩定對產品的需求，減低公司的風險。採取維持現狀的定價目標時，往往降低了價格競爭的可能性，使該產業紛紛採用非價格競爭的方式，避免惡性的殺價競爭。

二、確定需要狀況

不同的價格有不同的需要水準，對行銷目標的影響也因此而異。價格與需要水準的關係可繪成圖 12-2 所示之需要曲線(demand schedule)，從需要曲線可以看出某一時期內，各種價格下的總市場需要量。正常情況下，價格與需要量成反比，價格愈高，需要量愈低。假設價格由 P_1 上升到 P_2，銷售量會由 Q_1 降低到 Q_2，這個道理很明顯，因為消費者的預算有限，價格高當然只好少買一些，或者改買價格較低的替代品。

圖 12-2　需要曲線

行銷人員必須了解需要對價格的敏感程度，亦卽需要的價格彈性，我們以圖 12-3 的兩條需要曲線為例加以說明。在圖 12-3 A 裡，價格由

P_1上升至 P_2，銷售量由 Q_1減少至 Q_2，幅度不大；在圖 12-3 B 裡，同樣幅度的降價，銷售量却由 Q_1'大減至 Q_2'。價格稍微變動，需要量幾乎不變，稱之為需要彈性低；反之，若需要量變動很大，則稱之為需要彈性高。需要的價格彈性可以更具體地用公式表示：

$$需要的價格彈性 = \frac{需要量變動百分比}{價格變動百分比}$$

假設價格提高 2%，需要量降低 10%，則需要的價格彈性為-5(負號表示價格與需要量的反向關係)。假設價格提高 2%，需要量降低 2%，則彈性為-1；在此種情況下，銷售收入會保持不變，因為銷售量降低而減少的收入剛好由價格上升的差價所彌補。如果價格提高 2%，需要量降低 1%，則彈性為 $-\frac{1}{2}$。需要愈缺乏彈性，銷售者提高價格所增加的總收入愈多。

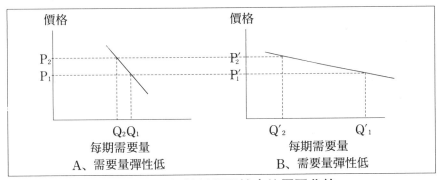

圖 12-3　　彈性低與彈性高的需要曲線

不同的產品或者不同區隔市場的顧客，對價格會有不同的敏感度，也就是說需要的價格彈性各有不同。例如消費者在買米時，對價格的敏感度可能要比買餅乾時來得小。由於飲食習慣化，米的價格稍微調高，消費者並不太會改吃麵，因此，米的價格彈性較小。而單就餅乾來說，高級的囍餅或蛋糕，其價格彈性較小，較次級的零嘴餅乾，價格彈性較大。從不同區隔市場而言，送禮用餅乾市場，價格彈性較小。買來自己

吃的餅乾市場，價格彈性較大。

　　需要彈性高，銷售者可考慮降價，因為這樣可增加銷售收入，只要產銷成本增加的比率不大於銷售量增加的比率卽可。

三、分析成本結構

　　成本一般分為固定成本與變動成本。固定成本係指不隨生產量或銷售收入變動的成本，例如房租、利息及管理人員薪資等。以表 12-1 中之計算器的成本結構而言，固定成本為 2,000 萬元。

表 12-1　　手上型計算器的成本結構

(1) 生產量	(2) 固定成本	(3) 變動成本 （每單位200元）	(4) 總成本	(5) ＝(4)÷(1) 平均成本
0	2,000	—	2,000	—
1	2,000	200	2,200	2,200
2	2,000	400	2,400	1,200
3	2,000	600	2,600	867
4	2,000	800	2,800	700
5	2,000	1,000	3,000	600
6	2,000	1,200	3,200	533
7	2,000	1,400	3,400	486
8	2,000	1,600	3,600	450
9	2,000	1,800	3,800	422
10	2,000	2,000	4,000	400

註：金額單位為萬元，數量單位為萬個。

　　變動成本係指隨生產量變動的成本，例如金寶電子公司製造手上型計算器，每一架計算器都有塑膠材料、線路、包裝、直接人工等成本，這些就是變動成本，通常每單位產品的變動成本應該相等。所以會被稱為變動，是因為總變動成本隨著產品的生產量或銷售量變動。表 12-1 中每單位之變動成本為 200 元。

　　總成本是固定成本與變動成本之和，表 12-1 中生產 5 萬單位時的總

成本爲 3,000 萬元。

　　將總成本除以生產或銷售件數卽可求得每件產品之平均成本。例如表中生產 4 萬單位時平均成本爲 700 元，生產 5 萬單位時平均成本則降至 600 元。

四、分析需要、成本和利潤之關係

　　就長期而言，企業爲了生存一定要有利潤，也就是說所訂定的價格必須要能超過所有的成本。在分析需要、成本和利潤間的關係時，可採用邊際分析法。

　　邊際分析是要了解，銷售量增加或減少一單位所造成的影響。邊際收益(MR)是指公司增加最後一單位的產品，使總收益發生的變化。邊際收益的圖形如圖 12-4 所示。邊際成本則是增加最後一單位的產品，對總成本的影響。邊際成本和平均成本的關係如圖 12-5。

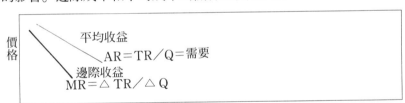

數量　**圖 12-4　典型的邊際收益與平均收益之關係**

數量　**圖 12-5　典型的邊際成本與平均成本之關係**

　　前面我們曾談到大多數產品的需要曲線是下斜的，也就是說必須要降低價格才能增加銷售量，這表示增加額外一單位的銷售，總收益的增加（邊際收益）會比平均收益來得低。(圖 12-4 上之 MR 小於 AR)。

　　邊際成本是增加最後一單位的產品，對總成本之影響，由圖 12-5 可看出，當產量超過最低平均成本後，邊際成本曲線便會高於平均成本曲線。利潤是收益減去成本，因此 MR 減 MC 的值如果是正的，那表示增加最後一單位的銷售仍然有利可圖。如果 MR 減 MC 的值為負，表示增加最後一單位的銷售得不償失。表 12-2 說明了「價格、銷售量、總收益、邊際收益、邊際成本、總成本和利潤之間的關係。由表中可看出當 MC＝MR 時，利潤達到最大。表 12-2 中當銷售 4 單位時 MC＝MR，最佳價格是 3,750 元，利潤是 6,000 元。在此點之前 MR＞MC，增加更多的銷售，所增加的收益大於所增加的成本，利潤可望增加。但超過此點後 MR＜MC，增加的成本即會超過增加的收益，而使利潤下降。」

表 12-2　邊際分析表

(1) 價　格	(2) 銷售量	(3) 總收益 (1)×(2)	(4) 邊　際 收　益	(5) 邊　際 成　本	(6) 總成本	(7) 利　潤 (3)-(6)
$5700	1	$5700	$5700	—	$6000	−$300
5500	2	11000	5300	$1000	7000	4000
4000	3	12000	1000	500	7500	4500
3750	4	15000	3000	1500	9000	6000
3240	5	16200	1200	2000	11000	5200
2780	6	16700	500	3000	14000	3700
2340	7	16400	−300	4000	18000	2400

　　我們可以將圖 12-4 和圖 12-5 合併為圖 12-6 的邊際分析圖，由圖中可知增加任一單位的銷售，如果 MR 大於 MC 可帶來利潤，如果 MR 小於 MC 則會減少利潤。因此，公司的產銷會定在 MR＝MC 的水準，此時公司有最大的利潤。此時的定價為 P，銷售量為 Q。

　　此種邊際分析的經濟學概念，很容易令人誤認為訂定價格可以做得很精確，如果收益（需要）和成本（供給）維持不變，就可設定利潤極大的價格水準。但實際上，成本和收益常會不停的變動，因此很難訂定

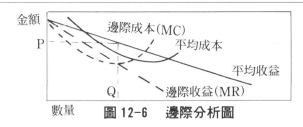

圖 12-6 邊際分析圖

此一理想的價格。而且,在訂定新產品的價格時,由於成本和收益曲線
都尚未能確定,此種邊際分析的技術較難應用。反之,在設定舊產品的
價格,特別是在競爭情況時,邊際分析的技術就相當有用。

五、分析競爭者的價格

市場的需要與產品的成本構成定價的上限和下限,而競爭者的價格
及可能採取的行動亦對公司的定價有所影響,行銷者必須了解各種競爭
產品或品牌的價格,方能為其產品訂定出適當的價格。行銷者必須把了
解競爭者價格,當作行銷資訊系統的例行作業。

了解競爭產品或品牌的價格,對行銷者相當有用。有些公司故意把
價格定得比競爭者稍微高一點,希望造成品質較高的印象。有些公司則
把價格當成競爭武器,將價格定得比競爭者稍低一點。例如臺北市有一
家新開幕的便利商店,把大部分商品的價格定成比鄰近的連鎖超級商店
便宜 1 元或 2 元,使顧客認為該商店的價格較為實在。再如百事可樂旗
下的三種連鎖餐廳(必勝客、塔克餅屋、肯德基炸雞)在過去數年內不
斷降低價格,與麥當勞為反應通貨膨脹的漲價策略剛好相反。許多麥當
勞的客人自然轉向百事可樂的連鎖店光顧。其中尤以塔克餅屋降價最
快,它在兩年間就把價格降低了 25%,顧客則上升了 60%。減低成本是
降價的關鍵,開一家麥當勞新店要花 160 萬美元,而百事可樂的門市部
雖然規模較小、型式簡單,平均僅需 90 萬美元。

六、選擇定價政策

定價政策是影響和決定價格決策的一些哲學或方針。公司爲了達成其定價目標，絕不可缺乏定價政策來指導其定價決策。定價政策可以協助行銷者解決定價時所遭遇的一些實際問題，以下介紹一些重要的定價政策：

㈠新產品定價政策

新產品定價是要爲新產品設定一個基礎價格。這個基礎價格可以隨時調整。也可以做爲對不同區隔市場提供不同折扣價格的基礎。

在設定基礎價格時，行銷者必須考慮到許多問題，例如：產品生命週期的長短？是否要儘快收回產品發展的成本？競爭者加入市場的速度有多快？競爭者的促銷能力是否很強？競爭者加入後是否會擴大市場的規模？行銷者在考慮這些問題後，可採取市場壓榨定價或市場滲透定價兩種策略。

1.市場壓榨定價法

許多公司在推出新產品之初，都訂定市場所能接受之最高價格，從此市場先行「榨取」相當的收入，美國杜邦公司是採行此法的先驅。該公司在推出玻璃紙、尼龍等新產品時，先衡量該項產品與替代品的比較利益，據此訂定最高的價格，這個價格剛好可使某些區隔市場願意接受此項新產品，等到銷售額成長減緩時，再針對下個可能接受此產品的市場降價。利用這個方法，杜邦公司可在各個區隔市場獲得最高的收入。IBM 公司也採用此種策略，它先推出一種昂貴的新型電腦，然後逐步推出一些較便宜、簡單的機型，以爭取新的市場。

2.市場滲透定價法

有些公司在導入新產品時訂定略低的價格，以吸引大量的購買者，爭取市場佔有率，統一公司在推出其寶健運動飲料時，率先採用 375 c.c. 大容量的鋁箔包，並將價格降到 12 元，比鐵罐的 18-20 元便宜許多，再配合尖銳的電視廣告「丟錢哪」，提醒消費者其經濟利益，很快的搶得相

當大的市場。

㈡心理定價政策

心理定價是用來激起顧客情緒上的反應，以鼓勵顧客購買。心理定價的政策在消費品的零售上特別有用，而在工業行銷上則較少應用。心理定價包括下列幾種：

1.奇數定價

許多公司深信顧客偏愛奇數價格（不是數字上的奇數，而是心理上的奇數），如百貨公司常將女裝的價格訂為 1950 元或 1990 元而非 2000 元，因這樣會使顧客感覺價格是一千多元而非二千元，心理上會產生很便宜的感覺。她甚至會告訴朋友，買了一件一千多元的便宜女裝。報紙上許多拍賣廣告都利用這種奇數定價法來吸引顧客。有些心理學家更進一步研究，認為定價應同時考慮數字的形狀，因這樣會讓人產生不同感受，如 8 給人對稱圓滑的感覺，有安適的效果，4 和 7 則有稜有角，比較不討人喜歡，有人認為將價格訂為 88 元要比 77 元來得好，不過當需要有刺激效果時，也可以採用 4 和 7 這些數字。

2.習慣定價

許多產品以傳統價格作為定價之基礎，將價格定在一般大眾所習慣的價格水準。例如以麵包來說，最便宜的那種小麵包，有好長一段時間維持在每個 2 元的定價水準，卽使在物價略微上漲時，麵包店寧願將麵包做小一點，也不敢輕易提高售價，以免遭到顧客的抗拒和抵制。這類產品必須等到物價上漲的程度非常大了，才將產品價格做大幅度的調整。大部分的廠商會根據調整之後的新習慣價格來定價，新習慣價格又將維持一段很長的時間。例如麵包由 2 元很快的漲到目前的 5 元，這個價格已維持了好久，在中南部的麵包店仍普遍維持這個價格。

3.名望定價

名望定價(prestige pricing)是故意把產品定在較高的水準，以讓

人覺得有名望或產生高品質的印象。許多病人（特別是公保或勞保的病人）常抱怨醫生開的藥太便宜了，而要求醫生開貴一點的藥，病人覺得貴一點的藥比較有效。許多消費者把價格當作品質的指標，許多香水、洋酒或高級汽車，將價格調高時其銷售量反而上升。名望定價對於「自我敏感度」(ego-sensitive)高的產品特別有效，例如香水與昂貴的高級汽車即是。一瓶賣 1000 元的香水裝的可能是值 100 元的香水，但消費者願意付 1000 元，因為這代表著某種特別意義。綠野香波洗髮精率先採用較高的定價，使消費者認為綠野香波比其他洗髮精的品質要好很多。

4. 梯狀定價

梯狀定價(price lining)是將一大群產品，歸為少數幾種價格水準。例如某公司將各種餅乾的售價分為兩大類，一類餅乾的售價定為十多元，另一類則定為三十多元，梯狀定價的需要曲線有如圖 12-7 所示的樓梯狀。梯狀定價的基本假設是認為各種產品在某些價格範圍內，需要的價格彈性很小。如果某種價格水準相當吸引人的話，那麼顧客對價格的稍微變化並不在意，仍會進行購買。例如一家化粧品公司將保養乳液的價格定為 850 元、550 元或 350 元，該店的經理可能認為這些價格較適當。如果將價格降到 830 元、530 元和 330 元，並不會吸引更多顧客的購買。

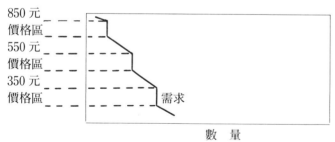

圖 12-7　梯狀定價

5. 促銷定價

在某些情況下，公司會暫時以低於原價格甚至成本的價格出售產品。例如超級市場和百貨公司以某些產品作為「犧牲打」(loss leader)，以

吸引顧客到店裡來買其他未打折的產品。國內的家電廠商最近也紛紛在各項主力產品例如，錄影機、微波爐等，推出低價特賣機種，以吸引顧客上門。

七、選擇定價方法

在選擇定價政策之後，行銷者必須選擇一套定價方法，以計算產品之實際價格。產品的性質及產品種類的多寡，會影響到公司對定價方法的選擇。例如有數千種產品必須計價的超級市場，會採用比較簡單的計價方法。而中國造船公司對貨櫃船的計價方法則複雜多了。

定價方法可分爲成本導向定價、需要導向定價及競爭導向定價三大類：

㈠成本導向定價

成本導向定價是以成本爲計算基礎的定價方法，又可分爲成本加成定價法和目標利潤定價法兩種：

1.加成定價法

最常見的成本導向定價法是「毛利加成法」(Markup Pricing)及「成本附加法」(Cost-plus Pricing)。這兩種定價非常相似，都由「單位成本」加上一定的利潤作爲價格。「毛利加成」定價法最常應用於零售業，如雜貨店、家具店、成衣店及珠寶店等。零售商對各種貨品加上不同百分比的「預定毛利」作爲售價。而「成本附加」法是根據實際支出的成本，再加上一定金額或比例的利潤。通常是應用於非經常性與很難預先估計成本的工程，例如建築以及軍事武器的發展等即屬之。在通貨膨脹時期，由於生產者的原料成本經常波動，此種定價方法相當流行。不過，賣方往往在採用此種定價法時，故意增加成本，使計算利潤的基數變大，以得到較多利潤。而不同產品的毛利相差頗大。在一般百貨店裏，香菸的毛利加成約爲 20%，衣著約 40%，珠寶 46%，女帽 50%。零

售店裏的咖啡、罐頭、奶粉、糖等產品之加成平均較低。

2.目標利潤定價法

另一個成本導向的定價法稱為目標利潤定價法(target profit pricing)，在此法下，廠商根據某一目標利潤來訂定其價格。通用汽車公司(General Motors)卽根據此種定價法，以 15%至 20%的投資報酬率來訂定汽車價格。此種定價法多用於電力公司等公用事業，它們通常會規定一個合理的報酬率，此一報酬率必須經過政府或議會的同意。

我們可以用損益平衡分析的觀念來說明目標利潤定價法。圖 12-8 的例子中假設固定成本為 600 萬元，每單位變動成本 5 元，每單位售價為 15 元時，公司賣出 60 萬單位能達到損益平衡。其公式為：

$$損益平衡點＝\frac{固定成本}{單位貢獻}$$

$$＝\frac{固定成本}{價格－單位變動成本}＝\frac{6,000,000}{15-5}＝60,000(元)$$

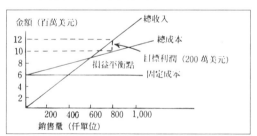

圖 12-8　決定目標利潤價格之損益平衡圖

如果公司的目標利潤為 200 萬元，則其銷售量應達到 80 萬單位，否則只有提高價格一途。而價格提高是否反而使總收入減少，這就要看需要的價格彈性，在損益平衡分析圖裡看不出來，採行目標利潤定價法，必須考慮各種價格下的銷售量是否超過損益平衡點，達到公司希望的利潤目標，以及其可能性為多大。目標利潤點的計算公式為：

$$目標利潤點＝\frac{固定成本＋目標利潤}{單位貢獻}$$

$$= \frac{固定成本＋目標利潤}{價格－單位變動成本}$$

$$= \frac{6,000,000＋2,000,000}{15－5} ＝ 800,000（元）$$

我們也可以將此公式略加變化而得到：

$$價格 ＝ \frac{固定成本－目標利潤}{目標利潤點} ＋ 單位變動成本$$

$$= \frac{6,000,000＋2,000,000}{800,000} ＋ 5 ＝ 15（元）$$

㈡需要導向定價

需要導向的定價法，是根據顧客對產品的需要來定價。事實上，也就是根據顧客對價格的認知和反應來定價。需要導向的定價方法，主要有感受價值定價法和差別取價法兩種：

1.感受價值定價法

越來越多的公司以產品的感受價值來訂定價格，它們主要依據購買者的感受價值，而非產品的成本來定價。它們利用行銷組合中的非價格變數，在購買者心目中建立地位，價格就依此感受價值來決定。

以一杯咖啡為例，同樣的東西在不同的地點出售，價格就是不同，自動販賣機賣 20 元，在小餐廳為 50 元，在咖啡廳為 70 元，在更豪華的大飯店的咖啡廳可能要賣 120 元。這是因為不同的地點能使顧客感受到不同的價值。

採行感受價值定價法，必須確定對於不同的產品提供方式，顧客所感受的價值為何。在前述例子中，消費者可能被詢問在不同的地點，他們願意花多少錢來購買一杯咖啡；也可能被詢問產品每多提供一種利益或特質，他們願意多付多少錢。

2.差別定價法

公司常根據顧客、產品、地區等因素之不同而修正其基礎價格，差

別定價係以兩種以上的價格出售同一產品或服務，而這價格不一定完全
反應成本上的差異，它有下列幾種方式：

　　⑴因顧客不同：對相同的產品或服務，顧客可能會支付不同的價
格，如國內的公共汽車對學生與老年人給予優待價格。

　　⑵因產品形式不同：不同形式的產品價格有異，同時其差異不一
定完全反應成本。某釀酒公司對不同包裝的酒，訂定不同的價格，雖然
成本上並沒有太大的差異。

　　⑶因地點不同：不同地點，儘管成本沒有差異，其價格也可能不
同。例如因為觀衆對某些座位有所偏好，因此戲院內的座位其票價就有
所差異。

　　⑷因時間不同：價格可能因時辰、日期或季節之不同而異。例如
電信局、電力公司等公用事業針對營業用戶，會依時段、週末及週日而
有不同的收費標準。

㈢競爭導向定價

　　競爭導向定價是以競爭情況做為計算價格的核心問題。當產品愈標
準化，顧客的需要愈一致，或者價格為市場上之主要競爭策略時，競爭
導向的定價就愈為重要。競爭導向定價主要有現行價格定價法和投標定
價法兩種：

　　1.現行價格定價法

　　現行價格定價法係指公司大體上依據競爭者的價格來定價，較不考
慮成本或市場需要狀況，它的價格或許與主要競爭者價格一樣，或稍高
或稍低。在鋼鐵、水泥、沙拉油等寡占市場中，幾家大公司的定價通常
一致，較小的公司跟著領導市場的公司來調整價格。有些公司則訂定比
競爭者稍高或稍低的價格，但差額通常固定不變，例如較小的沙拉油廠
商定價比幾家主要的沙拉油公司少幾元，同時一直維持這幾元的差額。

　　現行價格定價法相當風行，主要是因為需要彈性難以衡量，現行價

格是業者集思廣益的結果，應可得到相當的利潤，同時，利用現行價格法可以避免破壞行業的和諧。

2.投標定價法

投標爭取業務的公司也大多採用競爭導向的定價法。採投標定價法的公司考慮的重點是競爭者會報出何種價格，而不拘泥於成本或需要狀況。競標的目的在爭取合同，因此價格必須比競爭者低才行。

不同公司投標通常以不低於某一水準為原則，價格定得比成本低將有損公司的利益；然而從另一方面看，報價高一點，固然可以增加利潤，但無形中也削弱了獲取合同的機會。

這兩種相反考慮的結果，可由投標的期望利潤來說明（見表 12-3）。假設投標 95,000 元可獲得合同的機率高達 0.81，但利潤只有 1,000 元，故其期望利潤只有 810 元；若公司報價 110,000 元，其利潤可達 16,000 元，但其獲得合同的機會只有 0.01，其期望利潤只有 160 元；合理的投標準則應是期望利潤最大的那個標，根據表 12-3，最佳的標價應為 100,000 元，其期望利潤達 2,160 元。

表 12-3　不同標價的期望利潤

公司標價	公司利潤	獲取合同的機會	期望利潤
$95,000	$1,000	0.81	$810
100,000	6,000	0.36	2,160
105,000	11,000	0.09	990
110,000	16,000	0.01	160

就大公司而言，它所投的標很多，並不靠其中任何一個特別的標來維生，故用期望利潤的準則來選擇投標是合理的，它不必靠碰運氣，卽可獲得公司的長期最大利益。然而對某些只是偶而投標或急需獲取合同來週轉的公司，期望利潤的準則也許並不太適合，因為這個準則無法告訴它利潤 10,000 元，機率 0.1 與利潤 1,250 元，機率 0.8 何者較佳。但如果公司須靠此生意來維持生產，勢必選擇機會較大的後者。

八、決定及調整價格

　　行銷者在選擇定價目標，確定需要狀況，估計成本，分析需要、成本和利潤的關係，及分析競爭者價格之後，再根據定價策略的指導，選擇適當的定價方法來算出產品適當的價格。

　　在決定價格之後，行銷者仍需注意隨時因應顧客需求、產品成本及競爭情況的變化，來調整其價格。

　　許多公司在適當的時機給予顧客一些折扣，以鼓勵顧客採取對公司有利的行動，例如提供配銷功能、提早付款、大量採購或在淡季採購。這類的價格調整包括功能折扣、現金折扣、數量折扣、季節折扣和折讓等，將留至下一章再行論述。

重要名詞與概念

定價程序	不二價政策
心理定價法	新產品定價政策
定價目標	習慣定價政策
地位定價法	梯狀定價政策
需求法則	高價搾脂定價政策
奇數定價法	低價滲透定價政策
需求的價格彈性	成本附加定價法
單位定價法	加成定價法
固定成本	目標利潤定價法
價格線定價法	差別定價法
變動成本	感受價值定價法
平均成本	現行價格定價法
邊際成本	投標定價法

自我評量題目

1. 試說明價格的意義及重要性。

2. 試說明定價的程序

3. 請列舉一些常見的定價目標。

4. 試述決定一項產品需求彈性大小的因素。

5. 你認為在何種情況下，一個成衣製造商應該追求高價榨脂政策？在何種情況下又該追求低價滲透政策？

6. 試說明各種心理定價政策。

7. 甲公司生產電子錶，公司所要求的利潤為 1,200,000 元。若預定生產量為 40,000 件，總固定成本為$800,000 元，平均變動成本為$16 元。試以目標利潤定價法決定產品的售價。

第十三章　價格管理

摘要

公司經由定價程序所設定的價格，是產品的基本價格。通常公司在實際出售產品時，會根據某些市場狀況或顧客的差異而調整基本價格，做為產品的實際售價。折扣、地理性定價、產品組合定價和變動決策，均是廠商用以修正產品基本價格的價格調整策略。

折扣係指公司允許顧客在實際付款時，自標價中扣除若干金額，以鼓勵其採取對公司有利的行動。為鼓勵顧客一次大量的採購，公司可以提供顧客非累積數量折扣，如欲維持顧客的忠誠性，則可提供累積數量折扣。為鼓勵顧客提早付款，公司可以提供現金折扣。功能折扣和促銷折扣都是提供給中間商的折扣，前者是對於中間商執行行銷活動所提供的報酬，後者則是對中間商協助從事促銷活動所提供的報酬。

地理性定價是指考慮運費的歸屬問題，在 FOB 出廠價格定價法之下，運費全部是由買方負擔。在統一交運價格定價法之下，無論顧客所在地的遠近及實際運費的多寡，賣方的報價中都包含產品的基價加上標準的運費。在區域定價法下，賣方將市場分成數個區域，同一區域的顧客支付相同的運費，不同區域的顧客則支付不同的運費。在基點定價法之下，賣方選擇一個或多個地點為基點，對顧客所提供的報價為基價加上該唯一基點或最靠近顧客的基點至買方的運費。在吸收運費定價法之下，賣方僅收取與買方當地競爭者相等的運費，而自行吸收部份的運費。

產品組合定價則從需求、成本、競爭三方面加以考量以求整個產品組合的利潤達到最大。而產品組合定價原則分別是：1.全部成本，2.遞增成本，3.加工轉換成本。

定價及調整價格時需考慮有關的法令，例如公平交易法中之相關條款。

在上一章中，我們探討了如何遵循一套定價程序來決定產品的基本價格，可是廠商有時尚須參酌某些市場狀況或顧客的差異而調整其基本價格，做為產品的實際售價。這種價格的調整稱為價格管理(price administration)。

壹、價格折扣

折扣是公司允許顧客在實際付款時自標價中扣除若干金額，以鼓勵顧客採取對公司有利的行動，例如：提早支付貨款、大量採購、在淡季採購或加強促銷活動等。折扣使得公司可以視狀況調整價格而不必重新印製價目表，常見的折扣形式如下：

一、功能折扣

功能折扣(functional discount)又稱為中間商折扣(trade discount)，是生產者給予配銷通路成員的折扣，以酬謝他們執行某些功能。例如銷售、儲存和進出貨紀錄等作業。對不同類型的中間商，由於所提供的服務不同，製造商可能給予不同的折扣，但對類似的中間商，製造商則應給予相同的功能折扣。

二、現金折扣

許多公司對及時付現的顧客通常給予現金折扣(cash discount)，典型的折扣條件是「2/10、30 天」，表示付款期限為 30 天，如果客戶能在 10 天內付款，則有 2%的折扣，此種方法可增加賣方的變現能力，降低信用成本和防止發生呆帳。

三、數量折扣

數量折扣(quantity discount)係指客戶大量購買時，價格可以減少，典型的數量折扣條件如「影印 10 張以下每張 1 元，10 張以上每張 8

角，100 張以上每張 7 角」。數量折扣可以每次訂購量為基礎，亦可以某一段時間累積訂購數量為基礎。數量折扣的目的在鼓勵客戶多向同一銷售者購買，而不要分散向其他來源購買。

四、季節折扣

廠商對在非旺季購買產品的客戶，通常會提供季節折扣，由於提供季節折扣，可使銷售者整年維持平穩的產量。如冷氣機製造商在冬季時提供季節折扣，遊樂區和旅館等也常在旅遊淡季提供折扣。

五、促銷折扣(promotional discounts)

促銷折扣是製造商對中間商執行促銷活動所給予的折扣或現金。製造商經常需要中間商協助從事一些促銷活動，如廣告、產品展示會、特殊店面陳列等，而給予中間商促銷折扣做為報酬。例如零售商在地方性報紙上為製造商的產品刊登廣告，以吸引顧客到店裡來購買該產品，而製造商則給予零售商全額或部分的補助。

六、折讓

折讓亦是一種減價的形式，例如抵換折讓(trade-in allowance)，顧客用舊型產品抵換以購買新型產品，汽車業常採用抵換折讓，其他一些耐久性產品也可見到。例如東菱收錄音機辦了一次抵換折讓，每一部舊收音機可抵讓 1,000 元，促銷折讓(promotional allowance)則係指給參與廣告或推廣活動之經銷商的一種報酬。

貳、地理性定價

地理性定價是指在定價時考慮產品由賣方送到買方的運費該由誰來承擔，而對基本價格所作的調整。廠商可決定運費成本由賣方、買方或者雙方共同負擔，此一政策對於廠商的市場涵蓋區域、利潤、競爭力量會有重大的影響，同時亦將影響原料供應來源與廠址的選擇等生產決策。

因此，廠商對產品運費的歸屬問題必須愼重加以考慮，以下是一些常用的地理性定價法：

一、FOB 出廠價格定價法（FOB factory pricing）

FOB 表示 free on board，意指產品的所有權由指定的地點移轉給買方。因此，FOB 出廠價格定價法，意指產品所有權在工廠交貨後就歸於買方，運送責任由買方自理，所發生的運費亦由買方自行承擔。

採用 FOB 出廠價格定價法時，因爲運費由買方負擔，因此無論顧客所在地的遠近，只要顧客購買量相同，廠商的收益都是一樣的。所以有人認爲這是最公平的定價方式，然而 FOB 出廠價格定價法將會限制廠商市場所涵蓋的地區，因爲遠地的潛在顧客將因所需的運費過鉅而寧願向當地的廠商購買同類產品（對於笨重而低價的產品，更是如此）。再者，由於顧客通常會向廠商查詢如何運送產品才最經濟，因此廠商雖不負擔運費，對於各種運送方式的費率還是必須瞭若指掌，若公司的產品類別甚多，顧客又分散在許多不同的地方，則運費的查詢將會增加公司作業上的困擾。

二、統一交運價格定價法（uniform delivered pricing）

統一交運價格定價法又稱爲郵購定價法（postage stamp pricing），意指無論顧客所在地的遠近及實際運費多寡，賣方對所有顧客都提供相同的報價。報價中包含產品的基價加上標準運費，而此一標準運費通常是廠商根據所有顧客之平均運費而訂定的。因此，對於鄰近廠商的顧客來說，他們所負擔的運費將比實際運費來得高，亦即他們多付了一些「虛構運費」（phantom freight），但另一方面，對於遠地的顧客而言，由於廠商吸收了部份的運費，故他們所付的運費將比實際運費來得低，因此統一交運價格定價法將有助於廠商吸收遠地的顧客，而擴大

其市場的範圍。在實務上，統一交運價格定價法通常運用於運費在產品總值中所占比例甚小的情況下，它同時也使廠商可在全國性廣告中標示統一價格。

三、區域性定價(zone pricing)

區域定價法是指賣方將其所服務的市場劃分為兩個或更多的區域，對每個區域內的顧客報價是統一的，但對不同區域的顧客則提供不同的報價。因此，顧客所負擔的產品價格包括基價加上該區域的平均運費。當運費占產品總價的比例甚高時，採用區域定價法要比採用統一交運價格定價法來得實際，但是區域定價法下，某些顧客多付「虛構運費」以及賣方須吸收某些顧客的運費的情形仍然存在。此外，區域定價法亦可能導致兩個相去不遠的顧客因劃分至不同區域而必須付出差異頗大的運費。

四、基點定價法(basing-point pricing)

單基點定價法是指賣方選擇一個地點為基點，對顧客所提供的報價為基價，加上該基點至買方的運費。多基點定價法則以多個地點為基點，對顧客所提供的報價則為基價加上最靠近顧客的基點至買方的運費。因此，在基點定價法下並未考慮產品實際的交運地點。

茲以下例說明基點定價法：假設甲公司的工廠位於高雄，若該公司採用以臺中為基點的單基點定價法，若有位於臺北的乙顧客欲向甲公司購買一件值 5000 元的產品，由高雄運送該產品給乙的運費為 800 元，但因甲公司以臺中為基點，故產品的報價為 5300 元（產品基價 5000 元加上臺中至臺北的運費 300 元），亦即甲公司必須吸收 500 元的運費。同理，如果位於臺南的丙顧客欲向甲公司購買同一產品，則產品的報價為 5280 元（基本價格 5000 元，加上臺中至臺南的運費 280 元），若產品由高雄

運至臺南實際的運費爲 100 元，則丙顧客必須多付 180 元的虛構運費。假若甲公司改採以桃園和臺中爲基點的多基點訂價法，則提供給乙的報價將變成 5070 元（產品基價 5000 元加上桃園至臺北的運費 70 元），提供給丙顧客的報價則維持不變（桃園和臺中兩地相比，以臺中距離台南較近）。

五、 吸收運費定價法(freight absorption pricing)

當廠商試圖滲透距離較遠的市場以增加或維持其市場佔有率時，可以採取吸收運費定價法，僅收取與當地競爭者相當的運費，如此可以使遠地的顧客不必基於運費的考慮而只能就近在當地購買產品，因而有利於市場的拓展。

廠商採取吸引運費定價法所導致銷售量的增加，可使每件產品所分攤的固定成本降低，因此只要降低的成本能夠彌補吸收運費的損失，即值得採行吸收運費定價法。

叁、產品組合定價

廠商的產品組合中通常包括很多的產品，因此各種產品的價格尚須依整個產品組合之考慮而加以調整，在這種情況下，產品的價格應該在求整個產品組合的利潤最大。由於各種產品間的需要與成本之關係各有不同，而面臨的競爭程度亦有所差異，使得這種定價相當不容易，底下將分別由需要、成本和競爭三方面的關係加以說明。

一、 需要的關聯性

當一種產品的價格（或其他行銷組合因素）改變，對另外一種產品的需要量有影響時，稱爲有需要之關聯性(Interrelationship)。經濟學

上以需要的「交叉彈性」(Cross-Elasticity)，說明這種交互影響的關係。如果交叉彈性是「正值」時，表示這兩種產品為「替代品」(Substitute)；如為「負值」時，則為「補助品」(Complements)；若是等於零時，則表示兩種產品的需要互不相關。例如家電公司若降低碟影機的價格，將會降低顧客對其錄影機（代替品）的需求，而增加對他的碟影片（補助品）的需求，但不太影響他對冰箱的需求。代替品和補助品的定價截然不同。

㈠代替品的定價

有些產業的產品，形式很多，彼此互為替代品，例如汽車及家用電器即是。廠商應為其產品線仔細選定幾個價格點(price point)，例如女裝店的時裝訂定三個價格點——1,500、2,200、3,100 元，顧客會聯想不同價格水準的時裝其品質亦有高低之分，因此即使分屬三種價格水準的時裝略為漲價，顧客仍會購買原認定水準的產品。業者必須能使顧客感受到不同價格點的產品品質確實不一樣，認為他們多付一些錢是值得的。

㈡補助品的定價

許多公司也銷售和主產品一起使用的補助品，例如顧客除了購買汽車之外，也向汽車公司訂購電動窗、除霧器等附屬配件。附屬配件的定價頗令汽車公司頭痛，它必須決定那些該包含在汽車售價裡，那些該另訂價格，讓車主自己決定是否購買。裕隆汽車公司的策略是廣告每輛 23 萬元的陽春車，吸引大家到展示中心，而展示的卻大部分是冷氣、音響等配件齊全的豪華型，每輛定價 28 萬到 30 萬元，顧客兩相比較之下，通常不會選購較不舒適和方便的陽春車。美國通用汽車公司過去都採用此種策略，但是該公司在 1981 年春天推行前輪帶動的 J 型汽車時，改弦易轍，模仿日本車的作法，將原先另定價格的許多配件均包括在整車的售價中，結果廣告中出現的是配件齊全的車子，不幸的是其價格在 8,000 美元以上，令許多有意買車者望之卻步，連展示中心都沒有去。

　　有些與主產品一起使用的補助品，耗用量相當大，如刮鬍刀片和照相軟片，公司通常將主產品（即刮鬍刀與相機）的價格訂低，利用後續產品的高額加成來增加利潤。因此舒適牌刮鬍刀賣得頗為便宜，只要刮鬍刀普遍，刮鬍刀片的銷路必然會好。

二、成本的關聯性

　　如果某項產品的生產量會影響另一種產品之成本，則稱此兩種產品之成本具有關聯性，聯產品或副產品即屬之。例如豬腳的生產量減少，豬排的生產量也隨著減少，因此每單位豬排所分攤的間接費用必定增加，也就提高了豬排的單位成本。此外，縱非聯產品，只要使用共同的生產設備，涉及分攤成本時，也有成本關聯性存在，因為在會計處理上，要求將全部成本加以分攤於各項產品，假使產品少攤成本，必使另一種產品多攤。這種成本關聯性的含義指出，如果某一個公司提高了產品的價格，使其銷售量減少，將使其他成本關聯的產品之成本增加。所以管理當局要改變其中之一的價格時，應注意到成本關聯性的影響。

三、競爭的影響

　　產品線中的各項產品，所承受的競爭壓力程度各有不同。對那些競爭壓力大的產品，賣者在定價方面沒有什麼伸縮餘地，但對其他產品的定價則有較多的選擇。例如以洗衣粉來說，某些包裝容量的洗衣粉由於競爭品牌很多，定價的彈性較小，而有些包裝容量則少有競爭品牌，定價時就較有彈性，所以廠商不能只按產品的成本比例來定價，應該配合各種產品之競爭壓力來調整價格，以獲取更多的利潤的機會。

四、產品線定價之各種成本結構

　　在實際上，產品線定價以「成本」（cost）作起點，至於應該用什麼成

本爲基礎有相當多不同的意見。常用的成本有(1)全部成本(Full Costs)，(2)遞增成本(Incremental Costs)，及(3)加工轉換成本(Conversion Costs)三種。表 13-1 說明肥皂製造商，利用不同成本基礎所得之定價結構。

表 13-1　各種產品線定價原則之例釋

甲、 產品線成本結構：

	第一種香皂	第二種香皂
1.人工成本	$10	$15
2.原料成本	20	10
3.製造費用	5	10
全部成本(1+2+3)	$35	$35
遞增成本(1+2)	30	25
加工成本(1+3)	15	25

乙、 不用產品線定價：

	加成比例	第一種香皂	第二種香皂
1.全部成本定價法	20%	$42	$42
2.遞增成本定價法	40%	42	35
3.加工成本定價法	180%	42	70

　　國內某肥皂廠產銷兩種香皂，第二種香皂耗工多，但用料少，第一種香皂用料多，但耗工少。第二種於製造時，由於處理的手續較多，所以所分攤的製造費用也較多。它們個別的成本列於表 13-1。

　　第一項定價原則係按全部成本比例定價。由於兩種香皂之全部成本相同，所以加成 20%後之價格一樣。對使用全部成本的批評，主要是在製造費用的分攤多少是隨意的，所以各種產品的價格，受人爲分攤製造費用的影響，因之廠商如此做恐會失去應該可以獲利的機會。

　　第二項定價原則係按遞增成本的比例定價。其基本理論是公司對顧客的索價要與多生產一塊肥皂所增支的成本成正比例。在這個例子中，多生產一單位的第二種香皂之增支成本比第一種香皂爲低。若按照此法

定價，會使顧客轉向購買那些加工成本較高，而遞增成本較低的產品。

　　第三項定價原則係按加工成本比例定價。加工成本是指將原料轉化為製成品所需之人工及製造費用，因此加工成本即等於廠商在生產過程所附加上去的價值(value-added)，亦即等於全部成本減去原料成本的數字。採用這個原則的理由在於廠商所獲得的利潤，必須依據它對產品所增加的價值而定。這種以加工成本作基礎的定價方法，會使顧客轉向購買那些原料等遞增成本較高，而加工成本低的產品。這種定價方法可促使廠商經濟有效地運用稀有資源，如人工與機器。

肆、價格與法律

　　企業在根據某些市場狀況或顧客的差異而欲調整產品售價時，必須也將法律因素加以考量。

　　許多法令都與定價有關，其中最重要的是自八十一年二月四日起開始實施的公平交易法，公平交易法的主要目的為維持公平競爭環境及維持公平交易秩序，此兩點都與定價有關。

　　1.維持公平競爭環境：為防止廠商濫用其影響市場之力量，因此公平交易法就獨占、寡占、事業結合、聯合行為等事業可能影響市場公平競爭之情形分別加以規範。例如，南部地區的沙石業者聯合提高價格，公平交易委員會即進行調查是否有違法之處。

　　2.維持公平交易秩序：即交易秩序必須建立在交易因素並無欺罔之基礎上。而所謂交易秩序係指商品品質、價格、數量、產地、製造商、原料、成分等，影響交易決定之因素所構成之競爭秩序。例如廠商不得採用不實之折扣廣告，有些百貨公司在廣告中宣稱「全面五折」，實際上只有少數商品五折，即為違法。

　　無論是製造商或中間商都必須注意其定價是否違反公平交易法或其

他法律。

一、製造商方面

許多廠商的產品採取全國統一售價，製造商需注意此種做法是否屬公平交易法中所稱的轉售價格的約定。依據公平交易法第十八條的規定，事業對於其交易相對人，就供給之商品轉售與第三人或第三人再轉售時，應容許其自由決定價格，而有相反之約定者，其約定無效。製造商需注意的轉售價格約定主要有三種型態：

1.固定轉售價格，是指製造商指定單一之轉售價格，要求中間商遵行者。例如某廠牌的口香糖除在其產品包裝上印有定價外，亦在行銷廣告上標明其價格，因此極易被認定是固定轉售價格的約定。

2.最低轉售價格，是指製造商與經銷商或批發商約定其商品的轉售，不得低於某一價格水準，由於這種最低轉售價格的約定亦完全排除了經銷商的價格競爭，自然也在法律禁止行為之列。

3.最高轉售價格，是指製造商規定轉售價格不得高於一定價格水準的方式。雖然最高轉售價格的約定表面上有利於消費者，但實質上卻可能阻礙新廠商的進入市場，而破壞了競爭秩序，故亦應加以禁止。

二、零售商方面

目前零售業者的許多定價方式都可能違反公平交易法或其他法令，零售商應注意以下三種類型的定價方式：

㈠不實標價

1.雙重標價：例如：「市價 4,500 元，售 2,000 元」，公平會認為，這種「雙重標價」的方式，顯有「價格障眼法」之故意，較高之市價標示易使消費者產生係高品質價位商品的誤認；而較低之售價標示，則易使消費者產生撿到便宜貨之誤認，應有觸犯公交法第 21 條的行為。

2.虛構原價：例如，原價 2,000 元的皮鞋，卻標示「原價 3,000 元，打六折 1,800 元」。由於此一擡高原價、再折扣出售的情形，係屬虛僞標價，可依公交法第 21 條加以規範。

3.標明係「工廠原價」或「批發價」，公平會認爲此一行爲應視個案加以認定，若屬「虛僞標價」者，可依公交法第 21 條規定處理。

4.「清倉大拍賣」或「跳樓大拍賣」，公平會認爲事業如無結束營業之事宜，而以「清倉大拍賣」、「跳樓大拍賣」爲經年累月之廣告，顯有欺罔消費者之情事，可依公交法第 21 條加以規範。

㈡折扣促銷

1.「全面六折」：公平會初步認爲因全面折扣的商品促銷行爲相當普遍，爲確保消費者權益，廠商應有眞實告知之義務，因此只要查獲未打六折之商品，即屬虛僞不實，擬依公交法第 21 條加以規範。

2.「五折起」：對於業者這種促銷行爲，公平會認爲若其多數商品未達五折，依「五折起」的廣告用語，縱無虛僞不實，也足以引人錯誤，擬依公交法第 21 條加以規範。

3.「全年折扣」：公平會認爲，由於折扣促銷應有時間性，全年折扣不僅與商業習慣不符，且易使消費者誤認其商品價格較爲低廉，故違反公交法第 21 條規定。

㈢不當廉售

例如某百貨公司爲了打擊鄰近之專賣店，而對相同之商品以低於成本價格出售。

所以，企業若在定價或調整產品價格前未能考慮相關的法律因素，將會動輒觸法，使企業的發展陷於不利之情勢，不可不愼。

重要名詞與概念

地理性定價　　　　　吸收運費定價法

FOB出廠價格定價法 折扣

統一交運價格定價法 功能折扣

區域定價法 現金折扣

基點定價法 數量折扣

單基點定價法 促銷折扣

多基點定價法 折讓

自我評量題目

1. 試述廠商提供數量折扣的用意何在？並說明累積數量折扣和非累積數量折扣的差異。

2. 請解釋付款條件「3/10，net 30」的意義。廠商為何要提供現金折扣給顧客？

3. 試述有那些折扣是提供給中間商的折扣？

4. 請說明統一交運價格定價法與區域定價法有何差異？

5. 試述採用 FOB 出廠價格定價法有何利弊？

6. 試說明產品線定價應考慮那些因素？

7. 請舉例說明產品線定價之各種成本結構。

8. 試舉例說明定價與法律之關係。

第十四章　行銷通路概論

單元目標

使學習者讀完本章後能

● 說明行銷中間機構之功能

● 指出行銷通路之型態

● 舉例說明通路成員之互動關係

● 舉例說明各種類型之垂直行銷系統

● 說明通路設計與管理之要點

● 說明實體配送之目標及各項要素

摘要

行銷通路是在交易過程中，取得產品所有權或協助所有權移轉的所有機構和個人。中間商使消費者可以在一個地方買到他所需要的各種產品，並可增加購買的地點，並可減少交易的次數。中間商藉提供分類、累積、分配和組合等功能，消除生產者與消費者在產品組合等方面之差距。

行銷通路之型態可依其階層數分爲零階、一階、二階、三階或更高的通路，許多公司往往同時採取多種型態的通路。

通路成員間有許多互動關係：通路領袖地位決定於權力基礎，影響他人的意願和其他人願接受影響之意願。通路的合作可分通路內合作和通路間合作。通路衝突分水平通路衝突和垂直通路衝突。通路競爭則分水平通路競爭和通路系統競爭。

垂直行銷系統簡稱VMS，乃將製造商、批發商和零售商結合起來，提高整個通路的效能和效率。VMS又可分爲所有權式VMS、契約式VMS和管理式VMS。

通路之設計與管理包括：1.確定要利用何種型態的通路與中間商。2.確定市場涵蓋密度爲密集性配銷？獨家性配銷？或選擇性配銷。3.確定通路成員之價格政策、銷售條件和地區配銷權等權利和義務。4.甄選通路成員，並加以激勵和評核。

良好的實體配送，可以大幅降低行銷成本，創造需求。每個公司都需設定實體配送的目標和標準，以做爲設計實體配送系統之依據。實體配送系統包括四項主要元素：1.訂單處理：利用電腦可加速訂貨——裝運——結帳的流程。2.倉儲作業：決定儲存地點的多寡、倉庫之類型和倉儲作業之方式。3.存貨控制：決定訂貨時間和數量，使存貨持存成本、訂

單處理成本兩者合計之成本最低。4.運輸：可供選擇的運輸方式有鐵路
運輸、水運、卡車運輸、空運和管路運輸五種，行銷者可聯合採用各種
運輸方式。

　　行銷通路決策係公司最主要的決策之一，行銷通路之選擇對其他行
銷決策的影響很大。例如公司選擇何種型態的經銷商，會影響到它的定
價決策；同樣一盒蛋捲在大型百貨公司陳列出售，定價要比平價商店來
得高。同時，通路決策所牽涉到的是公司較長期的承諾，例如汽車製造
商和經銷商簽約賦予獨家經銷權之後，萬一情況有了變化，也很難自己
設立分公司來加以取代。所以公司在選擇通路時必須目光遠大，要能預
見未來的銷售環境。

壹、行銷通路的本質

　　行銷通路或配銷通路是指「在特定產品或服務從生產者移轉至消費
者的過程中，取得產品所有權或協助所有權移轉的所有機構和個人」。我
們先探討這些中間機構的功能和本質，而後說明中間機構的類別。

一、行銷中間機構的功能

　　中間商往往成為消費者、大眾傳播媒體、廠商和政府大家口誅筆伐
的對象。中間商往往被形容成沒有效率，只會剝削大眾利益的害蟲，例
如蔬菜的中間商被稱為「菜蟲」。輿論認為應盡量縮短通路的層次，減少
中間商的剝削。

　　事實上，中間商對生產者和消費者都有很大的幫助。在一個行銷體
系中，生產者有絕對的自由將產品直接賣給最終顧客，因此它們願意使
用中間商必定是因為中間商提供了某些利益。

　　圖14-1 說明中間商所能產生的主要經濟效益。A 部分表示五個生產者直接將產品行銷給五個顧客，這需要二十五次(5×5＝25)不同的交易，B 部分表示五個生產者同時透過一個配銷商，然後由這個配銷商和五個顧客交易，如此只需十次(5＋5＝10)交易。可見中間商減少了交易之次數。這當然也減少交易工作所需之人力、物力和財力。

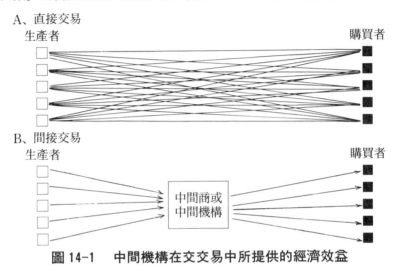

圖 14-1　中間機構在交交易中所提供的經濟效益

　　中間機構的作用是將產品由生產者移轉給消費者，它消弭生產者與消費者間在時間、地點、所有權等各方面的差距。每個家庭或消費者都需要許多不同的產品，我們可以稱爲消費者的產品組合。許多生產者也提供各種不同的產品，我們可以稱爲生產者的產品組合。中間商的主要功能，就是要把生產者的產品組合轉化爲消費者所需要的產品組合。例如黑松公司生產各種不同包裝的汽水、沙士、和果汁等飲料。康寶公司生產各種包裝和口味的果醬。喜年來有各種口味的餅乾和蛋捲，這些都是生產者的產品組合。但是消費者所需要的產品組合可能是兩瓶易開罐的黑松汽水、一瓶康寶草莓果醬、一盒喜來年的蛋捲。

二、通路的型態

　　行銷通路的型態可依其階層數加以區分。每一種執行某些通路工作，使產品及所有權更接近消費者的中間商都構成一個通路階層。由於生產者與最終消費者本身都執行了某些通路工作，所以他們均屬於通路的一部分。我們將根據中間機構的階層數來決定通路的型態，圖14-2列示幾個不同型態的行銷通路。

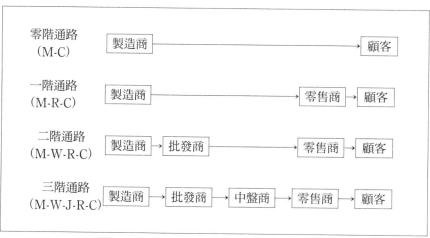

圖 14-2　幾種不同階層數之通路型態

　　零階通路又稱爲直接行銷通路(direct marketing channel)，係由製造者及其直接銷售對象之消費者所構成。例如雅芳化粧品是用推銷人員挨家挨戶直接向家庭主婦推銷；新東陽透過自己的零售店銷售各種肉類製品。

　　一階通路係製造商及消費者之外，再加上一層中間機構，在消費品市場通常是零售商，在工業品市場則通常是銷售代理商或經紀商。例如聲寶公司利用各地的電器行來銷售其家電產品。

　　二階通路係在製造者及消費者之間再加上兩層中間機構，在消費品市場通常是批發商和零售商，在工業產品則通常是工業產品配銷商與經

銷商。例如金車麥根沙士是由各地區的批發商賣到各零售店去。

三階通路包括三層中間機構，例如碗盤等雜貨的批發商與零售商之間還有一層中盤商，他向批發商買貨，再賣給較小的零售商，大的批發商通常不銷貨給這些小零售商。

此外，還有更高階之通路，但比較不常見。從製造商的觀點而言，通路控制問題會隨著階層數目之增加而升高，製造商通常只能顧慮到較接近他的通路階層。

許多公司同時採用多種不同型態的通路，來分銷其產品。例如三洋公司的家電產品來說，大部分的產品是透過經銷商或各地區的農會來銷售。一部分的產品則由各地分公司的門市部來銷售，或者由業務員直接賣給機關、旅館等購買量較大的顧客。

最近，由於競爭激烈，銷售通路更為多樣化，連禮品店、水電行、瓦斯爐具行、音響店等都已加入經銷家電的行列。

貳、垂直行銷系統

近年來在行銷通路方面最重要的發展之一是垂直行銷系統(vertical marketing system)的出現。對傳統的行銷通路而言，這是一項挑戰，圖 14-3 是這兩種通路型態之比較。傳統的行銷通路是由一群各行其是的製造商、批發商與零售商所組成，每一成員都各行其是，彼此的作業毫不協調。

相對地，垂直行銷系統(簡稱 VMS)的製造商、批發商和零售商則結為一體，通路的成員有的同屬一個公司，有的有特許權關係，有的有足夠的力量使其他的成員與之合作。垂直行銷系統的支配者可以是製造商，也可以是批發商或零售商。通路支配者將各層通路的作業加以整合，提高了作業的協調性。

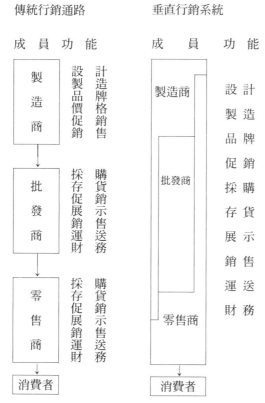

圖 14-3　傳統行銷通路與垂直行銷系統之比較

　　垂直行銷系統可以有效地控制通路成員的行動，以免它們為了自己的利益而產生衝突。它可以達到規模經濟，增加談判力量，避免提供重複的服務。。

　　以下將說明三種重要的垂直行銷系統，如圖 14-4 所示。

一、所有權式垂直行銷系統

　　第一類為所有權式垂直行銷系統(corporate VMS)，它係指產品的生產及配銷屬同一所有權，例如：美國 Sears 百貨公司的商品有一半係來自公司擁有股份的製造廠商，西爾士百貨對整個通路系統有很大的控

制力。

二、契約式垂直行銷系統

第二類乃契約式垂直行銷系統(contractual VMS)，它係指在生產和配銷過程中不同的階層的公司，以契約爲基礎，行動一致，以求比個別行動更經濟、更具銷售效果。契約式垂直行銷系統在近年來發展甚快，已成爲今日經濟社會中的一項重大發展，以下是它的三種主要型態：

1.批發商支持之自願連鎖系統(wholesaler-sponsored voluntary chain)

此乃批發商爲幫助獨立的零售商對抗大型連鎖店而發起的連鎖組織。它是由批發商擬就一套方案，讓自願加入的零售商在經營上有一致的作法，同時在進貨上達到經濟規模，以與連鎖商店作有效之競爭。例如模範眼鏡連鎖系統，即是爲了對抗寶島眼鏡等大型連鎖店，而設立的自願連鎖系統。

2.零售商合作社(retailer cooperative)

此乃許多零售商爲對抗大型連鎖店而自行發起的組織。它是由這些參加的零售商組成合作社，從事批發甚至生產方面的業務，社員無論是進貨或廣告，均爲聯合作業，所獲得之利潤再按照交易額的比例分配給社員，非社員也可以透過合作社進貨，但是分不到利潤。

3.特許加盟組織(franchise organization)

此乃產銷通路各階段的成員，透過授與特許權者簽訂契約，所結合而成之組織。特許加盟是晚近零售業成長最迅速且最引人注目的方式。國內許多產業最近都出現了特許加盟組織。例如黑面蔡楊桃汁的連鎖銷售體系和美國的麥當勞。

三、管理式垂直行銷系統

管理式垂直行銷系統(administered VMS)和所有權式垂直行銷系統不同的是，它並非利用將產銷通路各階段成員均納入同一所有權的做法，來達成整合的效果，而是因通路中有某一成員的規模和力量較大，由他來促成垂直行銷系統。名牌產品的製造商在銷售上較能取得批發商的合作和支持。例如黑松、聲寶等大製造商，他們在產品展示、陳列空間、促銷和訂價方面，常可得到批發商和零售商特別的合作。

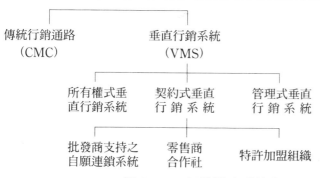

圖 14-4　行銷通路系統之類別

叁、通路之設計與管理

要建立妥善的配銷通路系統，實在是相當不容易的一件事情。通路之設計與管理包括四個重要的步驟：

1.確定通路和中間商的型態。

2.確定市場涵蓋密度。

3.確定通路成員之條件和責任。

4.通路之管理。

一、確定通路和中間商的型態

公司首先得確定要利用那種型態的通路與那種型態的中間商。對一般產品來說，市場上通常已經有許多通路和許多型態的中間商，在銷售該種產品時，公司可以考慮這些型態的中間商是否適用。當然，可行的行銷通路不僅限於現有的各種通路，有時候可以發現相當新穎的構想。例如美國佛羅里達州的一家公司，成立了「家庭購物電視台」，在電視上推銷家庭用品、珠寶及其他特價品，其顧客廣及 850 萬個收視該電視頻道的家庭，每天的銷售額高達 50 萬美元。

行銷者對每一可行的行銷通路都應依照銷售金額、銷售成本、控制性以及適應性加予評估，以選擇最適當的通路。

在確定通路的型態後，行銷者可依類似的分析方式，來決定各層通路的所要選用的中間商。

二、確定市場涵蓋密度

市場涵蓋密度是指產品出售地點的數目和類型。市場涵蓋密度可分為密集性配銷、獨家性配銷和選擇性配銷三種方式，行銷者宜配合目標市場的特性和產品的特性，選擇一種配銷的方式。

㈠密集性配銷方式

便利品或一般原料的生產者通常採用密集性配銷方式(intensive distribution)，密集性配銷意指儘可能增加產品可用的銷售通路，配銷通路愈多愈好。例如口香糖製造商會利用每一可能的零售場所，創造該品牌最大的市場展露度，方便消費者的購買。

㈡獨家性配銷方式

有些生產者刻意限制經手其產品的中間商數目，最極端的方式就是獨家配銷，意指在某地區授權給某經銷商獨家經銷該公司的產品，這時

候生產者通常也會要求該經銷商不得銷售其他競爭者的產品，此種安排
稱之為獨家經銷(exclusive dealing)。汽車、女裝等產品的零售通路常
採此種方式。製造商採用獨家性配銷方式(exclusive distribution)，主
要是希望中間商在銷售上更為積極，同時對於他們的各種定價、促銷、
信用以及服務政策有較大的控制力，另一方面是獨家配銷可加強產品的
形象，獲得較高的毛利。

⊜選擇性配銷方式

介於上述兩種配銷方式之間的是選擇性配銷方式(selective distri-
bution)，意指利用部分中間商來銷售公司的產品，公司並不嚴格劃分各
家中間商之銷售界限。許多選購品例如家電、瓦斯爐等都採用此種方式。
有條件的選擇中間商，一方面有助於彼此的瞭解，另一方面他們在銷售
公司產品的努力程度上，會高於一般水準。選擇性配銷能夠使產品在市
場上的涵蓋面相當廣，並且比密集性配銷花的成本較少，却具較大的控
制力。

三、確定通路成員間的條件和責任

生產者必須確定各通路成員間相互的條件和責任，其中最主要的包
括價格政策、銷售條件、配銷地區以及每一成員應負責的特定服務。

㈠價格政策

生產者通常會有產品定價表，然後針對不同型態的中間商和不同的
購買量給予不同的折扣或獎金，生產者在決定折扣時要特別小心，因為
中間商很注意比較自己以及別人所得到的折扣或獎金是否合理。

㈡銷售條件

銷售條件係指付款的條件以及生產者提供的保證。大部分生產廠商
都會給予付款迅速的配銷商現金折扣，同時也會對產品的瑕疵和產品價
格的下跌作某一程度的保證。對產品的跌價提出保證，可以鼓勵配銷商

買進比他們目前所需更多的貨，買得多就會賣得愈積極。

㈢地區配銷權

經銷商的地區配銷權是「中間商關係組合」裏的另一要素。經銷商需要知道生產者將什麼地區的配銷權分配給他,那些分配給其他經銷商,同時他們也希望生產者承認,在其配銷地區的銷售實績全係其努力所致,而能保障其應得之報酬。

通路成員相互間的責任及提供的服務應該要明白列出，特別是在特許加盟或獨家代理的通路系統裏。例如麥當勞公司提供食物製造、清潔衛生、促銷協助以及其他一般管理和技術上的協助給各地的連鎖加盟店。而這些加盟店則需依規定繳納權利金,並且要依照麥當勞總公司的教導,來提供標準化的產品和服務。

四、 通路之管理

公司決定了最有效的通路後，下一步驟是如何去管理選定的行銷通路，通路管理包括選擇個別的中間商作為成員，並加以激勵和評估。

㈠選擇通路成員

公司必須根據一些標準, 來選擇優秀的中間商。中間商歷史的長短、銷售的產品、成長及獲利狀況、變現能力、合作程度以及聲譽等等都可以作為評估之準繩。如果選擇的是銷售代理商, 生產者還要了解他另外還銷售那些產品線, 性質如何？以及有多少業務代表、素質如何？如果選擇的是擁有獨家配銷權的百貨公司, 生產者必須評估其店址是否適當？未來成長潛力如何？以及顧客的型態如何？

㈡激勵通路成員

大部分的生產者認為激勵中間商, 主要在如何想出方法, 以取得他們的合作, 這些中間商有的對公司的向心力不夠, 有的則懶散不積極。許多生產者利用賞罰兼施之策略, 想出一些主意, 例如累進式的銷售折

扣、贈品、合作廣告津貼、陳列津貼以及銷售競賽等等，作為激勵中間商之用。如果中間商不努力，他們則採取懲罰手段，例如威脅降低給中間商之折扣、延緩提供服務或終止契約關係等等。這類激勵方式的基本問題在於生產廠商往往不能真正了解中間商的需求。例如他們面臨什麼問題？他們的強處在那裏？弱點在那裏？生產者必須根據中間商的需要和問題，才能定出有效的激勵辦法。

㈢評估通路成員

生產者必須定期評估中間商的績效，評估的項目包括：⑴銷售配額達成度，⑵平均存貨水準，⑶客戶交貨時間，⑷損毀與遺失貨物之處理，⑸對公司促銷與訓練活動之合作程度，⑹提供顧客之服務等等。

生產者通常都會規定銷售配額。他可能每一期將各中間商的業績列成一表，予以排名，然後寄給他們，目的在使落後者為了面子或者為維持經銷關係起見，力爭上游，也使領先者更加努力，以保持榮譽。更有效的衡量尺度是比較中間商前後各期的績效，視其進步情況予以獎勵。

肆、實體配送決策

實體配送決策，亦即生產廠商如何有效地儲存、運送貨品，以適時適地的在市場上供應適量的產品。廠商「實體配送」(physical distribution)的能力深深影響產品對消費者之吸引力以及消費者的滿意程度。

一、實體配送的本質

實體配送包括將原料從供應商運至使用地點，或者將產品從生產者送至最終消費者以賺取利潤，所作之各種規劃與執行工作。

實體配送成本佔銷售額之比率比一般人想像中要高，實體配送決策如果未能協調，必將損失許多利潤。到目前為止，現代化的決策工具還

很少應用在各種實體配送決策上。例如在決定各種存貨之經濟存量、有效之運輸方法以及較佳的生產、倉儲與銷售地點等方面都很少應用現代化的決策工具。

實體配送也是創造需求的一項有力工具，利用實體配送所節省之成本，公司可提供更佳之服務，或者降低售價，以吸引更多的顧客。相反的，公司如果無法適時供應產品，很可能會喪失許多顧客。

二、顧客服務標準

設計實體配送系統，首先得研究顧客在配送服務上有何需求，以及競爭者提供那些服務。其次，公司必須研究不同的服務對目標顧客的相對重要性。例如對複印機購買者而言，公司提供維修服務時間的長短是很重要的考慮因素。全錄公司完全了解這一點，因此它訂定一個服務的標準：在接到顧客要求服務後三小時之內，一定要使機器恢復正常，全美國皆是如此。該公司爲此設計一個服務部門，部門中有 12,000 名負責服務和供應零件的人員。

在決定服務標準前，公司也必須了解競爭者的情況，通常至少要能和競爭者保持相同的服務水準。不過公司的目標在求利潤最大，而不是銷售量最大，因此它必須考慮不同服務水準的成本，以決定最有利的服務水準。有些公司提供較少的服務，但產品的價格較低，因實體配送的成本亦較低；有些公司則提供較多的服務，但提高價格以彌補較高的服務成本。

有了一套實體配送的顧客服務標準之後，公司卽可著手設計實體配送系統，此系統必須儘量降低公司達成這套目標的成本。以下接著討論訂單處理、倉儲作業、存貨控制、運輸這四個實體配送的要素及其在行銷上之意義。

三、訂單處理系統

　　一般公司都會儘量迅速處理訂單，銷售代表每天下午將訂單送回公司，有時甚至用電話通知，訂貨部門接單後就得迅速處理，倉儲部門須儘快送出貨物，會計部門則須迅速開帳單，許多公司採用電腦來加速這種「訂貨─裝運─結帳的循環」，上述這些步驟，可在 15 秒之內一氣呵成。國內的資生堂等公司也都採用電腦化的訂單處理系統，以提高作業的效率。大同公司更計畫與經銷商，採電腦連線，不僅可以使經銷商訂貨處理更為便捷，更能有效掌握經銷商的存貨狀況。目前國內許多超級市場已開始採用自動結帳系統，在顧客結帳時，以光學閱讀器掃過產品上的條碼，讀出產品的代號，而後電腦很快找出該產品的價格，計算好總價，開好發票，並且從庫存量中減去售出產品的數量。

四、貨物運輸系統

　　產品運輸方式會影響它的價格、到達時效以及到達後之堪用狀況，而這些又會影響顧客之購買興趣以及購買後之滿意程度。

　　一般而言，有五種主要之運輸方式可供選擇：鐵路運輸、水運、卡車運輸、空運和管路運輸。每一運輸方式都有其特色和優劣，茲說明如下：

㈠鐵路運輸

　　鐵路是最經濟有效的運輸方式之一。鐵路的運輸費率相當複雜，整車貨物的費率最低，不能裝滿整車的貨物費率較高，因此幾家製造商常會聯合起來，將目的地相同的產品一起交運，以適用較低費率。

㈡水運

　　利用輪船或駁船，經由海岸或內陸水道運輸的貨物亦不在少數。如果裝運大宗單價低、不易腐壞的產品──例如砂石、煤、石油、穀物、

金屬礦等，水運是成本較低的運輸方式，但是它的速度慢，且受天候之影響也較大。

㈢卡車運輸

城市內貨物之運輸主要是利用卡車，不管是路線或時間的選擇，卡車都有較大的彈性。卡車運輸可以提供戶對戶運輸把貨物直接送給訂購者，減少貨物轉運之時間和盜竊損失之危險。單價高之貨物如作短程運輸，卡車實為有效之工具。卡車運輸的費率大體上足以和鐵路競爭，而提供之服務更為便捷。

㈣空運

空運費率比鐵路和公路高得多，可是如果講求時效或市場非常遙遠時，它不失為一理想的運輸方式。空運的貨物通常是較易腐壞（例如鮮魚、鮮花）、單價高或體積小（例如高科技工具、珠寶）之產品。

㈤管路運輸

管路運輸主要是用來運送石油，天然氣以及加工過的煤等各種工業產品，例如美國阿拉斯加所產的石油，即經過油管輸送到美國各地煉製、出售。管路運輸的輸送速度雖然較慢但也具有可以不停運送、按時送達、可靠性最高、成本不很高的各項優點。

表 14-1　各種運輸方式在六項評估標準上之表現

成　本	運送時間	可靠性	運送能力	運送地點多少	安全性
空　運	水　陸	管　理	水　陸	卡　車	管　路
卡　車	鐵　路	卡　車	鐵　路	鐵　路	水　陸
鐵　路	管　路	鐵　路	卡　車	空　運	鐵　路
管　路	卡　車	空　運	空　運	水　陸	空　運
水　陸	空　運	水　陸	管　路	管　路	卡　車

資料來源：摘自 J. L. Cjskett, Robert Ivie, and J. Nichoals Glaskowsky, *Business Logistics*(New York: Ronald Press, 1973).

上述五種運輸方式的優缺點，可以彙總為表 14-1。根據此表所示，

如果要求運輸時效，以空運和卡車運輸爲宜，卡車運輸在各項標準上均名列前茅，這可爲其近年來的迅速成長做最佳的說明。

由於貨櫃的發展，廠商已可混合使用兩種以上之運輸方式，所謂「貨櫃化」(containerization)意指將貨物以貨櫃或箱子裝塡，以便利貨物在不同運輸方式間之轉換，貨櫃化運輸乃是我國目前對外運輸之主要方式，長榮海運公司的貨櫃船數量已居全球之冠。貨櫃化有助於各種運輸方式間的結合或聯運，貨櫃化的鐵公路聯運稱爲「豬背運輸」(piggyback)，水路和公路聯運稱爲「魚背運輸」(fishyback)，飛機與公路聯運稱爲「空卡運輸」(airtruck)。每一種聯運方式都有其優點，例如豬背運輸比單獨使用卡車來得便宜，彈性較大，且較方便，例如在民國 78 年建造完成的臺華輪，都可將貨車直接開到船上，使運輸更爲便捷。

總之，公司在作運輸決策時，必須考慮各種運輸方式的優劣，分析他們對於實體配送之其他要素如倉儲和存貨的影響，由於各種運輸方式的相對成本隨時在變動，公司必須不斷重新檢討其決策，以謀求最適當之實體配送安排。

五、存貨控制系統

存貨水準是另一個主要的實體配送決策。行銷人員希望有足夠的存貨隨時能應付顧客之需要，但存貨水準愈高，存貨成本也愈高。因此公司若要提高存貨水準，必須從銷售額與利潤方面考慮是否划算。

存貨決策可分成兩個步驟，一爲決定何時訂貨，二爲決定訂貨多少。公司必須決定存貨降至何水準時，卽須重新訂貨，而此一存貨水準稱之爲訂貨點(order point)或再訂貨點(reorder point)。例如某產品項目之訂貨點爲 20，意謂當該產品存貨剩下 20 單位時，就是再訂貨的時刻。決定訂貨點要考慮訂貨前置時間、存貨耗用率以及公司之服務標準，三者與訂貨點之高低呈正比。如果前置時間與耗用率並不固定，則需要較

高的安全存貨。訂貨點的最終決定原則就是在缺貨之風險以及存貨過多之成本兩者間求得平衡。

第二個步驟是決定訂貨多少,決定最適定購量的過程可用圖14-5來加以說明,訂貨量愈大,訂貨之次數就愈少,訂單處理成本愈低。但訂貨量愈大,平均存貨量也愈大,存貨持存成本愈高。訂貨量之多寡,主要考慮訂單處理成本與存貨持存成本間的均衡。

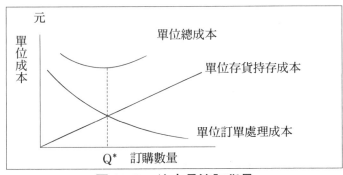

圖 14-5　決定最適訂貨量

六、倉儲作業系統

由於生產與消費幾乎不可能完全配合,儲存工作乃是不可或缺的,許多產品儘管其需求有季節性,但往往為了充分利用生產設備和人力,在生產上有必要盡可能保持穩定,儲存功能克服了產和銷在時間上與數量上之差距。

公司必須決定儲存地點之多寡,儲存地點多,可以迅速交貨,故為行銷人員所樂見,但是倉儲成本和地點之多寡成正比,因此公司必須在服務與成本二者之間權衡輕重。

公司的一部份產品必須存於工廠附近,其餘則放置於分佈在全國或全世界之各大倉儲地點,例如美國蕾歌絲褲襪(L'eggs)在伊利諾州的香檳城(Champaign)就設有一實體分配中心,供應褲襪給中西部和東路

14個州的零售店。公司可能擁有一些私有倉庫，另外租用公共倉庫。私有倉庫比較容易控制，但是較費資金，而且地點改變不容易；公共倉庫則需要付租金，但它提供某些附帶服務，例如檢驗貨物、包裝、裝運、開發票給顧客等，甚至提供銷售員的辦公桌及電話。使用公共倉庫，公司選擇地點及倉庫型態較具彈性，例如需冷藏的可以選擇專門性冷凍倉庫。

| 重要名詞與概念 |

行銷中間機構之功能	顧客服務標準
配銷通路之型態	訂單處理
垂直行銷系統(VMS)	貨物運輸
所有權式 VMS	存貨控制
契約式 VMS	倉儲作業
管理式 VMS	市場涵蓋密度
通路的設計與管理	

自我評量題目

1. 試以水果的運銷爲例，說明中間商如何消除生產者和消費者在產品組合上的差距。

2. 試舉例說明各種型態之行銷通路。

3. 試說明各種市場涵蓋密度之特點及適合採用之情況。

4. 試爲某電腦公司擬定其實體配送目標。

5. 試說明如何使存貨與訂單處理兩者之間總成本達到最低？

6. 試說明各種運輸方法之優缺點，及其適合運送之產品。

第十五章　零售與批發策略

單元目標

使學習者讀完本章後能

- 說明各種類型的零售店之特色及目前發展情形
- 討論各種無店面零售方式目前在我國的發展情形
- 說明零售商在擬定行銷策略時所應注意之要點
- 說明零售業未來之發展趨勢
- 舉例說明各種類型之批發商
- 說明批發商在擬定行銷策略時，所應注意之重點
- 說明批發業未來的展望

摘要

零售包括所有直接銷售商品或服務給最終顧客，作個人或非營利用途的各種活動。零售業可因店面之有無，劃分爲店面零售與無店面零售。我國的零售店主要有：1.百貨公司，產品線很廣也很深，國內百貨業大都採專櫃經營制度。2.超級市場，以食品和清潔家用生品爲主的大型商店，近年來超級市場發展十分迅速。3.折扣商店，其特點是設備簡單，薄利多銷。4.便利商店，規模較小，營業時間長的社區商店。5.專賣店，產品線窄而長，近年來連鎖專賣店的發展十分迅速。

無店面零售主要有：1.郵購與電話訂購，又可分郵寄目錄、直接回應、廣告郵件三種方式。2.自動販賣，可提供 24 小時服務，但因維護費高，產品售價也較高。3.人員直銷，近幾年國內的保險、化粧品、日用品、電器、健康食品、圖書和珠寶鑽石等都出現了人員直銷體系。

零售商應了解市場動態，商店形象需與所選擇之目標市場密切配合，產品搭配和服務，應滿足目標顧客之購物目的與動機。零售業尚可以價格來反應其產品的品質和商店形象，零售商的促銷策略以廣告爲主，但國內百貨業最常用的則是折扣和贈品等銷售推廣活動。

零售業有一種新舊更替的現象，稱爲「零售輪迴」，我國的未來發展有三個主要趨勢：1.購物中心的興起。2.零售商店連鎖化。3零售作業電腦化與自動化。

批發包括所有將商品或服務賣給爲轉售或營利用途而購買者的各種活動。批發商可分爲兩大類：第一類爲擁有商品所有權的商品批發商，商品批發商又可依所提供服務的多寡分爲完全服務批發商與有限服務批發商。另一類則爲不擁有商品所有權的代理商和經紀商。

批發商須界定其目標市場，根據零售商之需要，來提供適當的產品

搭配及服務。大多採成本加成法來定價，對促銷不太注意，選擇租金和
稅負較低的地點來設店。

批發業面臨製造廠商向前整合，零售商向後整合的雙重壓力，必須
積極朝下列方向來努力：1.提高批發作業之效率。2.加強與製造商之合
作。3.加強對零售商之服務。4.大型化與大量化。

零售業是和消費者關係最為密切的行業,位於都市鬧區的百貨公司,
以五彩繽紛的商品、豪華的裝潢、殷勤的服務，帶給消費者不少購物的
樂趣，街頭巷尾的便利商店則帶給消費者不少生活上的便利。形形色色
的零售業，滿足了顧客不同的購物需求。而批發業則是使零售業，能更
有效率的提供銷售服務的幕後功臣。

本章的目的即在討論從事零售和批發的各種機構，底下將分別討論
零售和批發的三大問題：(1)零售（批發）的本質及主要型態為何？(2)零
售商（批發商）究竟作那些行銷決策？(3)零售（批發）之未來展望如何？

壹、零售業

一、零售業的本質及型態

何謂零售業？我們都知道遠東百貨公司是一個零售商，那麼按門鈴
推銷雅芳(Avon)化粧品的小姐、診斷病人的醫生、提供特價折扣的旅館
等是否也算是零售商呢？是的，他們全都是零售商。我們將「零售」
(retailing)定義如下：「零售係包括所有直接銷售商品或服務予最終顧
客，作為個人或非營利用途的各種活動。」因此，任何進行這類活動的公
司，不管其是製造商、批發商或零售商，也不管此種產品服務以何種方
法賣出(用人員、郵寄、電話、或自動販賣機)？或此產品在何處賣出(商

店、街角、或顧客家中)？均屬零售之範疇。

　我國的零售業，家數相當多，其中以小型零售商為主。較大型的零售業，主要是百貨公司、超級市場和最近興起的連鎖便利商店。較大的零售商有：遠東、大統、今日、新光、環亞、豐群、中興、永琦、力霸等百貨公司，臺北的延吉、和平，高雄的遠東、愛買等超級市場，以及統一超級商店和味全加盟店等連鎖便利商店。最近，又有貝汝等大型量販店的出現。

　零售商的家數成千上萬，規模及型態不一，對於這些零售商我們實在很難以某種原則來分類，而且新的零售方式層出不窮，更增加了分類上的困難。我們根據零售業經營時有無店面，先劃分為店面零售業和無店面零售業兩大類。店面零售業是指透過固定的店面來銷售其產品和服務之零售業。反之，無店面零售的銷售，則並不在固定的店面中進行。

㈠店面零售

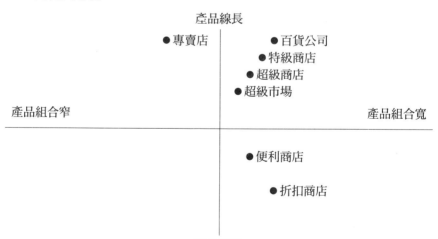

圖15－1 根據產品組合廣度和產品線長度的零售店定位圖

　大部分的商品和服務都是在商店中賣出，店面零售仍是零售業的主力。各種零售店可再根據產品組合的廣度和產品線長度來加以定位。這

些主要的零售商店有專賣店(specialty store)、百貨公司、超級市場、便利商店、折扣商店、超級商店(superstore)及特級商店。定位的結果如圖 15-1。

　　從圖中可看出百貨公司、特級商店和超級商店的產品組合既廣，產品線又長。超級市場的產品組合中等，但產品線很長。折扣商店和便利商店的產品組合廣，但產品線短。而專賣店的產品組合窄，但產品線則長。以下分別說明各種主要之零售店：

　　1.百貨公司

　　百貨公司中經售許多產品線，典型的產品線如服裝、家庭裝潢、家用製品等，每一產品線又包括許多產品項目。例如臺北市的遠東、環亞等百貨公司,所銷售的化粧品就包括國內和國外各大品牌的各種化粧品。

　　1950 年代歐美許多百貨公司的零售額及獲利能力普遍降低,許多觀察家認為百貨公司已經到了零售生命週期的衰退期。我國在近幾年也有此現象，最近幾年臺北、臺中、臺南先後有多家新的百貨公司開幕，如太平洋崇光百貨之新業者的投入，基本上應該可以帶動更高的業績，但是就以戰火最激烈的臺北市戰場而言，卻沒有明顯的成長。

　　近年來百貨公司各以不同的方式力圖挽回頹勢。許多公司已經在人口成長迅速而停車方便的郊區購物中心開設分公司；例如臺北市的東區就成了百貨公司新的大本營。其他公司有的加設特價部，以對付折扣商店的威脅，有的則花錢重新裝修，走上「名店」的路子；例如今日百貨南京西路店，就花了一億五千萬來重新「改裝」。有的甚至想以郵寄或電話訂貨來爭取顧客；甚至設立百貨直銷公司，採取多層次傳銷的方式。此外，有些公司則積極建立自有品牌，以加強產品的差異化，例如今日百貨已委託國內工廠代工生產麵食、毛巾等多項產品，並計畫請美國的供應商代為生產各類美國口味食品，再冠上自己的品牌出售。

　　2.超級市場

超級市場係指一個大型、低成本、薄利多銷、採自動方式的商店，其主要在「提供消費者所需要的食品、清潔用品以及家用器具等」。

超級市場在國內的發展，已有十餘年的歷史，但長久以來的經營型態，一直扮演附屬於百貨公司的小配角。然而最近幾年，超級市場的成長頗為快速。例如和平超市甫開幕的週日營業額，高達 210 萬元，顯示超市的價值與功能，已逐漸受到國人的肯定，對傳統的菜市場形成極大的威脅，例如和平超市開始營業後，源源不斷的人潮，使鄰近的南門市場、古亭市場，深感無力招架。

我國的國民所得已接近一萬美元，根據國外之經驗，此種所得水準已可促成超級市場之成長。今後我國超級市場將會快速的成長。我國臺塑企業、日本的雅客等都已計畫大量設立以生鮮食品為主的超級市場，而臺北市果菜運銷公司更計畫在各區皆增設一處超級市場。但是，在超級市場紛紛設立時，也有不少的超級市場如民權超市因長期虧損而結束營業。

3.折扣商店

折扣商店(discount store)係以薄利多銷的方式經營，例如美國的 K-mark,其銷售的商品價格比一般商店低，若只是有時候應用折扣或特價尚不能算是折扣商店，出售廉價劣質貨品也不能算是折扣商店。一個真正的折扣商店具有四種主要特性：(1)此種商店所出售的貨品比一般高利潤、低週轉的商店低廉許多；(2)此種商店注重全國性品牌，故價格低並不是表示產品差；(3)此種商店設備力求減少，採自助方式；(4)此種商店的設備均甚樸實且耐用。最近興起的貝汝等大型量販店即屬於此種類型。

4.便利商店

便利商店規模比較小，它們多開在住宅區附近，營業時間長（有的甚至 24 小時營業），假日亦不放假。此種商店都是出售週轉快的便利品，

種類不會很多。典型的便利零售店如統一超商 7-Eleven 和福客多等。這些商店由於營業時間長，且顧客都是臨時想買些東西才會光顧，因此價格並不便宜。可是由於提供顧客即時的需求，人們似乎也很能接受這種商店。

在美國便利食品店最近有擴張爲食品及加油店(food-gasolinestore)的趨勢。顧客把汽車開到加油站前，當汽車在加油時，他可以走進小型的食品店購買麵包、牛奶、香菸、咖啡以及冷飲等東西，而將帳記在購油的信用卡上。

國內的便利商店成長相當迅速，尤其是大臺北地區，原本估計約可容納七百家便利商店的市場，卻早已超過了一千家，呈現過飽和的狀態，臺北街頭到處都可看到掛著 24 小時營業招牌的便利商店,甚至在同一個社區或街角，也會出現數家不同商號的便利商店互相競爭，因此各便利商店無不積極改善其行銷策略。

除了強化商品結構外，也積極擴增服務性商品的項目，目前代售郵票、影印機及自動櫃員機的設立較爲普遍，其他如 DHL 快遞服務及 ADI 第五臺資訊站的設立，都是便利商店業者企圖將「您方便的好鄰居」與社區資訊站的形象相結合的嘗試。雖然服務性商品對營業額的成長幫助不大，但卻可與顧客維持良好的關係，提高顧客之忠誠度。

5.專賣店

專賣店的產品線窄而長，如服裝店、運動器材店、家具店、花店以及書店均是。專賣店尚可依其產品線的寬窄程度再次細分。例如服裝店可算是單一全產品線商店(limitedline store)，專門訂做男襯衫的服裝店則是更爲專門的特別專賣店(superspecialty store)。有些人認爲由於市場區隔與產品專門化的可能性日增，因此特別專賣店未來之發展必然最爲迅速。

連鎖專賣店近年來成長迅速，大多數成功的連鎖專賣店都有一套嚴

密的零售計畫，能針對特定目標市場的需要。我國選手牌運動服裝店即是一個最佳的例子。選手牌是一運動服裝連鎖店，其目標市場是 15 至 35 歲的年輕人，這些年輕人極願為自己時髦漂亮的運動服裝付出較高的代價，該公司儘量使店裡呈現一種時髦的氣息。選手牌謹慎地研究目標市場對流行運動服裝的品味，並且先行測試這些流行的新構想，而後利用大量的折扣來吸引顧客上門。麗嬰房童裝、吸引力服飾（ATT）等連鎖店也經營得相當成功。

㈡無店面零售

儘管大多數商品都由商店賣出，「無店面零售」的發展已比店面零售來得迅速。以下我們將討論幾種主要的無店面式零售，包括郵購與電話訂購、自動販賣機及人員直銷。

1.郵購與電話訂貨

郵購及電話訂購的零售方式目前有下列幾種：

⑴郵寄目錄(mail-order catalog)：零售商須將商品目錄寄給事先挑選出來的顧客，或者將此種目錄放在店頭讓顧客自由取用或只收一些象徵性的費用，這種銷售方式多用於商品貨色齊全的大型公司。例如 Sears 其郵購營業額約有 30 億美元，每年送出的目錄簿達 3 億本左右。

⑵直接回應(direct response)：直接行銷者通常會在報章雜誌和廣播電視上作產品廣告，顧客可直接郵購或電話訂購。行銷者對媒體的選擇是要求在一定的廣告預算下獲得最多的訂單。此種行銷策略適用於專賣某特定產品的零售商，如唱片、錄音帶、書籍以及小型家電等。此種郵購零售在我國頗為流行，多數報紙和雜誌上可以看到許多書籍、錄音帶的郵購廣告，而許多廣播節目的主持人，更兼營郵購零售，銷售照相機、小家電或者藥品等。

⑶廣告郵件(direct mail)：行銷者有時直接將宣傳印刷廣告寄給顧客——如廣告信函、傳單及插頁廣告。其寄送對象係具有購買某類特

定產品潛力的消費者，此名單主要是購自一些專賣名單的經紀商。有人批評這種廣告郵件爲「垃圾郵件」，不過它在推銷書籍、雜誌及保險上的成功卻是有目共睹。例如臺灣英文雜誌社主要就是運用直接信函的郵購，創造了相當驚人的成長。

2.自動販賣機

靠投銅板的自動機器來銷售的自動販賣，是二次戰後零售業最主要的發展。今天的販賣機器受惠於太空時代以及電腦的技術，已非往日所能比擬。最新的機器有找零錢設備，能分辨不同的銅板，把貨品交給顧客並找錢給他。目前自動販賣已成功地運用到各式各樣的產品上，以此種方式出售的多爲顧客臨時想要的貨品（香菸、冷飲、糖果、報紙以及熱飲等）。

自動販賣機近年來在臺灣快速的成長，百貨公司、加油站、體育館、學校，甚至街頭巷尾到處可看到自動販賣機。裝設這些自動販賣機的公司，他只要租用一些位置適中的地點就可開始營業。

3.人員直銷

沿門推銷的零售方式自古即有，我國的古典小說中常可看到此種挨戶推銷的小販。到了雅芳化粧品打入市場，形象上才有一個新的轉變。該公司的業務代表稱爲雅芳小姐，她們使沿門推銷的推銷員變成家庭主婦的朋友及美容顧問。最近幾年，臺灣雅芳公司也開始採取類似的推銷方法，來推銷化粧品。

人員直銷的零售方式使人們能坐在家裡買東西，既方便又令人有受重視的感覺。不過這樣沿門推銷的貨物價格並不便宜，因爲推銷人員的佣金就佔了20%至50%，同時派遣及管理遍佈各地的推銷員亦頗費成本。

國內近年來，受了國外人員直銷風氣的影響，目前已有多種產品出現直銷體系，例如：

●化粧品：目前在臺灣有美系的雅芳小姐(Avon)及日系的寶露(Pola)，據估計全臺灣約有五千名雅芳小姐。

●日用品：以美系的安麗(Amway)爲主。

●電器產品：瑞士怡樂智公司銷售各種清潔機器及設備，如吸塵器等。

二、零售商的行銷策略

零售商的成敗關鍵，在於能否掌握市場的動態，並適時地擬定出對應的行銷戰略。

在了解市場的動態之後，零售商就需根據這些資訊擬定適當之行銷策略，零售商的主要行銷決策，包括目標市場、產品搭配及服務、訂價、促銷及商店地點的決策。

㈠目標市場決策

零售商最先面臨的首要決策是如何決定目標市場。他必須弄清楚目標市場的人口統計變數和心理統計變數，以便審愼決定其產品搭配、店面裝潢、廣告訊息、廣告媒體以及價格水準等。有些商店能將其目標市場界定得十分明確，例如永琦百貨公司的目標市場是所得較高、重視產品格調、願意爲產品品質付出較高價格的婦女。有許多商店對自己的目標市場定義不清，或企圖滿足幾個互斥的市場，結果往往全告落空。零售商需要界定其主要目標顧客，使產品搭配、定價、商店地點以及促銷等決策能更加貼切。

㈡產品搭配與服務決策

零售商所決定的產品搭配應與目標顧客光臨購物之目的符合。零售商必須決定產品搭配的廣度（寬或窄）及深度（深或淺）。所以在餐館業中，業者可提供窄而淺的產品搭配，例如某牛肉麵店僅提供牛肉麵和牛肉湯麵的產品搭配，又如某家餃子店，提供各種口味的水餃或蒸餃。或

寬而淺的產品搭配，如自助餐館。或寬而深的產品線，如大餐廳。產品搭配的另一個層面是它的品質，客戶不僅對可供選擇產品的多寡感興趣，對產品的品質更是注意。

零售商也必須決定提供給顧客的服務組合。老式小本經營之食品雜貨店提供送貨到府的服務，可以賒帳，又會客戶閒話家常，這種服務現在的超級市場已完全無法做到，不同的服務組合是各商店用以作非價格競爭的主要手段。

商店中的氣氛是各店用以競爭的另一項手段，每家商店的佈置不同。商店總會給顧客一種「感覺」，有的給人感覺不乾淨，有的很吸引人，有的很氣派，有的很陰暗。因此商店應講求氣氛，使之適合目標顧客，刺激他們的購物慾。例如讓人談天、休憩的咖啡廳應是寧靜、優雅的；而卡拉 OK 餐廳則是活潑、喧嘩及令人興奮的，這兩者萬不可混為一談。在設計商店的氣氛時應講求創意，並將視覺、味覺、嗅覺、觸覺的刺激加以融合，以產生預期的商店氣氛效果。

㈢定價決策

價格是零售商爭取目標市場的主要力量，零售商可利用價格來反映產品的品質，反映所提供的服務以及反映所欲製造的價格形象。成本是商品定價的基礎，因此成功的零售商必須具備精明的採購能力，採購上的節省能為公司創造巨額的利潤。除此之外，就是在定價上多下功夫。零售商可以利用加成低的犧牲打產品吸引顧客到店裡來，再向其推銷其他加成高的貨品。零售商也可看情形將週轉慢的貨品降價求售，例如鞋店有 50% 的鞋子按正常加成出售，而 25% 的鞋子可以按成本加價四成，另 25% 的鞋子則按成本出售，這種定價策略在開始訂定價格時就要計畫好。

㈣促銷決策

零售商最常用的促銷工具是廣告、人員推銷、銷售推廣及宣傳報導

等，其中以廣告最為重要。零售商廣告常見於報紙雜誌以及廣播電視上，廣告有時候也可以用直接信函或散發宣傳單來補充；零售商品要好好地訓練銷售人員，使他們懂得如何應付顧客，滿足客戶需要，並幫助客戶解決疑難及抱怨；銷售推廣可包括現場示範活動、贈送點券、大贈獎及名人訪問等；而宣傳報導則是將零售商自認值得一提的事透過傳播媒體見諸大眾。

國內的零售業者，除了以折扣和贈品來促銷商品之外，更應該發展自己的特色，同時也可以舉辦一些較有創意，而又能引起消費者共鳴的推廣活動。例如臺北市的永琦百貨公司曾邀請鄰近地區的居民、婦女團體和兒童們舉辦一次「永琦」運動會。豐群來來百貨公司則舉辦了一次「送壓歲錢到孤兒院」的義賣活動。這些活動都可吸引廣大的人潮，與社區民眾建立良好的公共關係。

㈤地點決策

零售地點是與其他商店爭取顧客的主要憑藉，例如顧客通常多選擇最近的銀行往來。連鎖百貨公司、加油站以及速食特許加盟店都特別注意零售地點，且利用相當進步的方法來選擇及評估開店地點。

三、零售業的未來發展

零售地點的選擇，除了要注意商圈大小、顧客類型、交通情況、停車地點等各種因素外，也必須注意商店本身的風格是和周圍環境的商業景觀，是否能形成較佳的組合，如此才能做到「同業的良性競爭」與「異業的互補結合」，而造成整條街道的特殊風格。例如臺北西門町的各家百貨公司和電影院等就是一種很好的配合。

就臺灣地區而言，除了百貨公司和百貨店已進入成熟期之外，其餘的零售方式，如超級市場、便利商店、自動販賣機等都正在蓬勃的發展，國外零售業發展的軌跡頗值得國內業者之參考。未來臺灣零售業的發展

有下列幾個重要的趨勢：

㈠購物中心的興起

購物中心(shopping center)是今後臺灣地區零售業發展的一個新方向。

一個大型綜合購物中心基本上必須具有多項機能，諸如購物、休閒、文化、社交等功能，消費者能在此一中心內滿足多方面需求，真正做到「單站購足」。且要有足夠的停車場與公共運輸捷運系統與之配合。為促進我國商業升級及零售業現代化，經濟部已計畫在臺北市信義路計畫商業區，設立購物中心，此購物中心採連棟式大廈設計，包括二家百貨公司、遊樂場、電影院、各類專門店、兒童遊樂場等各種商店和遊憩場所。

㈡零售商店連鎖化

近年來美、日先進國家無論在速食、電腦、汽車出租、保險、軟體設計、錄放影帶等各種零售業中都廣泛的採用了連鎖經營的型態。

我國除了便利商店和速食業中已經出現許多連鎖體系外，其他行業近年來也出現許多連鎖經營體系，例如電腦零售業中的宏碁資訊廣場截至80年已有101家加盟店，80年營業額在十億元左右。

國內的美容、美髮業也步入連鎖經營時代，例如「曼都」就擁有63家分店，其中45家為直營。預料將有更多的美容、美髮體系相繼成立，使傳統「剃頭」店和美容院面臨更大的挑戰。

㈢零售作業電腦化與自動化

臺灣地區零售業另一個未來的重要發展方向，是零售作業的電腦化與自動化。零售業是勞力密集的服務業，必須利用電腦和自動化設備來減少人力需求。現代許多新產品的包裝上，都印上了一些光學掃描器可以辨識的記號(條碼等)，零售店在進貨時，把一種產品放到一個標示好價格的貨架上，每一個產品上就不再單獨標價。產品的單位價格都存在電腦記憶中，當顧客要結帳時，只要用掃描器來讀入產品的號碼，電腦

會自動由記憶體中找出產品的價格，而後在螢光幕或列表機上印出購物的發票，同時電腦也會自動更新售出產品的存貨紀錄。而顧客也無須以現金付款，用 IC 信用卡，即可將銀行中的存款轉入零售商的帳戶。這種作業方式可以使人力密集的零售業減輕了不少人力的需求。

貳、批發業

一、批發業的本質及型態

「批發」是「包括所有將商品或服務賣給爲轉售或營利用途而購買者的各種活動」。因此任何人或公司將貨品售予其他個人或公司，作非私人用途的所有相關活動，都可稱之爲批發。茶葉商如果將茶葉賣給當地的旅館或機關行號，即是批發而不是零售。而批發商則是指主要從事批發活動的個人或公司。製造商和農人即不算批發商，因爲他們主要係從事生產活動，而非批發活動。

批發商主要可分爲兩大類（見表 15-1）：商品批發商(merchant wholesaler)擁有商品的所有權；代理商和經紀商(broker and agent)沒有商品的所有權。

㈠商品批發商

商品批發商係獨立經營者，擁有商品所有權。他們在所有的批發商中所占比率最大。商品批發商還可細分成兩類：完全服務批發商與有限服務批發商。

1.完全服務批發商

完全服務批發商提供的服務包括儲放存貨、進行銷售活動、提供融資條件、負責送貨以及提供管理協助。它又可分成兩種：

⑴批發商人：批發商人主要銷售給零售商並提供完全服務。例如替

黑松汽水公司批發汽水的經銷商或中盤商，必須提供倉儲、運送、空瓶
回收、賒售等服務。

　⑵工業產品配銷商：工業產品配銷商係將產品銷售予製造商而非零
售商，他們提供的服務包括囤儲存貨、信用融資以及運送貨物等。

表 15-1 批發商的分類

2.有限服務批發商

　有限服務批發商爲其供應商及顧客所提供之服務較少，這種有限服
務的批發商有幾種型態：

　⑴付現自運批發商(cash and carry wholesaler)：付現自運批

發商爲有限產品線。其產品多爲週轉迅速的產品，交易對象爲小零售商，一律現金交易，不准賒帳，也不幫客戶送貨。例如零售的小魚販通常是每天清晨一大早就到魚貨批發商那兒，買幾箱魚，立刻付現，然後再將魚貨運回店內出售。

(2)卡車批發商(truck wholesaler)：卡車批發商（又稱卡車中盤商）主要的功能係銷售與送貨，爲有限產品線。多爲易腐壞的商品（如牛奶、麵包、水果等）。他們主要巡迴於超級市場、雜貨店、醫院、飯店、工廠、餐廳以及旅館之間，作現金交易。

(3)承訂商：這種批發商多見於大宗產品業，如煤、木材及重型設備等，他們並沒有實際握存或親自處理貨品，若有人訂貨，他們只要找到製造商，讓製造商依約定的條件和時間，將貨物直接送給客戶即可。承訂商只承擔從接獲訂單起至貨物送至客戶處間的所有權及風險，由於承訂商沒有握存貨品，故其成本低，客戶因此節省了不少成本。

(4)貨架中盤商：貨架中盤商主要爲雜貨及藥品方面之零售商服務，產品項目多爲非食品類。這些零售商不想花功夫去訂購及陳列數百種的非食品類產品，貨架中盤商就用車將藥品、化粧品、玩具、廉價書籍等貨品運到零售地點擺妥，並予標價，保持全新狀態，作一些現場廣告，以及作存貨紀錄。貨架中盤商多爲寄銷性質，即他們保有貨品的所有權，只有零售商將貨品出售後，他們才向零售商收款。

(5)生產合作社：生產合作社係農人所組成的，它主要是將農產品集中後，銷售到地方市場，其利潤通常都在年終時分配予社員。他們通常會謀求產品品質的改進，用合作社的品牌促銷，例如美國香吉士(Sunkist)柳橙或 Sun Maid 葡萄乾等。臺灣地區的食米、和各種水果，也常透過各地的農會，進行共同運銷的業務。

(6)郵購批發商(mail-order wholesaler)：郵購批發商將產品目錄送給零售商、工業產品客戶及機關團體等，其主要產品項目包括：珠

寶、化粧品、特殊食品以及一些小產品，主要多爲偏遠地方的客戶。這種郵購批發商多不用推銷人員拜訪客戶，訂貨多用郵寄或其他貨運方式送達。

㈡代理商與經紀商

代理商與經紀商和一般批發商有兩種不同之處：1.他們不擁有貨品所有權，而所能提供的服務比有限服務商品批發商還少；2.他們主要的功能在促進商品的交易，藉此賺取售價中某一百分比的佣金。

1.經紀商

經紀商的功能不多，其主要係努力將買方與賣方湊到一起，幫助雙方議價，向與其接洽的買方或賣方收取佣金。他們不握存貨品，不牽涉任何財務融通或負擔風險，比較常見的經紀商有房地產經紀商、保險經紀商及證券經紀商。例如最近出現的建築經理公司，在現行的房地產交易制度中發揮不少功能，對消費者和建築業者分別提供了不少的服務。

2.代理商

代理商是比較長久性的代表買方或賣方,來從事採購或銷售的服務,他們可分爲多種型態：

(1)製造代理商：又稱製造商代表，他們通常代理兩三家產品線互補的製造商，並與該製造商訂有正式合約，內容包括訂價政策、營業區域、訂單處理程序、送貨服務與保證以及佣金比例。他們大多對各製造商的產品線相當熟悉，而且對其顧客的偏好也相當了解，因此對製造商銷售產品有很大的幫助。製造代理商多用於服飾、家具及電子產品。

(2)銷售代理商(selling agent)：銷售代理商與製造廠商訂有合同，由製造商授權他們銷售該公司所有產品。這類製造商或是對銷售沒興趣，或是自認不適合做此工作。銷售代理商有如公司的銷售部門，他們對價格、付款及其他交易條件有甚大的影響力。銷售代理商通常沒有地區限制，多用於紡織、機器設備、煤與焦炭、化學藥品及金屬產品等

業。

(3)採購代理商(purchasing agent)：通常與購買者有長期契約關係，代其購買商品，並常包括收貨、保險、倉儲及將貨品運到最後購買者手中的採購作業，美國的服裝市場有一種所謂地方採購商，專門替小城市的零售商尋求適當的服裝產品線，他們不但能提供客戶有用的市場情報，同時也幫助客戶選擇優良的產品及合理的價格。

(4)佣金商(commission merchant)：係實際替賣方運送貨品到市場上交易的代理商，他們與製造商間多設有長期契約的關係。此種代理商多見於農、漁產品市場，因為有些農夫或漁民既不能也不願自行出售貨品，也不加入生產合作社。佣金商可以用卡車裝運產品到市場上，尋求一個適當的價格出售，扣除佣金及費用後，將餘款繳還給生產者。

二、批發商的行銷決策

批發商對其目標市場、產品種類、定價、促銷以及配銷通路等，都須作成適當決策。

㈠目標市場決策

批發商就像零售商一樣需要選擇目標市場，而不該試圖去涵蓋所有市場。他們可以根據零售商的大小 (如只售予大零售商)、型態 (如只售予便利商店)、所需的服務 (如只售予需要融資的零售商) 或其他標準來選擇目標客戶。在這些目標客戶中，他們可以選擇容易獲利的客戶，提供良好的條件並設法與之建立良好關係。對於一些利潤不佳的客戶，可採用要求大宗訂貨及小訂單多收額外費用的方法，來淘汰一些客戶，改善獲利情形。

㈡產品決策

批發商的產品就是他們所握存的各種貨品，批發商常常需要有足夠的貨品種類及存貨，以應付零售商隨時之需，但這樣做往往會使利潤大

為減少。批發商應該研究各產品線的獲利率，選擇獲利率大的產品線。許多批發商多依據 ABC 分類法區分其產品，A 類代表最有利潤的產品，C 類代表最無利潤的產品，存貨水準依類別而不同。

㈢定價決策

傳統上批發商多依成本加成法來定價，一般加成的百分比要足以抵付批發商的各種費用，例如加成 20%，在毛利中費用約佔 17%，留下約 3%的淨利。在食品雜貨批發業中，其平均利潤常低於 2%。批發商應嘗試訂定價格的新方法，有時候可以降低某些產品的價格，來吸引新的顧客，他們也可要求供應商破格降價，以增加銷貨。

㈣促銷決策

大多數的批發商都不注重促銷，不管是為他們自己或為其供應商所做的廣告、銷售推廣、宣傳報導以及人員推銷等活動大都不太積極。至於非人員推銷方面，批發商似可採行類似零售商塑造形象的策略。批發商有必要建立整體的促銷策略，同時也要充分利用供應商所作的促銷活動。

㈤配銷地點決策

批發商多位於租金低、稅負低的地區，店內沒什麼佈置，為了應付成本的高漲，積極的批發商多在設法改進其實體分配作業。未來必定會達到倉儲全部自動化的地步——訂單直接輸入電腦，再由機器送出貨品，放在輸送帶上，送到運輸臺上匯集裝運。此種機器化和自動化的發展非常迅速，辦公室活動的自動化亦不例外，許多批發商都漸漸利用電腦來處理會計及帳務、存貨控制與預測需求等功能。

三、批發業的未來發展

迪化街是全臺灣最聞名的批發商集中地，近百年來，食米、沙拉油、布匹等許多產品，皆以迪化街為集散中心，臺灣各地的零售商雲集迪化

街進行採購。可是，這些年來，大部分迪化街批發商都墨守成規，未能改善經營體質，在面臨製造商向下整合，零售商向上整合的雙重夾攻下，業務逐漸萎縮，食米、沙拉油等許多產品的批發商在迪化街歇業了。

批發商要想逃過被製造商和零售商「夾殺」出局的命運，必須積極改善上述各項缺點。確實從以下四個方向來發揮其批發的功能：

1.提高傳統批發作業的效率：藉電腦和自動化設備，提高訂單處理、存貨控制、倉存作業和運輸作業等各方面的效率，以降低成本。

2.積極加強和製造商的合作：主動提供製造商所需的市場情報，積極拓展市場並且在價格政策和促銷策略上，多與製造商合作。

3.加強對零售商的服務：針對目標零售客戶的需要，提供各項服務和協助。例如暢銷商品之甄選、陳列貨架之佈置等等。

4.大型化與大量化：產品的採購量要夠大，才能壓低進貨成本和售價，而商品範圍要廣，才能使零售商一次購足所需的各項商品。

最近，荷蘭的ＳＨＶ在臺灣合資設立「萬客隆」批發中心，此種批發中心將只開放給擁有會員卡之零售商進入採購。商品將包括上萬個品目，由於大量進貨，而且採取付現自運的方式，故可壓低售價來吸引零售商。另一家批發中心「高峰」更號稱有五萬種品目的商品，這種批發中心的營運方式，將對我國的批發業者造成鉅大的影響。

重要名詞與概念

零售	商品批發商
折扣商店	付現自運批發商
便利商店	卡車批發商
專賣店	承訂商
無店面零售	貨架中盤商
郵購	生產合作社

人員直銷　　　　　　郵購批發商

零售輪迴假說　　　　代理商

批發業　　　　　　　經紀商

自我評量題目

1. 試由產品、服務……等各方面比較百貨公司和超級市場之異同。

2. 你的朋友想在某大學附近開設一家商店，供應食品和各種日用品，他不知道該以折扣商店還是以便利商店的型態來經營，他也不知道兩者有何差異，請您給他一些建議。

3. 郵購在臺灣一直未能蓬勃發展，試說明其原因？

4. 人員直銷提供消費者許多便利，但往往會影響私人生活或親友感情，你認爲此種零售方式是否應加以管制？如何管制？

5. 假如你想開設一家嬰兒服飾專賣店，在擬定行銷策略時你會注意到那些要點？

6. 你認爲我國零售業未來有那些發展趨勢值得注意？

7. 批發業與零售業有何差異，試舉例說明之。

8. 商品批發商與代理商（或經紀商）的不同在前者提供較多商品，服務各項也較多，試評論此種看法。

9. 批發商的行銷策略中，往往最不注意４Ｐ中的那一種？原因何在？

10. 試討論我國批發商未來的展望及應努力的方向。

第十六章　促銷與溝通概論

單元目標

使學習者讀完本章後能

● 瞭解促銷的功能

● 說明有效溝通之步驟

● 說明如何選擇訊息

● 說明編製全盤促銷預算之方法

● 說明促銷組合預算分配時應考慮之因素

摘要

促銷的功能是要進行溝通，提高視聽衆對公司產品之接受性，而直接或間接的促成交易。

有效溝通的步驟包括：1.確定目標視聽衆，2.確定溝通目標，3.選擇所要傳達的訊息，4.了解訊息來源之特性，5.了解目標視聽衆解碼的方式而將訊息譯碼，6.選擇有效的媒體傳達訊息，7.發展回饋，了解視聽衆之反應，8.控制並降低干擾。

促銷預算的規劃包括二種決策：1.編製全盤促銷預算，常用的方法如量力而爲法、銷售百分比法、競爭看齊法及目標任務法。2.促銷組合之預算分配，需考慮促銷工具之特性、目標市場之特性、產品特性、公司促銷資源和促銷目標、促銷策略和產品生命週期之階段等因素。

本章先說明促銷與溝通的本質，而後探討二個問題：第一，發展有效溝通之主要步驟爲何？第二，應如何決定促銷組合？第十七章將探討廣告和宣傳報導等大衆傳播工具之策略運用，第十八章則探討人員銷售和銷售推廣的溝通促銷策略。

壹、促銷與溝通的本質

促銷活動和現代人的生活實在密不可分，清晨音樂鬧鐘將你由床上叫起。打開收音機聽到節目主持人說，小孩子每天早上要吃一個蛋、一杯牛奶，再加上其他食物，營養才夠，中間還插播了「好立克」的廣告，廣告中說好立克含有蛋、牛奶等成分，營養最高。拿起報紙又看到裕隆汽車的廣告。廣告中提醒騎機車的朋友只要花很少的錢買輛車，就可讓

全家人免受風吹雨打。

　　促銷的功能是要和消費者或社會大眾進行溝通，以設法提高視聽眾對公司產品的接受性，而直接或間接促成交易。促銷可以針對目標市場的顧客，和他們溝通產品和服務的訊息，而直接促成交易。促銷也可以用來和各種利益群體（例如環境保護群體、消費者保護群體）、投資者、政府、立法機關及社會大眾，溝通產品的特質和公司的各項活動，以間接促成交易。

　　從以上的說明可以了解，促銷除了可以增加公司產品的銷售之外，更可用來和行銷環境中的各個群體建立良好、健全的關係，或者用來改善彼此的關係。例如新加坡航空公司，由於在時代雜誌(Time)等世界性傳播媒體，刊出了一系列很成功的企業形象廣告，使規模不大的新加坡航空公司在許多乘客的心目中，留下世界性公司的印象，而對新加坡航空公司的安全和服務產生較大的信賴感。

貳、有效溝通之步驟

　　行銷人員必須了解如何有效的進行溝通。溝通的過程包含了八個要素(見圖16-1)，訊息來源、譯碼、訊息、溝通媒體、解碼、訊息接受者、反應回饋和干擾八個要素。各要素之定義如下：

　　1.溝通者：發出訊息至他方者。

　　2.譯碼(encoding)：將思想轉換為符號的過程。

　　3.訊息：溝通者所傳遞的若干符號。

　　4.媒體：訊息從溝通者傳至視聽眾所經之通路。

　　5.解碼(decoding)：視聽眾對所傳遞之符號賦予意義的過程。

　　6.視聽眾：收受由他方傳來之訊息者。

　　7.反應及回饋：視聽眾接到訊息後之反應，部分反應會傳回給訊息

來源而成爲回饋。

8.干擾：溝通過程所發生之意外變故，以致收受者所收到的訊息與原來的有所出入。

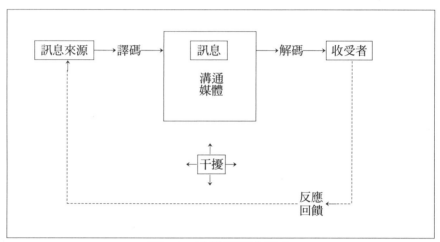

圖 16-1 溝通過程之要素

這個模式指出有效溝通之步驟包括：1.確定所要溝通的目標視聽衆，2.確定溝通目標，3.選擇所要傳達的訊息，4.了解訊息來源之特性，5.了解目標視聽衆解碼的方式而將訊息譯碼，6.選擇有效的媒體將訊息傳達給目標視聽衆，7.發展回饋通路，以獲悉視聽衆對訊息之反應，8.控制並降低干擾。

一、確定目標視聽衆

行銷溝通者必須一開始就明確的定出目標視聽衆，視聽衆可能是公司產品的潛在購買者或目前的使用者，也可能是購買決策的決策者或影響者，是個人或群體、是特殊公衆或一般大衆。因爲目標視聽衆的不同，會深深的影響溝通者的各項決策，諸如訊息之內容、方式、時間等。

確定了目標視聽衆，溝通者就必須調查視聽衆的各種特徵，例如視聽衆對公司及其產品之印象、認知處理的方式、需要及慾望、產品及品

牌偏好以及媒體習慣。

　　視聽衆分析首先要評估視聽衆目前對於公司，其產品及其競爭者之印象。這需要接觸目標視聽衆中的一些樣本群衆，並且利用一些工具來測量他們對於某些事物的印象。測量印象的工具有很多，其中以語意差別法和多元尺度法的應用最爲廣泛。

二、確定溝通目標

　　目標視聽衆一旦確定，行銷溝通者即應界定溝通所預期達成之反應目標。行銷者所期望之最終目標當然是消費者購用產品，但是，行銷溝通者必須了解消費者或目標視聽衆目前所處的購買準備階段，而後逐步將之移往最後的購買階段。

　　對產品或公司而言，目標視聽衆所處的購買準備階段，可以效果階層模式來加以說明，此模式包括六個階段——知曉、了解、喜歡、偏好、堅信、購買——現在逐項加以說明：

㈠知曉

　　首先要確認目標視聽衆對產品或公司的知曉程度，他們也許根本一無所知，也許只聞其名，或略知一二。如果多數的目標視聽衆都不知曉，溝通者的任務就在建立起知名度，甚至只是介紹產品的名稱。透過簡單的訊息一再地重複產品的名稱，可以建立產品的知名度。儘管如此，建立知名度仍然頗費工夫。

　　假設中華兒童福利基金會，想在高雄市推展一個認養兒童的「幼吾幼」計畫。但是從調查中發現，大部分高雄市民衆，對該基金會以及「幼吾幼」計畫，都毫無所知。中華兒童福利基金會就可將其溝通目標定爲：在一年之內使高雄市 70%的成年市民知道該基金會及「幼吾幼」計畫。

㈡了解

　　目標視聽衆也許對公司或產品略有所知，但所知有限。中華兒童福

利基金會可能希望其目標視聽衆了解，該基金會對兒童所提供的各項救助，及「幼吾幼」計畫的詳細內容。例如：市民應如何參與這項計畫？對那些不幸的兒童能有那些具體的幫助？基金會應調查目標視聽衆對該基金會的了解程度，俾決定是否以「了解產品」爲當前之溝通目標。

㈢喜歡

如果目標視聽衆的成員已經了解，下一個問題是他們的感受如何？如果視聽衆對中華兒童福利基金會印象不佳，溝通者就得找出原因，然後展開溝通活動，以爭取視聽衆的好感。若不利的態度係根源於基金會本身的實際缺失，光靠溝通活動便無法奏效。第一要務還是得改善基金會本身，然後再溝通其優點特色。良好的宣傳報導一定要能名副其實才行。

㈣偏好

目標視聽衆可能會喜歡，但不見得偏愛。這時溝通者的任務便在建立消費者的特定偏好，故應提供有關產品品質、價值、功能等特性的資訊。隨後，溝通者可以調查視聽衆的成員，了解其偏好是否有所改變，以檢討溝通活動的得失。

㈤意圖

人們對一件事物雖然有了偏好，卻不一定會想購買。例如有些市民可能偏好基金會的「幼吾幼」計畫，但由於怕家人或親友的反對，而不想認養兒童。

溝通者怎樣才能提高個人購買某事物的意圖？溝通者可以發展訊息來削弱視聽衆的反對理由，這些理由包括：產品太貴、不適合購買者的個性或者朋友會看不順眼等等。

㈥購買

目標視聽衆的成員可能已經下了決心，但遲遲不去購買，也許在等待進一步的訊息，或計畫要延後行動等等。在這種情況之下，溝通者就

必須引導消費者採取最後的步驟。促使後者採取購買行動的方法有：以低價供應，提供贈品，有限度的提供試用機會，或者強調售完為止，良機不多。

三、選擇訊息

確定所要得自目標視聽衆的反應之後，溝通者接著就要擬定訊息。訊息的製作必須考慮到訊息內容和訊息格式兩方面：

㈠訊息內容

溝通者必須對視聽衆提出某種訴求或主題，以產生預期的反應。訴求可分成三大類：「理性訴求」(rational appeal)係針對目標視聽衆自身利益的追求，而設法證明產品能帶來預期的好處。例如，在訊息中說明產品的品質、經濟實惠、價值或性能等。

「感性訴求」(emotional appeal)利用來激起情緒上的衝動，以刺激消費者購買產品。溝通者早就開始利用恐懼、內疚與羞恥為訴求，以促使人們為其所應為(例如刷牙、每年作健康檢查)，或是不再為其所不應為 (例如抽菸、酗酒、吸毒、暴飲暴食)。但「恐懼訴求」只在某種限度之內才會有效，恐懼若超過此一限度，視聽衆對該訊息將置之不理。溝通者也可使用正面的感性訴求，諸如愛情、幽默、驕傲與喜悅。不過尚無證據顯示，幽默的訊息一定比平鋪直敍的訊息有效。

「道德訴求」(moral appeal)係在使視聽衆了解孰對孰錯，通常用來勸導人們支持某些社會運動，諸如淨化環境、種族平等、男女平等以及協助殘障等。此種訴求較少用於一般的商品。

就以國內的奶粉的促銷策略來說，味全嬰兒奶粉採用的是較理性的訴求方式，在廣告中告訴消費者味全奶粉提供了下列利益：1.味全嬰兒奶粉的配方，完全配合兒童成長的需要。2.味全有東南亞最大的奶粉工廠，品質最可靠。3.味全成立「寶寶健康檢查」小組，為消費者巡迴服

務。而統一嬰兒奶粉則採用感性訴求和道德訴求的方式，提醒愛子心切的媽媽們，「母乳最好」，以母乳育嬰可以確保嬰兒的健康，母親不應逃避這項天賦的責任。只有在實在無法以母乳育嬰時，才以統一嬰兒奶粉爲代替品。

(二)訊息格式

溝通者也要能以有效的格式傳達訊息。訊息若是以印刷媒體廣告傳遞，溝通者就得注意有關標題、文稿、插圖、色彩等要素。廣告者可以運用各種手段，引起別人的注意，如新奇與對比、惹人注目的圖案與標題、獨特的格式、訊息的多寡與位置以及色彩、造型、變化等等。訊息若是經由廣播傳遞，溝通者就得謹慎的選擇字彙、音質（講話的速度、抑揚頓挫、音調、咬字），以及音效（停頓、歎息、呵欠）。推銷洗衣機的「聲音」應與推銷化粧品的聲音迥然不同。訊息若是經由電視或人員傳遞，則所有這些要素加上行爲語言（非言辭的暗示）都應列入考慮，廣告者應注意其面部表情、手勢、衣著、姿勢與髮型。訊息若經由產品或包裝來溝通，就應注意其觸覺、氣味、色彩、尺寸大小以及形狀等。

四、了解訊息來源之特性

訊息對視聽衆的影響，也受視聽衆對溝通者的知覺情形所左右。製藥公司之所以要請醫生證實其產品的效用，就是因爲大衆認爲醫生值得信賴；戒菸協會請那些曾是老菸槍的戒菸者，勸導中學生不要吸菸，也是因爲老菸槍所說的，要比老師說的來得可信；有些行銷人員則聘請新聞播報員或運動員等名人爲其傳遞溝通訊息。

有那些因素會決定訊息來源的可靠性呢？最常見的三個因素爲專家性、可信性與親切性。專家性係指溝通者被認爲對某些事物具有權威程度，醫生、科學家、教授在其專業領域方面都具有高度的專家性。可信性係指訊息來源被認爲客觀、公正的程度，朋友就被認爲比陌生人或推

銷員更足信賴。親切性係指訊息來源對視聽衆有多大的吸引力，率直、幽默、自然等特質往往會使訊息來源更加親切。因此，最可靠的訊息來源應兼具以上三個因素。

五、了解視聽衆解碼的方式而將訊息譯碼

解碼是視聽衆將溝通者所傳送的符號賦予某種意義的過程。視聽衆根據他們的知識、經驗來解釋其所接收到的信息。爲了使視聽衆願意而且能夠對信息賦予正確的意義，解碼工作要愈容易愈好，因爲如果一個信息需要視聽衆絞盡腦汁才能解碼，則他們很可能根本不去瞭解它的含義，因此溝通者最好以視聽衆的語言將信息譯碼，視聽衆才能夠很容易地解碼，信息正確傳達的可能性亦大爲提高。

六、選擇媒體傳達訊息

溝通者現在可以著手選擇有效的溝通媒體或通路。溝通的通路可分爲二大類：人員與非人員。

㈠人員溝通

人員溝通通路係指二個人以上直接彼此溝通而言，包括兩人面對面溝通，一人面對多數人，或是打電話，透過電視媒體，甚至以私人信函溝通也是人員溝通。人員溝通之所以有效，主要在於它使人們能受到個別的禮遇並產生回饋。

人員影響通常對價值昂貴或風險較大的產品最爲有效。人們在購買汽車及大型家電製品時，除了大衆傳播媒體的訊息之外，還會徵詢別人的意見。

㈡非人員溝通

非人員溝通通路係指不透過人員接觸或回饋的媒體。雖然人員溝通經常要比大衆傳播有效，大衆傳播媒體卻是提高人員溝通效果的主要途

徑。大衆傳播經由「二階段的溝通流程」(two-step flow-of-communication process)，影響個人的態度與行爲，「訊息通常先從廣播與印刷媒體傳給意見領袖，再由此傳給較不活躍的人。」

七、蒐集回饋了解反應

訊息傳遞出去之後，溝通者還要探究對視聽衆造成多大的影響。通常必須調查目標視聽衆，詢問他們是否能辨認或記得訊息，就其記憶所及一共接觸幾次訊息，還記得那些要點，對訊息的觀感如何，及其過去、目前對產品與公司的態度。最後，溝通者也希望能蒐集視聽衆的行爲反應，諸如有多少人購買該產品、喜歡該產品或將該產品的訊息轉告他人。

雖然衡量溝通效果，蒐集回饋是公司改進溝通方式、提高溝通效果的唯一途徑，但一般公司在這方面大都不願投入資金，這是我國許多公司在行銷上常見的一項通病。

八、控制干擾

干擾是指在溝通過程中因某些事故致使視聽衆所收到的信息與溝通者所發送的信息有所出入。干擾可來自許多不同的來源，溝通者必須盡量控制並降低干擾，方能提高溝通的效果。干擾的情況很多，例如：

●電視螢光幕接收不良，雜誌廣告的彩色印刷出現重疊畫面，致使視聽衆無法收到正確信息。

●電視觀衆在電視插播廣告的時間使用遙控器轉臺收看其他節目，或離開座位去上洗手間、開冰箱找東西吃等，都使得溝通者所傳送的信息未被接收。

叁、行銷溝通預算之規劃

討論過溝通過程如何運作後，我們接著探討管理如何規劃其行銷溝通預算。管理者必須作二項重要決策：

1.要完成溝通目標，全部溝通預算要多少？
2.全部溝通預算應該如何分配於各項主要的溝通工具？

一、編製全盤促銷預算

公司管理當局所面臨的重大行銷問題之一，就是應花多少錢從事促銷？各種行業花在促銷方面的費用都各不相同。化粧品業全部的促銷費用可能占其銷售金額的30%～50%，而產業機械可能只占10%左右。即使在同一行業之內，也有促銷費用差距相當大的情形發生。金車飲料公司就是促銷費用很高的公司，金車公司在其主力產品金車麥根沙士剛上市時，每年投入近千萬的廣告促銷費用，使其市場占有率節節上升，對市場占有率最高的黑松沙士形成極大的威脅。

公司如何決定其促銷預算呢？常用的方法有量力而為法、銷售百分比法、競爭看齊法和目標任務法。

㈠量力而為法

許多公司係依其本身的財務能力來決定促銷預算，在某段期間內能花多少就花多少。以這種方法決定預算不但完全忽視了促銷活動對銷售量的影響，而且每年促銷預算多寡不定，使得長期的市場規劃更屬不易。

㈡銷售百分比法

許多公司係依銷售額（當期或預估數）之百分比或售價的一定比率決定其促銷預算。這個比率的高低乃根據公司的傳統、政策和產業平均水準而定。如某飲料公司乃根據下年度預期的總收入中編列4.5%作為新

年度的廣告費用。

㈢競爭看齊法

有的公司特地把促銷預算訂成跟競爭者的支出水準一致，即與競爭者維持同等的地位。不管是絕對金額上的看齊或促銷費用百分比上的看齊。

㈣目標任務法

以目標任務法編列促銷預算，必須：⑴儘可能明確的訂出促銷目標，⑵確定達成這些目標所應執行的任務，⑶估計執行這些任務的成本，而這些成本之和就是預計的促銷預算。

目標任務法的優點是它能迫使管理當局就費用多寡、展露水準、試用率與續購情形之間的關係，明確地說明其假設。

二、促銷組合之預算分配

即使是屬於同一行業的公司，在分配促銷預算的作法上仍有很大的差異。例如在化粧品業中雅芳公司將全部火力集中於人員推銷，而資生堂和蜜斯佛陀就比較注重廣告。換言之，不同的促銷組合（廣告、人員推銷、銷售推廣、宣傳報導）也可能達成同樣的銷貨水準。

有許多因素會影響行銷人員對促銷工具的選擇。行銷者應特別注意幾點：1.促銷工具之特性，2.目標市場之特性，3.產品之特性，4.促銷資源與促銷目標，5.促銷策略，6.產品生命週期之階段。茲分述如下：

㈠促銷工具之特性

每一種促銷工具——廣告、人員推銷、銷售推廣、宣傳報導——本身都具有獨特的性質，所需的成本也不相同。行銷人員在作選擇之前，應先對這些特性有所了解才行。

1.廣告

廣告固然可用在建立產品的長期形象(例如黑人牙膏廣告)，有時也

可以用來刺激短期的銷售高潮(如遠東百貨公司的週末大減價廣告)。廣告通常可以經濟而有效地接觸散佈於廣大地區的購買者，有些廣告活動(如電視廣告) 或許要花不少錢，但有些廣告 (如車廂廣告) 費用則非常低廉。

2.人員推銷

人員推銷在消費者購買過程的後面階段，係最有效的促銷工具。但是人員推銷乃是一種最昂貴的企業溝通工具。若無法發揮每個推銷員的溝通促銷效果，將會造成極大的浪費。

3.銷售推廣

銷售推廣工具可以造成迅速而強烈的市場反應，可以用來戲劇性地推出新產品，或使下降的銷售量暫時回升。但其效果通常極為短暫，在建立長期品牌偏好方面，收效不大。

4.宣傳報導

行銷人員往往很少利用宣傳報導來促銷其產品，或只將它列為最後的考慮。然而，其他的促銷組合要素，若能輔以考慮周詳的宣傳報導活動，效果將更為可觀。

㈡目標市場之特性

目標市場的大小、地理分配和社會經濟特性，也會影響各促銷組合工具之相對重要性。

當市場的規模較小，購買者人數較少時，人員推銷可以很有效的來接觸這些購買者，故可能偏重人員推銷。例如某些價值昂貴的古董、字畫或某些工業產品 (如水泥機械) 購買者人數有限，用人員推銷可以密切的掌握每個重要客戶。

購買者的地理分配也很重要，如果顧客集中在一個很小的地區內，用人員推銷就很划算。反之，如果購買者分散得很廣，就比較適合用廣告。

目標市場的各種社會經濟特性，如年齡、所得、教育等對促銷工具的效果也有影響。例如：人員推銷用在對教育水準和社會階層較低的顧客就比較有效。

⑸產品之特性

各種促銷工具對消費品與工業品的功效並不相同。二者之間的差異如圖 16-2 所示。消費品業者通常都把大部分的資金投入廣告活動，其次為銷售推廣、人員推銷，最後才是宣傳報導。工業品業者則將大部分的資金花在人員推銷，其次為銷售推廣、廣告、宣傳報導。一般而言，人員推銷較常用於價昂而風險性高的產品，或屬於寡占性質的市場。

除了工業品和消費品的差異外，對於需求的季節性波動較大的產品，例如冷氣機須注重廣告和銷售推廣活動，因為多雇用推銷員，在淡季時就很不划算。此外，產品的價格也很重要，價格較高的產品如買房子比較需要人員推銷，因為消費者在購買價格高的產品時，知覺風險較高，比較需要推銷員的說明和勸誘。

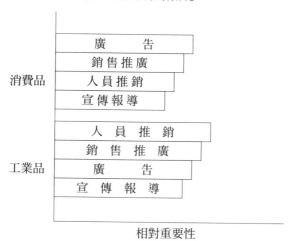

圖 16-2　各促銷工具對消費品與工業品之相對重要性

⑷公司的促銷資源和促銷目標

公司所擁有的促銷資源會影響促銷工具的使用。如果公司的促銷預

算很有限，可能採用人員推銷。因為人員推銷可以根據其推銷的成果來計算報酬（特別是推銷員的薪水採佣金制時），公司易於控制促銷預算。而廣告費用投入則往往相當龐大，而且效果不易衡量。公司的促銷目標，可能是要影響顧客達到不同的購買準備階段，而促銷工具在各個購買準備階段的成本效益也不相同。圖 16-3 所示即為四種促銷工具的效果比較。就打開知名度而言，廣告及宣傳報導係成本效益最高的促銷工具；教育對於增進消費者的了解極為有限，廣告及人員推銷次之；購買者偏好則易為人員推銷與廣告二者所左右；最後，消費者的購買行動主要是受推銷員推銷的影響。由於人員推銷的成本很高，所以應將重點集中於購買準備階段的後期為宜。

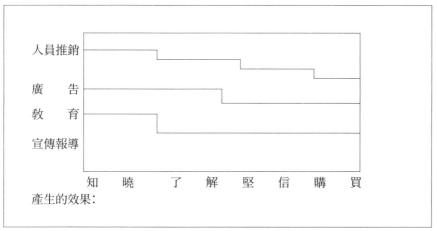

圖 16-3　四種促銷工具在不同的購買準備階段之效果比較

㈤促銷策略

公司採取推式或拉式的促銷策略，對促銷組合的選用也頗有影響。圖 16-4 所示即為這兩種策略的比較。推式策略係利用銷售人員對中間商促銷，將產品推入配銷通路。製造商對批發商大力促銷先把產品推到批發商手上，批發商進行把產品推進零售商的貨架，並寄望零售商會有足夠的誘因把產品推向消費者。拉式策略係針對最終消費者，花費大量的

金錢從事廣告及消費者促銷活動，以增進產品的需求。一旦奏效，消費者就會向零售商要求購買該產品，於是拉動了整個通路系統的銷路。各公司對推式或拉式策略的偏好不盡相同。例如在餅乾業中掬水軒餅乾較倚重推式策略，歐斯麥餅乾則是以拉式策略為主。

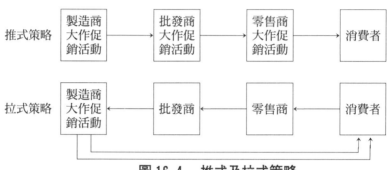

圖 16-4　推式及拉式策略

㈥產品生命週期階段

　　各促銷要素在不同的產品生命週期所產生的效果互異。在引介階段，廣告與宣傳報導對於打開知名度最能奏效，銷售推廣活動則有助於促使消費者提早試用，在爭取中間商經銷產品時必須用到成本較高的人員推銷。但是有些經銷商可能只願經銷廣告較多的產品。

　　在成長階段，廣告與宣傳報導仍然維持猛烈的火力，但由於不再極力鼓吹試用，故可以減少銷售推廣活動。

　　在成熟階段，銷售推廣與廣告相較之下，活動大為增加。購買者已經知道產品的品牌，提醒式的廣告即足敷需要。

　　在衰退階段，廣告已刪減至只剩提醒式的廣告，宣傳報導完全停止，推銷人員對此產品也幾乎不聞不問,但銷售推廣則還可能繼續相當活躍。

重要名詞與概念

溝通者	道德訴求
目標視聽眾	二階段的溝通流程

訊息	市場圖
解碼	編製全盤促銷預算
譯碼	競爭看齊法
媒體	目標任務法
理性訴求	推式策略
感性訴求	拉式策略
恐懼訴求	

自我評量題目

1.試說明有效溝通的步驟？

2.試就你最近剛買的新品牌冷飲，說明購買者的六個準備階段。

3.下列機構的訊息內容屬於何種類型(1)神通電腦(2)豐田汽車(3)陶聲洋防癌基金會(4)國際牌家電。

4.公司可採那些主要之溝通通路？其使用時機各爲何？

5.試說明下列人員在行銷溝通時爲何種產品之可靠訊息來源(1)趙少康(2)李遠哲(3)李豔秋(4)孫越，試說明理由。

6.公司如何編製全盤促銷預算？各種方法的利弊何在？

7.在分配各種促銷組合之預算時，應考慮那些因素？

8.在分配各促銷組合之預算時，推式策略與拉式策略有何影響？

第十七章　廣告及宣傳報導

單元目標

使學習者讀完本章後能

- 解釋廣告的性質與用途

- 說明擬定廣告方案的程序

- 解釋宣傳報導的性質

- 說明如何發展宣傳報導活動

- 說明廣告代理商的優缺點

- 說明選擇廣告代理商之考慮因素

摘要

　　廣告及宣傳報導是大量之行銷工具。其中廣告是最常使用的促銷工具，因它可促銷產品及機構、刺激基本及選擇性需求、抵銷競爭者廣告的效果、支援推銷人員、建議產品的新用途、提醒和增強消費者的購貨決策、降低銷售之波動。這必須考慮產品是否具有獨到之特性、產品特性對消費者是否重要、消費者對產品需要量的程度、產品潛在市場是否足夠、市場競爭情況、外在競爭情況是否有利、公司財務能力可否維持一定程度的廣告量。

　　在擬定廣告計畫時必須做到以下各步驟：(1)確認廣告對象、(2)設立廣告目標、(3)編列廣告預算、(4)訊息決策、(5)發展媒體計畫、(6)廣告效果評估。

　　宣傳報導是另一種促銷工具，雖然它不常被使用，但成功的宣傳報導卻可發揮極大的效果。

　　採用宣傳報導有其限制，而且必須妥善處理負面的宣傳報導，以免這些不利的宣傳報導對公司造成嚴重的影響。

　　管理當局在發展宣傳報導活動時，應注意以下各步驟：(1)確定宣傳報導目標、(2)選擇宣傳報導之訊息與工具、(3)執行宣傳報導方案、(4)評估宣傳活動之成效。

　　使用廣告代理商的優點包括：(1)專家的服務、(2)縮小廣告部門的規模、(3)避免工作量不足的問題、(4)提供客觀的新看法或方法、(5)豐富的經驗、(6)提昇購買力、(7)降低成本、(8)其他方面的節省。而缺點則包括：(1)注意力分散、(2)時間上的拖延、(3)成本較高、(4)佣金制度含有惰性。至於選擇廣告代理商所需考慮的因素包含：(1)代理商創意工作的水準如何？(2)代理商對公司的產品及服務是否有經驗？(3)代理商服務範圍為

何？每項服務如何收費？⑷該代理商的顧客名單之水準？⑸在該代理商的客戶名單上，本公司的地位及重要性爲何？⑹負責本公司業務者的水準？

廣告是所有行銷活動中，最吸引人也最令人迷惑的一部分。商場上常常可以聽到有關廣告的故事。有些公司在山窮水盡之際，由於一次成功的廣告活動使產品大爲暢銷，公司又有了無限的生機。但也有些公司因爲投入巨額的廣告費用，卻未能收到預期的效果，而使公司的元氣大傷，甚至面臨了破產的危機。例如國內某玩具公司曾一度面臨經營上的困境，但由於該公司成功的運用電視廣告來促銷其主力產品電動玩具火車，使銷售量大增，也使公司得到了足夠的利潤來發展一系列的電動玩具產品。

宣傳報導（publicity）與廣告頗爲相似，但在功能效果和表現方式等許多方面，仍有一些顯著的差異。

本章首先說明廣告的本質和功能，探討如何企劃廣告活動，然後說明宣傳報導之本質，並探討如何發展宣傳報導的活動。

壹、廣告的本質和功能

一、廣告的本質

「廣告」係由贊助者（廣告主）透過給付代價的媒體，從事非人員方式的溝通。廣告的運用並不僅限於工商企業，政府、慈善機構以及從事各種社會運動的機構都在利用廣告傳達訊息給不同的目標大眾。

廣告可以利用各種不同的媒體：雜誌與報紙、廣播與電視、室外展示（如海報、招牌、空中文字）、直接信函（direct mail）、小贈品（如火

柴盒、記事本、日曆)、廣告牌(card，如掛於汽車或公車上者)、商品目錄、名錄及宣傳單等。

　　79 年廣告支出最高的廣告主為統一企業，總金額達 5 億 5 千餘萬。其中以電視廣告為主，金額為 5 億零 8 百萬。第二名的福特汽車廣告金額為 2 億 5 千萬，以報紙為主，佔 1 億 2 千 8 百萬。

二、廣告的用途

　　廣告的用途很廣，其中最主要的是以下幾方面:

㈠促銷產品和組織

　　廣告可用來促銷許多東西，例如產品、服務、企業形象、觀念、人物（候選人）等。根據所要促銷的東西，我們可以把廣告分為機構廣告和產品廣告。機構廣告是用來促銷組織的形象、觀念和一些政治上的事情。例如中國信託曾推出一系列主題為「把愛點起來」的廣告，邀請社會大眾參加該公司主辦的「點燃生命之火」慈善募款活動。這個廣告和慈善活動使消費者對中國信託產生較佳的形象。產品廣告則是用來促銷貨品和服務。包括非營利事業在內的各種組織，利用產品廣告來促銷其產品或服務的用途、特色及利益。

㈡刺激基本的和選擇性的需求

　　當公司初步導入一種革命性的創新產品時，必須利用前鋒廣告(pioneer advertising)，來告訴消費者這樣新產品是什麼？有什麼用途？如何使用？在那兒可以買到？等各種重要的資訊。首先導入新產品的公司，在競爭品牌尚未出現前會把廣告的重點用來說明產品的各項特色和利益，而不會用來強調品牌。有時候，整個產業也會聯合起來做廣告，以刺激基本的需求。例如國內的養雞公會，做廣告告訴消費者雞肉和雞蛋含有豐富的營養，請大家多吃雞肉和雞蛋。肥皂公會做廣告，提醒消費者多用肥皂洗手。

廣告主利用競爭性廣告(competitive advertising)來建立選擇性的需求。所謂選擇性需求是針對某特定品牌的需求，競爭性廣告往往指出該品牌獨具（別的品牌沒有）而對消費者很有利的用途、特色和優點。比較性廣告是一種直接向競爭者挑戰的競爭廣告。典型的做法是根據一項以上的產品特質來比較某幾個特定品牌的優劣。許多小品牌往往採用此種策略來爭取市場占有率，例如國內的 PiPi 紙尿褲原先的市場占有率大約只有 7％，而幫寶適和好奇大約各佔 35％。PiPi 紙尿褲就採用比較性廣告，針對 PiPi 最強，而消費者也很重視的吸水性來加以比較，而成功的擴大了其市場占有率。某一競爭品牌甚至被強迫推出「吸水性不等於吸尿性」的廣告，來對抗 PiPi 的廣告。

㈢抵消競爭廣告的效果

行銷者可採用防禦性廣告來降低或抵消競爭廣告的效果，以避免市場占有率被競爭者所侵蝕。例如，某品牌奶粉曾舉辦贈品活動，送消費者樂高玩具來促銷其產品，頗受消費者歡迎。其競爭者立刻在報章雜誌上，刊出贈送另一種贈品的促銷廣告，以免市場被掠奪了。

㈣支援推銷人員

就接觸每位顧客的成本而言，人員推銷的成本相當高，廣告可以提高人員推銷的效率，降低推銷的成本。例如新光人壽保險公司，往往在推出新的人壽保險辦法時先利用密集的廣告，來介紹新保險辦法的特色和利益，以引起消費者的興趣，便利推銷員進行推銷。

㈤建議產品的新用途

產品如果僅有某種特定的用途，市場的需求必然會達到飽和，營業額不再成長。此時，可用廣告來改變或增加產品的用途，而使營業額可以繼續成長。美國的 Arm & Hammer 公司，曾經成功的利用廣告來促銷其醱粉的新用途。這些用途包括冰箱的除臭劑、牙粉（廣告強調其醱粉的摩擦係數比牙膏還低）等，每次都成功的使公司的營業額繼續的成

長。

㈥提醒和增強顧客的購買決策

已經建立品牌知名度，而且擁有一些品牌忠誠者的公司，需要偶而採用提醒性廣告，來提醒顧客有關該品牌的用途、特色和利益。例如白蘭洗衣粉，雖高居占有率的榜首，但仍不斷以提醒性廣告來提醒顧客。增強廣告則是用來給現有的顧客一些新的增強，證明他們做了正確的購買決策，並且告訴他們如何從產品得到最大的滿足。例如麥斯威爾咖啡的廣告中，演員孫越說：「最好的東西要和最好的朋友分享」。

㈦減少銷售波動

許多產品的需求常因氣候、習俗和假日等各種因素，而呈現極大的波動，影響公司在生產、行銷等各方面的作業效率。廣告可以減少銷售波動的程度，使生產、行銷等各方面的作業可以發揮較高的效率。例如東元冷氣機在冬天冷氣機銷售淡季時，利用廣告強調其冷氣機具備冷氣、暖氣和除濕「三機一體」的功能，希望在冬天也能維持較高的銷售量。

貳、如何企劃廣告活動

企劃廣告活動必須包括圖 17-1 所示的幾個步驟，這些步驟的先後次序可能會因公司資源、產品特性和視聽眾類型而異。以下摘要說明每一步驟：

一、確認和分析廣告對象

在企劃廣告活動時，首先必須了解的問題是：誰是我們傳達訊息的對象？廣告對象是廣告所針對的一群人。廣告對象可以是目標市場中所有的人，也可以從中選擇部分目標市場作為廣告活動的對象。例如最近有一個化粧品廣告主題是，「30 歲的妳用的是幾歲的化粧品？」廣告訴求

的對象是 30 歲以上的婦女，雖然此化粧品的目標市場可能也包括 25 歲
～40 歲的婦女，但卻不包括在廣告對象之內。

　　行銷者應深入分析廣告對象，一般而言，廣告主愈了解其廣告對象，
愈能發展出有效的廣告活動。廣告主必須根據各種資訊來分析廣告對象，
最重要的資訊包括：顧客的地理性分配和位置；年齡、所得、種族、性
別、教育的分布情形；顧客對廣告主的產品和競爭產品的態度等等。公
司所需的資訊往往會因做廣告的產品類型、產品對象的特性和競爭情勢
等各種因素而異。

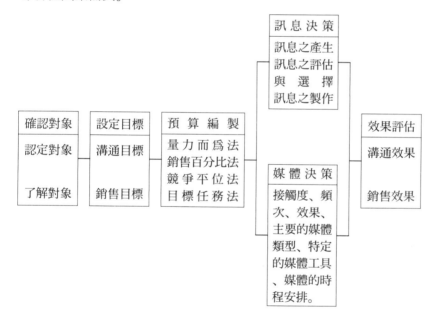

圖 17-1　廣告活動的步驟

二、目標設定

　　在擬訂廣告計畫與編製預算之前，必須先設定廣告的目標。這些目
標係根據公司的目標市場、市場定位、行銷組合等決策，因為行銷組合

策略已界定了廣告在製作行銷計畫中所擔任的工作。

各種可能的廣告目標計可歸納爲告知、說明或提醒等目的。

告知性質的廣告主要用在產品的拓展時期，其目的在建立基本需要 (primary demand)，即對某種產品的需要。例如蜂王乳等健康食品業者首先必須告知消費者，該食品的營養價值和對健康的好處。

說服性質的廣告在競爭愈趨激烈時愈顯得重要，其目的在建立選擇性需要(selective demand)，即對特定品牌的需要。例如勞力士的廣告中出現別種最高級的產品，希望使消費者聯想到勞力士手錶是最高級的手錶。

提醒性質的廣告在產品的成熟階段最爲重要，俾使消費者對產品記憶猶新。例如可口奶滋在雜誌上刊登廣告，只是希望人們不要忘了它，並不具有告知或說服的性質。

三、編列廣告預算

廣告目標確定之後，公司便可以爲個別的產品及所有的廣告活動編列廣告預算。上一章所介紹的四種編列促銷預算的方法，也可用來編列廣告預算。杜邦公司更在編列廣告預算之際進行各種廣告實驗。例如，在某些地區多編一些預算，在某些地區則少編一些，然後再與控制組比較這些多編或少編預算地區的得失情形，結果使得杜邦公司找出最佳的預算額度，節省了大量的廣告費用，而仍能維持其市場地位。

四、訊息之產生及製作

廣告目標與預算確定之後，管理當局接著便要發展創意策略。廣告界的名人歐格威曾說:「除非廣告源自一個大創意，否則將如夜晚航行過的船隻，無人知曉。」廣告主及其廣告代理商應注意訊息之產生和製作。

㈠訊息之產生

創意人員常利用各種不同的方法構思有效的廣告訊息。一般多係採取歸納法，從消費者、經銷商、專家及競爭者的談話中收集靈感。

以演繹法找出廣告訊息，目前也日益受到重視。梅隆尼(Maloney)曾提出一個分析的架構，購買者希望從產品中得到的利益有四種形式：理性、感性、社會性、滿足自我，而購買者可以從使用的結果、所用產品的經驗或附帶的使用經驗中感受到這些利益。就這四種產品利益及三種使用經驗予以交叉組合，便能得出十二種廣告訊息。例如把衣服洗得更乾淨，這種廣告訴求是藉使用結果的經驗，來強調理性的利益。

㈡訊息之製作

廣告的效果不但視其內容而定，而且視其表達的方式而定。產生的訊息能以各種不同的製作方式，成功的加以表現。以下介紹一些表現的方式：

1.生活片段。即描述一個人或幾個人一起使用該產品的一般情形。廣告中可能出現一家人圍坐在餐桌旁，對某種新品牌的餅乾讚不絕口。

2.生活型態。即強調該產品是多麼的適合某種生活型態。藍山咖啡的廣告中，有一位氣質憂鬱的青年人，一手持著一罐咖啡，背景是大海夕陽和海鷗廣告的 Logo，標語是「藍山品味，卓然出眾」。

3.幻境。即產品本身或其用途創造出如夢似幻的意境。露華濃公司的香水廣告，描述一個穿著薄紗、打著赤腳的女郎從老式的法國穀倉走出來，穿過一片草地，然後邂逅了一位騎著白馬的英俊青年，帶著她一起離去。

創意在廣告標題的製作上更是重要，好的標題可以吸引讀者的注意力，指出產品廣告的主要利益點，並可引導讀者看完整個廣告。廣告標題共分六種基本的類型：(1)新聞式——蘭蔻化粧品的廣告：「法國有個 "美"的代名詞——蘭蔻」；(2)疑問式——花王蜜妮洗面霜的廣告：「常洗臉是不是會傷害肌膚？」；(3)敘述式——勞力士手錶的廣告說：「持續飛

行 216 小時 3 分 44 秒環繞地球一周」；(4)命令式——味全嬰兒奶粉的廣告：「比比看就知道」；(5)數字式——房屋廣告常說每坪節省三萬元；(6)追根究底式——惠普（HP）公司的廣告：「為什麼三商行選擇 HP 作為事業夥伴？」。

五、 發展媒體計畫

廣告主的下一個工作是找出有效的廣告媒體，以傳達廣告的訊息。其步驟如下：(1)確定廣告之接觸度、頻次與效果；(2)選擇主要的媒體類型；(3)選擇特定的媒體工具；(4)決定媒體的時程安排。

㈠確定廣告之接觸度、頻次與效果

在選擇媒體之前，廣告主應先確定達成廣告目標所需之接觸度、頻次與效果。

1.接觸度(reach)。廣告主必須確定在一定的期間之內，應有多少目標視聽眾接觸到該廣告活動。例如，廣告主希望在第一年內接觸到 70% 的目標視聽眾。

2.頻次(frequency)。廣告主必須確定在一定期間之內，平均每位目標視聽眾應接觸到該訊息幾次。根據研究指出，在一個購買週期（約四週）內訊息的接觸次數若只有一次，效果通常不大，兩次的效果不錯，三次為最佳次數。若超過三次以上，則有報酬遞減的現象。

3.效果(impact)。廣告主尚必須確定所應有的效果。電視的訊息通常比廣播更有效果，因為電視除了聽覺之外，同時還有視覺的刺激。甚至同一類型的媒體效果也有所不同。例如，同樣的廣告訊息刊登在時報週刊和刊登在光華雜誌上，效果可能全然不同。

假設廣告主所訴求的產品市場有 1,000,000 個消費者，而其目標只要接觸 700,000 個消費者(＝1,000,000×0.7)，由於平均每個消費者都要展露三次，所以共要購買 2,100,000 次展露(700,0000×3)；若其所需的

展露效果爲 1.5，則應購買 3,150,000 次展露（2,100,000×1.5）。如果每
千次展露的成本爲 100 元，廣告預算即爲 315,000 元（＝3,150×100）。
一般而言，廣告主所要求之接觸度、頻次與效果愈高，所需的廣告預算
愈大。

㈡選擇主要的媒體類型

媒體規劃人員應就各種主要媒體的廣告接觸度、頻次與效果加以考
量。表 17-1 即爲各主要廣告媒體之剖析。就廣告量的大小而言，主要的
媒體類型依次有報紙、電視、直接信函、廣播、雜誌與戶外廣告。各種
媒體都有其優點與缺點，媒體規劃人員在選擇這些媒體類型時，逐應考
慮下面幾項因素：

表 17-1　主要媒體類型之優劣分析

媒　　體	優　　　　　　　　　點	缺　　　　　　　　　點
報　　紙	較具彈性；能把握時效；較能涵蓋地區性市場；普及；相當受人信賴。	有效期間短暫，印刷效果欠佳；非訂戶之讀者較少。
電　　視	兼有聲、光與動作；感性訴求；較具吸引力；接觸率高。	絕對成本較高；易受干擾；展露時間短暫；比較不能選擇目標觀衆。
直接信函	較能選擇目標視聽衆；較具彈性；同一媒體之內沒有競爭者的廣告；針對個人廣告。	單位成本較高，不受讀者重視，往往不予理會。
廣　　播	極爲普及；較能依地區與人口變數選擇目標聽衆；成本較低。	只能以聲音表達；吸引力較電視爲低；展露時間短暫。
雜　　誌	較能依地區與人口統計變數選擇目標讀者；信譽可靠；印刷效果較佳；有效期間較長；非訂戶之讀者較多。	購買廣告之前置時間較長；刊登的位置不定。
戶外廣告	較具彈性；可以重複展露；成本較低；競爭較少。	不能選擇目標視聽衆；創意的表現較受限制。

1.目標視聽衆之媒體接觸習性。例如，廣播與電視爲接觸靑少年的
最佳媒體。

2.產品。婦女服飾類的產品宜在彩色雜誌上廣告，錄影機則以電視廣告的效果最佳。各種媒體在示範、展現、解說及可信性、色彩等方面的潛力各有所長。

3.訊息。宣布特價活動希望顧客立即購買的訊息，必須使用廣播或報紙媒體；而含有許多技術性資料的訊息就要使用特殊的雜誌媒體或採取郵寄的方式。

4.成本。電視媒體很貴，報紙廣告就比較便宜。不過，重要的是每千人展露成本(cost-per-thousand exposures)，而非廣告總成本的多寡。

㈢選擇特定的媒體工具

下一個步驟是從各種主要的媒體之中，找出能以最經濟有效的方式產生預期效果之特定媒體工具。媒體規劃人員必須判斷那些特定的媒體工具足以達成最佳的廣告接觸度、頻次與效果？

媒體規劃人員常要計算特定的媒體工具的每千人成本。每千人成本是指每接觸一千人之單位成本。美國新聞週刊全頁彩色廣告的成本若為60,000美元，而其讀者估計有六百萬人，每接觸一千人之成本即為10美元。但在商業週刊登載同樣的廣告可能只要26,000美元，但讀者只有二百萬人，每千人成本則為13美元。媒體規劃人員可以依每千人成本的多寡評定各種雜誌的高下，而初步選出每千人成本較低的雜誌媒體。

每千人成本之準繩只是衡量媒體展露價值的起步，所以仍然需要一再地加以修正。第一，應按視聽眾的特性予以修正。例如嬰兒洗髮精的雜誌廣告，一百萬個年輕母親看了，就有一百萬次的展露效果，而一百萬個老先生看了也是白看。第二，應依視聽眾的注意率予以修正。例如，時報週刊的讀者可能比讀者文摘的讀者更注意廣告。第三，應依雜誌的編輯水準（聲譽與可信性）予以修正。

㈣決定媒體的時程安排

　　廣告必須依行業銷售的季節變動、未來的經濟趨勢，策略性地安排全年的廣告支出時間。假如咖啡的產業銷售在十二月進入最高峰，而在三月開始衰退，則這個市場的每個賣主就有三種時程的選擇：1.公司可以依銷售的季節變動增減其廣告支出；2.公司可以反其道而行，在淡季時反而比旺季時投入更多廣告；3.整年都維持同樣的廣告支出。大多數的公司均採取按銷售季節變動的政策。

　　在推出產品之際，廣告主也應決定採取持續式廣告或間歇式廣告。持續式廣告係在一定的期間之內均勻地播出廣告；間歇式廣告則係在相同的期間之內參差地播出廣告。例如，五十二次廣告可以每星期播出一次而持續一整年，或是間歇地分成幾次突然大量播出。偏愛間歇式廣告的人認為：視聽眾可以更徹底的了解廣告的訊息，而且比較省錢。美國某啤酒公司發現，公司的啤酒在某個特定市場的廣告活動至少可以中止一年半，對其銷售毫無不利的影響。屆時，該公司只要再度密集推出六個月的廣告活動，便能恢復原有的成長率。經此分析，該公司遂決定採取間歇式之廣告策略。

六、評估廣告效果

　　企劃出來的廣告活動應不斷地予以評估。研究人員已發展出好幾種方法，用來衡量廣告的溝通效果與銷售效果。

㈠溝通效果研究

　　溝通效果研究係在探討廣告是否達成其預期的溝通效果。文案測試（copy testing）可以在廣告正式推出之前實施，也可以在廣告刊播之後才實施。廣告預試（ad pretesting）主要的方法有三：

　　1.直接評分（direct ratings）。即由目標消費者或廣告專家所構成的小組審查各種廣告方案，並就問卷上的問題予以評分。如「這些廣告之中您認為那一個廣告最能影響您購買咖啡？」直接評分法雖然與廣告對

目標消費者的實際影響有段距離，但仍可用來剔除較差的廣告。

2.組合測試(portfolio tests)。即交給受訪者一些仿製的廣告樣張，閱讀的時間不予限制，等看完之後，再請他們回想看過的廣告——可以由訪問員予以提示或不作提示，並就記憶所及描述各個廣告的內容，此一結果可用來說明廣告是否突出以及訊息被理解的情形。

3.實驗室測驗(laboratory tests)。有些研究人員利用各種儀器衡量受測者的生理反應——心跳、血壓、瞳孔放大、出汗情形，以評估廣告的潛在影響。這些生理測試充其量只是衡量廣告的吸引力，但不能看出廣告對信念、態度或意圖的任何影響。

廣告之事後測試(ad posttesting)有兩種常用的方法：

1.回憶測試(recall tests)。先找出經常接觸某種特定媒體的視聽眾，再請他們回想前一期雜誌（或其他媒體）中有那些廣告主或產品的廣告，除了說出所記得的廣告之外，要儘量說出廣告的內容。根據受測者的反應，即可求出廣告的回憶分數，來表示廣告受人注目與記憶的程度。

2.認知測試(recognition tests)。以雜誌為例，先就某一期的讀者加以抽樣，再請受測者指出他們所看過的廣告。從這些認知的資料中，每個廣告都可以求三種 Starch 閱讀率（因其創始者 Daniel Starch 而得名）：(1)注意率,即自稱曾在某一期雜誌看過該廣告的讀者比率；(2)略讀率，即自稱曾大略的看過該廣告，且能正確指出廣告之產品的讀者比率；(3)精讀率，即自稱不但看過該廣告，而且仔細讀完大部分廣告內容的讀者比率。

㈡銷售效果研究

廣告的銷售效果通常比溝通效果更難衡量，因為除了廣告之外，銷售額還受許多其他的因素所影響，如產品的性能、價格、舖貨率及競爭者的措施等。這些因素愈少或愈易控制，愈容易衡量廣告對銷售的影響。

在郵購的情況下，較容易衡量出廣告的銷售效果，最難衡量的還是建立品牌或企業形象的廣告。

　　廣告所花費的金錢顯然不在少數，而那些未能按步就班確認廣告對象、確定廣告目標、編列預算、決定訊息、選擇媒體及評估廣告活動結果的公司，很容易就會發生浪費的情事，或者無法產生預期的廣告效果。

叁、宣傳報導之本質

　　宣傳報導（publicity）與廣告頗為相似，但在功能效果和表現方式等許多方面，仍有一些顯著的差異。

一、宣傳報導之意義

　　宣傳報導係指「在不付費的情況下，利用大眾媒體，將組織或其產品的訊息，以新聞報導的形式，對外進行溝通。」宣傳報導所費不多，但往往能產生令人驚奇的效果。

　　宣傳報導可以用來推銷各種不同的品牌、產品、人物、地方、理念、活動、組織、甚至國家。例如，有些同業公會曾經利用宣傳報導，重新建立了雞蛋、牛奶、馬鈴薯等產品的市場地位；有些名氣不大的企業利用宣傳報導來提高知名度；而已給人不良印象的企業則利用宣傳報導來澄清事實真相；有些國家也常借重宣傳報導，以吸引更多的觀光客，吸引外人投資或爭取國際上的支持。

二、宣傳報導與廣告比較

　　雖然宣傳報導和廣告一樣，都是藉大眾媒體來傳播其溝通訊息，但在以下幾方面，宣傳報導與廣告頗有差別：

　　1.廣告在「資訊性」之外，往往還有「說服性」的成分。但宣傳報

導主要在提供資訊。

2.廣告常設計來立即促成銷售，但宣傳報導的效果則緩慢而持久。

3.在宣傳報導中看不出誰是「贊助者」，而廣告則有明顯的「廣告主」。

4.廣告主常須為媒體的時間或空間付費，而新聞報導則不須付費。

5.對某一組織的宣傳報導往往與其他的報導或節目摻雜在一起，視聽眾往往在不知不覺中接受了這些訊息；相反的，廣告通常得和文章或節目分開，單獨刊載或播出，視聽眾很容易認出什麼是廣告，往往就故意把廣告略過了。

6.宣傳報導由於是以新聞的型態出現，似乎比較客觀，對消費者而言比較有可信度。

7.廣告可以隨公司的需要，重複播出以加強溝通效果，但相同的新聞報導往往不能重複播出。

三、使用宣傳報導的限制

採用宣傳報導可以不付媒體費用，雖然在財務上有些利益，但也帶來一些限制，其中較重要的有：

1.媒體人員對有新聞價值的訊息才肯報導，也就是說訊息必須要新鮮、有趣而且正確。公司想要溝通的許多訊息可能無法符合這些條件。而且即使合乎這些條件，要想讓媒體人員認定有報導的價值，也得花費許多的時間和努力。

2.媒體人員常常會改變訊息的長度和內容，以合乎媒體單位的要求。他們所刪除的訊息，往往是公司認為最重要的溝通訊息，例如公司或品牌的名稱，往往在宣傳報導中會被刪除。

3.媒體人員常將宣傳報導安排在對他們最方便的時間或位置。可是，在這些時間或位置出現訊息，往往無法有效的傳達公司最想接觸的目標視聽眾。

肆、如何發展宣傳報導之活動

　　為了提高宣傳報導之行銷效果，管理當局在發展宣傳報導活動時，應注意以下幾個步驟：(1)確定宣傳報導目標；(2)選擇宣傳報導之訊息與工具；(3)執行宣傳報導方案；(4)評估宣傳報導活動之成效。

一、確定宣傳報導目標

　　第一項要務係確定宣傳報導的目標。例如，加州葡萄酒釀造者協會曾經委託一家公共關係公司擬定一項宣傳報導方案，以貫徹其二個主要的行銷目標：(1)使美國人確信喝酒是有品味而又充滿歡樂的生活；(2)提昇加州葡萄酒的形象及其市場占有率。此一宣傳報導目標遂設定為：(1)撰述有關葡萄酒的報導文字，並在一流的雜誌（如時代週刊）及報紙（食品版、專欄）上發表；(2)從醫學的觀點，指出葡萄酒對身體的健康甚有裨益；(3)分別針對年輕人市場、大學市場、政府機關及各種族團體，擬出特定的宣傳報導方案。然後，這些目標又被轉換為以視聽眾反應為主的明確標的，俾能在宣傳報導結束之後評估該活動的成果。

二、選擇宣傳報導之訊息與工具

　　宣傳人員接著要確定其產品是否有任何重大的新聞可供報導。假設有一所不太著名的大學想要增進社會大眾對它的了解，宣傳人員應先從各個角度來看這所大學，以確定它是否有任何現成的宣傳材料。師資陣容有沒有什麼特色？或是曾從事任何特殊的研究計畫？校園內有沒有發生過什麼重大的事件？學校的建築或校訓有沒有什麼典故？

　　如果現有的宣傳材料不敷使用，宣傳人員就要再為該校想出一些具有新聞價值的事件——「製造新聞」，而非「發掘新聞」。這類構想包括：

主辦重要的學術性會議、聘請著名的講座等。可口可樂贊助奧運 1 元免費試飲的活動，就曾得到許多媒體的報導，做了免費的宣傳。可口可樂與 I C R T 電臺合作的「流行音樂龍虎榜」也收到很好的效果。

三、執行宣傳報導方案

執行宣傳報導方案時，須結合公司、廣告代理商、大衆媒體及公共關係公司等各方面的力量。

從事宣傳報導活動必須非常細心謹愼。就新聞的刊登而言，只要被編輯認爲是重大新聞，不管是誰發佈的，都很容易被新聞媒體刊登出來。但是，大多數的新聞並非都那麼有份量，也就不一定能被忙碌的編輯所採用。宣傳人員的主要資產之一乃是他們與媒體編輯之間所建立的私人關係。宣傳人員通常都曾經當過記者，因此結識不少媒體編輯，也深知他們所需要的那些有趣、文筆較佳、而容易取得進一步資料的新聞。

四、評估宣傳報導活動

衡量宣傳報導活動的效果，最大的難題在於它通常都與其他的行銷溝通工具合併使用，很難單獨分辨出它的貢獻。但若在使用其他的工具之前從事宣傳活動——在推出新產品方面通常都是如此，要評估它的貢獻就容易多了。

最簡單也最常用的衡量標準是媒體的展露次數。大多數的宣傳機構都會送給客戶一本「剪貼簿」，上面列出所有新聞媒體對該產品的宣傳報導，並附有簡短扼要的說明。

光是衡量展露的次數似乎仍嫌不足。它無法指出有多少人眞的讀到、看到或聽到此一訊息，而知曉之後又有何感想。又加上各種報章雜誌的閱讀率有些部分會重複，也就無法確知視聽衆淨接觸度的多寡。

另一種較佳的方法是衡量視聽衆在宣傳報導活動結束之後，對產品

的「知曉——了解——態度」有何改變（扣除其他促銷工具的影響之後）。這時必須進行一項調查，分別在事前與事後就這些變數加以衡量。例如，美國馬鈴薯協會發現在進行宣傳報導活動之後，同意「馬鈴薯合有豐富的維他命與礦物質」這句話的人，在已由報導前的 36% 增至 67%，消費者對該產品的了解顯然進步了不少。

如果辦得到的話，最令人滿意的衡量標準還是銷售與利潤的成果。例如在「名貓」的宣傳活動結束之後，「九命貓」貓食的銷售額增加了 43%，扣除廣告與銷售活動的影響後，即可估計出該宣傳活動的淨貢獻。

伍、廣告代理商

一、使用廣告代理商的優點

使製造商採用廣告代理商的服務，而不依賴自己的廣告部門之原因可列示如下，亦即是廣告代理商所具有的優點：

1.專家的服務：基本上，廣告代理商的存在是提供一組專家與客戶本身的廣告人員密切合作。這組人員包括有廣告實務各方面的專家。

2.縮小廣告部門的規模：假如沒有廣告商，那麼文案、美工、媒體安排、廣告影片製作、研究等等，都必須由公司本身來承擔。事實上，規模再大的公司，其廣告部門的人員也是相當有限的，而這樣一個部門顯然無法代行廣告公司所執行的一切廣告作業。

3.避免工作量不足的問題：廠商本身也可以僱請專家，但廣告的工作量時多時少，專家可能沒事可做。但廣告代理商的專家可以同時為數個客戶工作，因此不會有工作量不足的問題。

4.提供客觀的新看法或方法：獨立客觀的看法是廣告公司所提供的最大好處之一，當然，公司本身可盡其所能彌補代理商所提供的種種好

處。例如：一個公司可能會給予廣告部門充足的經費，好使它能執行並提供廣告公司所具備的功能；而且廣告部門也可盡力去收集足以和廣告公司媲美的參考資料。

5.豐富的經驗：由於廣告代理商爲不同的客戶處理各類產品的廣告工作，他們有豐富的經驗，在考慮問題時不至於眼光狹窄，而且由一個市場問題上所吸收的知識與經驗，可引用到另一個問題上去，因此客戶可以由廣告代理商的豐富經驗中得到。這點在今日貿易形態改變迅速的社會中十分重要。廣告代理商經由與許多客戶的各種問題直接接觸，而能夠隨時知道新的發展，因此可以對客戶提供最適當的建議。客戶雖然也可以隨時注意最新發展，但僅及於他自己的產品範圍，因此經驗有限。

6.提昇購買力：廣告代理商的購買力當然要比單一客戶的購買力大得多，因此可以帶給供給者或媒體所有者較大的壓力，加上他們對市場的情況熟悉，在購買媒體空間或其他項目上可爲客戶節省許多費用。

7.降低成本：採用廣告代理商服務的另一個好處是，由於媒體所有者給予佣金可降低客戶使用廣告代理商服務的成本。通常媒體所有者給他所認可的廣告代理商百分之十至十五的佣金。如果廣告代理商收到的佣金足以支付費用並得到利潤，則廣告代理商對客戶提供的服務不另收費用。如果廣告代理商所收的佣金不足以支付費用，或不能給予足夠的利潤，則廣告代理商可另向客戶收費以補不足。如果客戶覺得廣告代理商以他的名義所收的佣金過高，可要求降低佣金。有時即使客戶必須另付費用，也仍舊比自己僱用專門人員來得便宜。

8.其他方面的節省：採用廣告代理商的另一項次要的好處是，可以節省行政費用。任何公司若自己直接處理廣告事務，則會收到各種個別帳單，增加許多會計工作。若採用廣告代理商則只會收到一張帳單，一次支付所有費用。另外還可以省去許多文書打字等工作。

二、使用廣告代理商的缺點

使用廣告代理商雖然具有上述的優點,但其服務並非完全沒有缺點,只是通常都被其優點所蓋過了。其缺點可歸納如下:

1.注意力分散: 廣告代理商的工作人員由於同時處理數個客戶的廣告工作, 因此無法同時給予全部的注意力。一旦有緊急事故, 廣告代理商的人員無法全心全力處理, 但製造商本身的廣告部門工作人員可以對任何問題投注全部的注意力。

2.時間上的拖延: 由於廣告代理商的服務不如直接工作來得迅速,因此製造商的廣告如須經常更換, 則不宜採用廣告代理商。譬如郵購公司的廣告, 在一項貨品即將售完前就須更換成另一項貨品的廣告。同樣的, 當旅行社到某地旅行的廣告在名額滿後必須立即更換成其他地方的廣告。

3.成本較高: 廣告代理商服務的另一個缺點是來自佣金、服務費及工作費。有些形式的廣告佣金很少, 因此, 廣告代理商必須向客戶收很高的費用, 可能高於客戶自己的廣告部門僱用專門人員所需的費用。這要看廣告的性質, 有的媒體費用很低, 因此廣告代理商得到的佣金很少。同時,譬如準備專業雜誌廣告與準備全國性報紙廣告的工作量幾乎相同,但前者的佣金要少得多。

4.佣金制度含有惰性: 佣金與工作量還會造成一個問題, 譬如: 廣告支出是一萬元, 廣告代理商的佣金收入是一定的, 但這一萬元可用於一個廣告或一百個廣告, 前後兩者的成本及工作量差異就會很大了。若一家旅行社可以一萬元買許多次的分類廣告, 但只能買一次大型廣告,就旅行社而言, 買多次廣告效果較好, 因此當然希望買分類廣告, 但對廣告代理商而言, 買多次的廣告則需要每次分別訂定、準備、製作、發帳單等, 因而增加了許多行政成本及工作, 使他們利潤減少。因此佣金

制度造成廣告代理商的惰性，他們希望以最少的努力獲得最大的收入。

同樣的情形會發生在更換廣告內容的問題上。廣告代理商為減低人員成本，於是製作一個廣告使用一年而不變更內容。若他們須一個月改變一次內容，則工作量會增加十二倍，佣金仍然不變，但成本卻因工作量的增加而增加工作人員的開銷，利潤於是減少。

三、選擇廣告代理商之考慮因素

對任何公司的廣告經理而言，選擇廣告代理商是件很困難的事。有時，廣告主會邀請廣告代理商前來比稿，假如前來參與比稿的名單太長，可能會耗費不少時間。由此之故，廣告主常準備一份問卷，請競爭的代理商先行填寫，先從該問卷淘汰部份代理商，再邀請其餘的公司前來個別作簡報。不論廣告主選擇代理商的過程是簡單或複雜，有幾個因素是廣告主所必須考慮的：

㈠代理商創意工作的水準如何？

每一家前來比稿的廣告公司可能提出很多樣本來比稿，廣告主可從中判定代理商之創意工作水準。客戶很可能是由於某代理商為其它客戶作過相當出色的創意工作，才邀請該代理商前來比稿的。事實上，對目前代理商創意工作的不滿，常是客戶考慮更換代理商的主因，所以查看創意工作的水準，是尋找新代理商時最重要的因素。

㈡代理商對公司的產品及服務是否有經驗？

對客戶產品的行銷經驗有時比廣告經驗更受到重視。該代理商是否了解這個行業？是否了解本公司的配銷通路、銷售問題、價格問題以及行銷特點？

㈢代理商服務範圍為何？每項服務如何收費？

有些客戶堅持其廣告代理商必須處理所有的工作，包括市場調查、行銷策略規劃、刊物發行、POP 材料等種種額外的工作。提供全套的行

銷、廣告及 PR 服務，是廣告公司用以吸引廣告主的方式之一。

㈣該代理商的顧客名單之水準？

假如代理商所擁有的客戶名單中，有相當著名的公司，那麼，廣告主可預測：這些著名的公司會選擇該代理商，一定有個很好的原因；反之，如果其客戶名單，都是一些名不見經傳的小公司，將無法使新廣告主產生足夠的信心。

㈤在該代理商的客戶名單上，本公司的地位及重要性爲何？

一家年度廣告預算只有五萬到十萬美元的公司，自然要懷疑一家擁有許多百萬美元大客戶的代理商，是否會對本公司盡全力服務；相反的，如果本公司的預算名列該代理商客戶名單前茅時，當然較有把握該代理商會對本公司業務多付出一點心力。

㈥負責本公司業務者的水準？

許多廣告主都希望得到負責該公司業務人員的詳細背景資料——這群人員包括ＡＥ、撰文人員、美工人員、業務監督等。由於廣告主以後必須和這群人相處一段長時間，他必須了解這群人的能力和性格：他們是不是能長期維持一定的水準？能力是否足以勝任這種長期、壓力又大的工作？AE 更是特別受到重視，任何一個廣告主都不會僱用所派 AE 不理想的廣告代理商。

四、廣告代理商的作業程序

一個公司指定廣告代理商後，廣告代理商的工作人員第一項工作，就是找出有關客戶的活動及問題。廣告公司起始的調查必定會與廣告經理開始的工作重複，因爲廣告代理商的工作人員必須徹底了解客戶公司的背景與市場目標。廣告代理商會花相當多的時間在起始的調查上，因爲若不先正確的找出客戶的需要，他們無法達到這些需要。廣告的大小、期間及內容的精確指示對廣告代理商也十分重要。所支付的費用只是媒

體費用，還是包括了製作費？客戶是否自己負責一部分的廣告工作，並保留一部分經費？每個公司的作業都不同，沒有一定的規則，因此廣告代理商必須弄清楚有多少經費可以使用，要做多少工作。

理論上，客戶給廣告代理商廣告「簡報」時應提供所需要的資料。廣告代理商工作的品質有一大部分取決於客戶提供準備廣告所需資料的技巧。

一旦廣告代理商認為他對客戶所有的情形有正確的了解後，便可以開始準備廣告的重要工作，以幫助客戶達到市場目標。有時候，為確證廣告代理商正確的了解問題，廣告代理商會備置一份詳述市場情況的報告，讓客戶再次檢查它的正確性。

廣告代理商的業務代表(AE, Account Executive)是辨認及解決廣告及行銷問題時的一個重要人物。業務代表這個頭銜常使人誤會，雖然他對廣告的支出有責任，但他事實上很少涉及會計方面的事務。他的責任是處理所有有關客戶的事務，廣告代理商經客戶指用後，立即指定AE 去參加客戶的簡報。通常客戶的簡報不可能百分之百供給廣告代理商所需的資料，這時就需要業務代表就所須知道的事實提出問題。

辨明客戶的問題後，業務代表就開始召集一個「企劃委員會」會議，這個會議有所有廣告代理商重要部門的工作人員參加。創作人員在會議中提議廣告的主題，媒體部門則提供以何種媒體最能達到客戶需要的建議。這兩個部門的人員必須參加企劃會議，因為他們的決定互相直接影響。

決定使用何種媒體也同時需要考慮製作問題。如果廣告無法在媒體的發行日期前製作完成，或者媒體傳達廣告訊息的能力不能受到最佳利用，則沒有理由訂定該媒體的廣告空間。製作成本也會影響媒體的選擇，因此製作部人員也直接影響了媒體選擇的決定，他們應在企劃會議中提出他們的觀點。另外，參加會議的人還應包括廣告代理商解決特殊問題

的專門人員，管理其他客戶的業務代表貢獻他們的意見及經驗，以及其
他部門資深人員的參與。這樣，廣告代理商才能爲客戶提供最佳服務。

| 重要名詞與概念 |

廣告	持續式廣告
機構廣告	間歇式廣告
產品廣告	直接評分
比較性廣告	樣張測試
接觸度	實驗室測試
頻次	回憶測試
效果	認知測試
每千人成本	宣傳報導
	廣告代理商
	廣告 AE

自我評量題目

1.試舉例說明刺激基本需求和選擇性需求的廣告有何不同？

2.試舉一例說明如何用廣告來建議產品之新用途。

3.試以某新品牌之奶品飲料為例，擬定一套完整的廣告計劃。

4.請比較報紙、雜誌、電視、廣播、直接信函、戶外廣告等媒體的優缺
點。

5.試比較廣告及宣傳報導之不同？

6.請為消費者文教基金會擬定一套宣傳報導方案。

7.試說明使用廣告代理商的優缺點。

8.試說明選擇廣告代理商之考慮因素。

第十八章　銷售推廣與人員推銷

單元目標

使學習者讀完本章後能

● 列舉常見的銷售推廣目標

● 舉出各種銷售推廣活動的實例

● 解釋評估銷售推廣效果的方法

● 說明人員推銷的特性

● 列出人員推銷過程所包含的步驟

● 說明銷售人員管理的主要決策

摘要

銷售推廣是指除了廣告、人員推銷、宣傳報導之外,所有增強消費者購買反應及經銷商銷售努力的行銷活動。

銷售推廣可分消費者推廣和中間商推廣兩類,前者如免費樣品、折價券……等工具,後者如購買折讓、推銷獎金等。

發展銷售推廣活動的步驟包括:1.設定銷售推廣目標,2.選擇銷售推廣工具,3.擬定銷售推廣方案,4.執行方案,5.評估銷售推廣活動之成果。

推銷人員的類型有:送貨員、內部接單者、外頭接單者、銷售專使和技術推銷員。

人員推銷過程的步驟包括:1.發掘潛在顧客,2.事前準備工作,3.接近潛在顧客,4.推介與示範,5.應付抗拒,6.成交,7.售後追蹤。

公司必須進行有效的銷售管理,才能使銷售人員對公司的整體行銷力量有所貢獻。銷售管理的主要任務包括:1.設定人員推銷之目標,2.擬定人員推銷之策略,3.銷售人員的招募、甄選及訓練,4.銷售人員的薪酬及激勵,5.銷售人員的督導和評估。

銷售推廣和人員推銷是促銷組合中,最能直接和立即促成購買行動的兩種促銷工具。銷售推廣和人員推銷通常和其他促銷組合配合使用。廣告和宣傳報導活動,若能配上適當的銷售推廣活動和人員推銷,將可產生更大的促銷效果。

本章首先將介紹各種銷售推廣的工具,其次說明如何發展銷售推廣活動,而後說明人員推銷的本質,最後說明人員推銷的管理。

壹、銷售推廣

一、銷售推廣之重要性

　　銷售推廣(sales　promotion)包括使用各式各樣短期的戰術性促銷工具，以刺激目標市場提早反應或採取較強烈的反應。銷售推廣活動用在新產品上市時，往往可產生戲劇性的效果，使新產品成為街頭巷尾津津樂道的話題，提高產品的知名度。對於銷售量下跌的產品，若能善用銷售推廣活動，往往也可以使銷售止跌回升。不過，這些效果通常只是短期性，沒辦法持續太久。

　　製造商、經銷商、零售商、商業公會，甚至非營利組織都經常使用各種銷售推廣工具。例如，某慈善基金會常舉辦餐會、晚會、戲劇演出和摸彩等活動，以推廣社會大眾對殘障兒童的扶助。

　　銷售推廣配合廣告使用時似乎最具成效。某一研究發現，與目前電視廣告有關的購買點陳列所產生的銷售額，比與該廣告無關的陳列高出15%；另一項研究也顯示，在引介產品之際，配合電視廣告大量贈送樣品，比只做電視廣告，或是隨同電視廣告發行抵現贈券都要有效。

二、銷售推廣之類別

　　銷售推廣可以根據很多方式來分類，例如根據銷售推廣所針對的對象，可以把銷售推廣的工具分為消費者推廣和中間商推廣兩種：消費者推廣(consumer　promotion)是針對消費者的推廣活動，包括免費樣品、折價券、不合退錢、減價優待、贈品、比賽、贈品點券、展示等工具；中間商推廣(trade　promotion)是針對中間商的推廣活動，包括購買折讓、免費贈送、銷貨津貼、合作廣告、推銷獎金、經銷商銷售競賽

等工具，以下我們先介紹各種消費者銷售推廣工具，再介紹各種中間商推廣：

㈠消費者推廣

1.免費樣品(free samples)：係指免費提供貨樣或試用品給消費者而言，它可以挨家挨戶的遞送、郵寄、擺在商店任人取用、隨同其他產品一起附贈或在廣告中作為一種號召。若要引介新產品，贈送樣品是最有效的方法，但它的費用也最昂貴。例如在推出新的統一高纖即溶奶粉時，曾送了許多樣品。

2.折價券(coupons)：係持有者在購買某種特定的產品時，可憑券享有一定的價格優待。美國每年所發行的折價券面額在 2,000 億美元以上，但其中只有 4%左右回籠兌換。發行折價券可以利用郵寄，隨同其他產品一起附贈，或者插在印刷廣告中。不論是刺激成熟品牌的銷售，或是促進新品牌的提前試用，折價券都是很有效的工具。專家們認為，折價券所提供的價格優待介於15%～20%之間時，效果最大。

3.特價品：又稱減價優待，係在產品的標籤或包裝上註明給予消費者一定的價格優待。其所採取的方式有：⑴單件特價（每件130元，特價110元）；⑵多件特價，即二件以上的大包裝減價出售（每件50元，兩件合買算80元）；⑶組合特價品，即兩種相關的產品合在一起出售（如洗髮精每瓶120元，沐浴精100元，合買只售200元）。在促進短期的銷售方面，特價品甚至比現金抵用券更為有效。

4.贈品(premiums)：係以較低的價格或免費供應某種商品，作為購買特定產品的一種獎勵或津貼。它可以附在產品的包裝內隨貨贈送，如果該容器還能作別的用途，包裝本身也可以作為一種贈品。函索即贈的方式係消費者只要來信附上購買的證明(如盒蓋)，公司便將贈品按址寄上。而自償性贈品係公司以遠低於一般零售價格的條件，出售某種商品給有需要的消費者（所以稱為自償性，乃因為公司通常可以收回此項

銷售推廣活動的成本)。製造商常提供消費者各種印有公司名稱的贈品，例如某奶粉公司，就曾贈送印有該品牌品稱的咖啡杯。

5.贈品點券(trading stamps)：係屬贈品的一種特殊方式，消費者在贈買產品時，先從零售商取得點券，再參考贈品目錄到點券兌換中心兌換商品。由於顧客必須累積不少點券方能換到他所喜愛的各種商品，對維持顧客的忠誠度相當有效，我國過去曾經風行的藍色贈券即為一例。

6.購買點陳列(POP)：這種銷售推廣技術包括購買點或銷售點之各種陳列(point-of-purchase displays，簡稱 POP)。例如，擺在商店入口旁邊的柯達軟片人像陳列板，就像真人一樣高，上面還掛了許多柯達軟片的盒子。儘管製造商的銷售人員願意代勞，許多零售商還是不願意利用每年製造商所提供的大量陳列用品、招牌與海報。製造商遂不得不挖空心思提供較佳的陳列用品，而且配合電視或印刷媒體廣告的訊息強化其效果。美國蕾哥絲(L'eggs)褲襪精心設計的蛋形陳列方式，可以說是有史以來最具創意的購買點陳列之一，該品牌之所以能成功，這也是一項重要的因素。

7.示範(demonstrations)：示範最能引起消費者對產品的注意力。廠商通常利用示範來顯示產品如何操作，並解釋產品的性能與用途，以增進消費者對產品的認識或促使其購買產品。示範對於一些家用產品的促銷確實相當有效。目前較常以示範來促銷的商品包括菜刀、不沾鍋爐具、果菜機等。

8.消費者競賽(consumer contests)：在消費者競賽中，參加者必須以表現才藝、技能或知識（例如，繪畫、攝影、猜產品的價格、喝啤酒等比賽）去爭取獎金或獎品。廠商舉辦消費者競賽常可以刺激銷貨、吸引人潮或製造聲勢，而且參加競賽的人通常對這種促銷活動相當的投入，亦有助於建立品牌印象與知名度。

9.抽獎活動(sweepstakes)：在抽獎活動中，廠商可將抽獎活動的

參加對象限定爲購買其產品的顧客，也可以不限制參加對象。所有參加者都具有同等的機會可以得到獎金或獎品。抽獎活動可分成立即贈獎與定期抽獎兩種。立即贈獎是指消費者在打開產品包裝後就立即可以知道是否得獎與得到什麼獎品(例如舒跑飲料易開罐拉環贈獎活動)，或者是消費者在購買產品後可以當場參加摸彩活動。定期抽獎則是由參加者先填妥廠商所提供的表格，寄回參加在預定日期舉行的抽獎活動，例如讀者文摘的抽獎活動。

㈡**中間商推廣**

以上的銷售推廣活動，主要是針對消費者而設計，而在取得批發商與零售商的合作方面，製造商也有下列一些方法：

1.購買折讓(buying allowance)：即在一定期間之內所購買的每一件產品都予以減價優待，其目的在鼓勵經銷商購買他們本來不一定會買的產品項目或數量。例如每買一打汽水減價 20 元，一次買 100 打，再減價 1,000 元。

2.津貼：製造商可以考慮給予中間商各種津貼，銷貨津貼是用來酬庸經銷商大力的推銷其產品；廣告津貼係用來補償經銷商爲製造商的產品所作的廣告活動；陳列津貼係作爲陳列該產品或舉辦特殊展示的酬勞。

3.免費產品：製造商可以考慮提供若干免費的產品，中間商只要購買一定數量以上的產品，就再奉送若干產品。例如每買 10 打牙膏就免費再送一打。

4.推銷獎金：即以獎金或獎品鼓勵經銷商及其銷售人員推銷製造商的產品。例如某品牌冷氣機，在夏天快過時，提供每臺 500 元的獎金給經銷商的推銷人員，鼓勵他們多賣該品牌之冷氣機。

5.銷售競賽：係專門針對經銷商與銷售人員，以競賽的方式促使他們在一定的期間之內加倍努力，並就其優勝者予以獎勵。例如銷售業績

最好的前 10 名，可獲得到夏威夷旅遊的招待。

6.廣告特贈品(specialty advertising)：製造商也可以提供廣告特贈品，藉著印有公司名稱的特贈品，加強製造商與中間商之間的關係，如鋼筆、鉛筆、日曆、紙鎮、火柴盒、備忘錄、煙灰缸、碼尺等。

7.商業會議與商展：許多產業的產業公會每年都舉辦商展，邀請有關的廠商在會中陳列展出其產品。全美國每年所舉辦的商展總在 5,600 次以上，吸引了將近八千萬人。我國的機械、資訊等產業每年也都舉辦大型的展覽。參加展出的廠商當然也有若干好處，如創造新的銷售機會、與顧客保持連繫、引介新的產品、會見新顧客以及說服現有的顧客購買更多的產品。

8.經銷商列名廣告(dealer listing)：經銷商列名廣告是指製造商在廣告促銷某項產品時，在廣告中列出所有銷售該項商品的經銷商店名及地址。經銷商列名廣告可以促使消費者向指定的經銷商購買產品，爲經銷商吸引人潮，因而使得經銷商願意承銷製造商的產品。

9.合作廣告(cooperative advertising)：合作廣告是指經銷商在廣告中列出或介紹製造商的產品，而由製造商共同分攤廣告的成本。分攤的數額通常視產品的銷售量而定。合作廣告可使得經銷商有更充裕的資金爲製造商從事廣告促銷活動。

除了上述的分類外，銷售推廣也可以根據所要推廣的產品，而分爲新產品推廣和舊有產品推廣兩種。新產品推廣是用於新產品上市的推廣活動，包括免費贈品、抵現贈券、不合退錢、重購退款等工具。舊有產品推廣則是用於市場上現有的產品，包括贈品、減價優待、抽獎、消費者競賽等工具。

貳、如何發展銷售推廣活動

有意採取銷售推廣活動的公司應注意以下幾個步驟: ⑴設定銷售推廣目標, ⑵選擇銷售推廣工具, ⑶擬定銷售推廣方案, ⑷執行銷售推廣方案, ⑸評估銷售推廣活動之成果。

一、設定銷售推廣目標

銷售推廣的目標係出自基本的行銷溝通目標, 而後者又出自更基本的產品行銷目標。就此而言, 銷售推廣目標乃依目標市場的類型而異。在消費者方面, 銷售推廣目標包括: 增加使用量或鼓勵使用者購買更大的單位, 促進非使用者的試用, 以及吸引其他品牌使用者的試用。在零售商方面, 銷售推廣目標包括: 說服零售商引進新的產品且大量進貨, 鼓勵在淡季採購, 鼓勵相關產品的採購, 抵銷競爭者的銷售推廣活動, 建立零售商的品牌忠誠, 以及進入新的零售據點。在銷售人員方面, 銷售推廣目標包括: 鼓勵支持新產品, 鼓勵擴大尋找潛在的顧客, 以及刺激淡季的銷售。

二、選擇銷售推廣工具

公司可以利用各式各樣的銷售推廣工具達成各種不同的目標, 但在選擇這些工具時應考慮以下幾個因素:

1.銷售推廣的目標: 銷售推廣工具的選擇, 應配合推廣的目標。如果銷售推廣的目標是鼓勵消費者試用, 那麼免費樣品, 可能是很好的推廣工具, 但如果是要建立零售商的品牌忠誠, 免費樣品可能就不太有效了。

2.產品的特性: 產品的大小、重量、成本、耐久性、用途、特色和

危險性等，都是必須考慮的因素。

　　3.目標市場的特性：顧客的年齡、性別、所得、地理位置、密度、使用率、價格敏感度、選購習慣等都會影響銷售推廣工具的效果。

　　4.配銷通路的特性：通路的型態、中間商的人數、中間商的類型等都是重要的因素。

　　5.環境因素：競爭環境和政治、法律、科技等各種環境因素，也都會影響推廣工具的選擇。例如由於「語音晶片」的迅速發展，國內某品牌的奶粉，採用「會唱歌的杯子」作為買奶粉的贈品，頗受兒童的歡迎。

三、擬定銷售推廣方案

　　銷售推廣方案的內容不只是決定銷售推廣的方法和活動的多寡，行銷人員若要擬定周全的銷售推廣方案，尚應決定激勵的大小、參與的條件、傳送的方式、活動的期間以及時程的安排。

　　㈠**激勵的大小**

　　行銷人員首應確定最經濟有效的激勵程度。銷售推廣活動要能成功，一定有某種程度以上的激勵，高於這個水準的激勵雖然可以造成較多的銷售額，激勵的效果卻呈遞減的狀態。有些大公司的推廣主管將整個公司過去的各種銷售推廣活動結果作成紀錄，並找出激勵程度與銷售反應之間的關係，以供品牌經理參考。

　　㈡**參與的條件**

　　激勵的對象可以遍及所有的人，也可以只限於某些特定的人。例如，某種贈品可能只送給那些寄回盒蓋或其他購買證明的消費者；抽獎可能只限於某些地區，而且公司員工的眷屬或未滿一定年齡的人均不得參加。

　　㈢**傳送的方式**

　　行銷人員也必須決定如何將銷售推廣方案傳達給目標視聽眾。假定有項銷售推廣活動為 10 元的折價券，其傳送的方式可能是置於包裝盒

內、放在商店任人取用、郵寄或是刊登在廣告媒體上。各種方法的普及程度與成本都不相同。

㈣活動的期間

如果銷售推廣活動的期間過短，有許多潛在的顧客可能就無法獲得這項利益，因為他們不一定會在這個時候重新購買該產品，或根本就無暇顧及。但是，如果活動的期間拖得太久，顧客又會視之為長期性的削價求售，減價便失去了其「促請馬上購買」的意義。有位學者認為，最佳的活動頻率大約是每季三次，最佳的活動期間則為購買週期的平均長度。

㈤時程的安排

銷售推廣活動的時程通常都由品牌經理負責安排，除了應與生產、銷售與配送部門密切協調之外，同時還要有一些備用的銷售推廣方案，俾供緊急時使用。

四、執行銷售推廣方案

銷售推廣方案在執行前，應儘可能先實施預試，以確定銷售推廣工具是否適當，激勵的程序是否合宜，以及表現的方式是否有效。然而，曾就贈品的效果加以測試的廣告主並不很多。

預試後的銷售推廣方案，必須妥善的執行，執行時特別要注意兩個重要的時間因素：前置時間(lead time)與出清時間(selloff time)。前置時間係擬定銷售推廣方案（至活動展開之前為止）所需的時間；出清時間則從活動開始那天算起，一直到整個銷售推廣活動結束為止。

五、評估銷售推廣活動之成果

衡量銷售推廣效果的方法有四種：銷售額變動分析、消費者固定樣本之資料分析、消費者調查與實驗法研究。消費者推廣最常見的評估方

法係比較銷售推廣活動前後及其過程中銷售額的變動情形。假定有一家泳裝公司在活動之前擁有 6% 的市場佔有率，推廣期間增至 10%；但推廣活動一結束就降為 5%，稍後才又升至 7%。照這樣看來，此一銷售推廣活動顯然已使原有的顧客購買了更多的產品，同時也吸引了不少新的試用者。消費者大量搶購之後，需要一段時間來消化掉這些產品，所以推廣活動甫告結束，銷售額就大幅下降。而市場佔有率最後回升至 7%，表示該公司已爭取到某些新的使用者。有時候市場佔有率只回復到銷售推廣活動之前的水準，就表示該活動只是改變了需要的時間，並未能增進產品的總需要。

　　銷售推廣可以在整個促銷整合中扮演極為重要的角色。公司若能設定銷售推廣目標，選擇適當的工具，擬定銷售推廣方案，預試和執行推廣方案，以及評估銷售推廣活動的成果，當能更有系統、更有效地進行銷售推廣活動。

叄、人員推銷的本質

　　人員推銷是應用最廣的促銷工具，推銷員的服務態度直接影響到消費者的滿足。人員推銷通常與其他促銷聯合使用，以創造更大的促銷效果。以下首先說明推銷人員的類型，接著介紹有效推銷的步驟。

一、推銷人員的類型

　　銷售人員的使用並不只限於一般的企業組織，在許多非營利機構也一樣有推銷員。例如一些慈善機構透過募款人員，與潛在的捐贈者取得連繫，並爭取他們對該組織的支持。推銷人員所擔任的職務主要可分為下列五類：

　　1.送貨員：此種銷售人員的主要工作為運送各種產品給顧客，例如

牛奶、麵包、燃料、油料等產品的送貨員。

2.內部接單者：此種銷售人員以在公司內收受顧客訂單為其主要工作，例如男仕服飾專賣店的店員。

3.外頭接單者：此種銷售人員以在外收受顧客訂單為其主要工作，例如罐頭、肥皂或調味品的配貨人員。

4.銷售專使(missionary salesperson)：此種銷售人員訪問顧客之目的只是建立製造商的商譽、教育現有與潛在的用戶，或是協助批發商或零售商來進行推銷，他們自己並不替製造商接受訂單。例如某藥廠派出代表藥廠的醫藥專使，到各醫院或衛生所向病人和家屬說明某種藥品的優點，並介紹顧客向特定的藥商購買。

5.技術推銷員：此種銷售人員的工作主要係在提供顧客有關的專業技術，例如銷售工程師在本質上就是客戶的顧問。

二、有效推銷的步驟

不同的推銷員或者不同的銷售情境下，所採取的推銷過程都略有不同。沒有兩個推銷員會採用完全相同的推銷方法。但一般而言，在推銷時大多會經歷圖 18-1 中所繪之幾個階段。

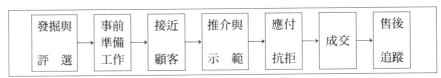

圖 18-1　有效推銷之主要步驟

㈠發掘與評選潛在顧客

推銷的第一步就是找出潛在的顧客。雖然公司也會提供一些準顧客的名單，業務人員還是要具有自己發掘潛在顧客的能力。發掘潛在顧客的方法有：(1)拜託現有的顧客提供其他潛在購買者的名單；(2)透過其他方面的介紹，如供應商、經銷商、非競爭者之業務人員、銀行界與同業

公會主管人員等；⑶參加各種有可能遇到或打聽出潛在顧客的組織；⑷
以言談或文章吸引潛在顧客的注意；⑸從各種不同的資料來源(如報紙、
工商名錄) 找出顧客名單；⑹利用電話或信件尋找潛在顧客；⑺直接到
辦公室拜訪顧客 (貿然兜售)。

　　業務人員也要知道如何過濾潛在的顧客，免得將寶貴的時間浪費在
沒用的顧客身上。考慮的要項通常包括潛在顧客的財力、營業額、限制
條件、所在位置以及繼續營運的可能性。銷售人員並應以電話或書信與
潛在顧客取得連繫，俾了解他們是否值得採取進一步的行動。

㈡準備工作

　　銷售人員在此一階段應儘可能的去了解潛在的顧客，如該公司的需
求爲何？有那些人會影響購買決策？採購人員的個性與採購方式，這可
以向認識的人請敎或參考工商名錄中的公司資料。銷售人員應確定訪問
的目的是什麼？是要過濾潛在的顧客？蒐集情報？或是馬上達成交易？
另外還要決定一種最佳的接近方式——是要親自拜訪？或以電話連絡？
或去信告知？由於許多潛在顧客在一年當中總有一段時間會特別忙，銷
售人員也要定出最佳的訪問時機。

㈢接近顧客

　　銷售人員到了這個階段，應知道如何會見與迎接買主，使彼此的關
係有個好的開始，其範圍包括銷售人員的儀表、開場白及接下去的話題。
銷售人員的穿著打扮最好能跟買主的衣著方式相似，例如臺灣南部地區
的企業經理，大都穿公司的制服，也不打領帶；對買主要懇懇有禮，並
應避免各種令人困擾的怪癖，如用脚在地上打拍子等。銷售人員的開場
白必須積極而親切，接著就可以開始洽商一些關鍵性的問題，以及展示
貨樣，引起顧客的好奇與興趣。

㈣推介與示範

　　現在推銷員可以開始向買主介紹產品，就產品所能爲顧客帶來的好

處作一番說明。這固然涵括了產品的各種特色，但其重點仍在強調顧客本身的利益。例如能替顧客的公司節省多少錢，賺多少錢，或者能使顧客的作業得到何種便利，以證實該公司的產品的確能滿足顧客的需要。銷售人員推介產品的過程通常係按 AIDA 模式的四個步驟來進行：引起注意（Awareness）、保持興趣（Interest）、激發欲望（Desire）與促成行動（Action）。

推銷過程若能配合各種輔助性的示範工具，如小冊子、掛圖、幻燈片、影片、實際的貨品等，其效果更佳。因為購買者一旦親眼看見或接觸過該產品，就比較會記得產品的各種性能和利益。

(五)應付抗拒

顧客在整個推銷過程或被要求簽訂單時，幾乎都會作否定或拒絕的表示，這可分成感性與理性的抗拒兩種類型。感性（心理）的抗拒包括：(1)抗拒外來的干擾；(2)偏愛既有的習慣；(3)漠不關心；(4)不願意放棄某些東西；(5)產生不愉快的聯想；(6)有抗拒被人支配的傾向；(7)先入為主的想法；(8)不喜歡作決策；(9)對金錢比較敏感。理性的抗拒則包括對價格、交貨時間及產品（或公司）的某些特性產生反感。銷售人員處理這些抗拒的方法是：(1)始終採取積極的態度；(2)設法要求購買者澄清或界定其抗拒的情況；(3)提出反問，使購買者必須回答自己的抗拒；(4)否定其抗拒的理由；(5)將此種抗拒轉變為顧客購買的理由。

(六)成交

一到這個階段，銷售人員就應設法使雙方能夠達成交易。有些銷售人員從來無法進入這個階段，或始終就沒有把這個步驟做好過。他們可能對自己缺乏信心，或是無法領會最適當的成交時機。銷售人員必須學習如何辨認購買者所發出的成交訊號，包括身體的動作、言辭或意見、以及若干表示可以準備成交的問題。此時銷售人員就可以使用各種達成交易的技巧，向潛在的顧客要求訂單，重述雙方協議的要點，提議協助

秘書人員填好訂單，詢問購買者想要 A 或 B 產品，要購買者在一些細節上作選擇(如顏色或尺寸大小)，以及指出購買者如果現在不買所將發生的各種損失。另外，銷售人員也可以提供購買者一些特殊的誘因，如特價優待、額外奉送或贈品，使雙方達成交易。

㈦售後追蹤

如果銷售人員希望確保顧客滿意，並與顧客繼續保持生意上的往來，最後這個步驟就不能或缺。生意一成交，銷售人員就要立刻將交貨時間、付款條件等一切必要的細節全部處理妥當。在收到第一張訂單之後，銷售人員也要考慮安排一次追蹤訪問，以確保產品的安裝、使用說明與服務都很完善。這項訪問的目的乃在發掘各種問題，向買主證實銷售人員的服務熱忱與關懷，以及減輕任何可能已經發生的認知失調現象。

肆、銷售人員之管理

有許多實例證明，銷售人員管理的良窳對公司的成敗有決定性的影響，因為銷售人員直接負責生產公司的收入。如果沒有足夠的收入，企業將無法長期生存。可是，要做好銷售人員的管理是件相當不容易的事情，公司必須採取系統性的管理過程和方法確實做好圖 18-2 所列的幾個步驟：

設定人員推銷目標 → 擬定人員推銷策略 → 銷售人員之招募甄選及訓練 → 銷售人員之薪酬及激勵 → 銷售人員之督導和評估

圖 18-2　銷售人員管理之主要步驟

1.設定人員推銷之目標。

2.擬定人員推銷之策略。

3.銷售人員之甄選及訓練。

4.銷售人員之薪酬及激勵。

5.銷售人員之督導和評估。

一、設定人員推銷目標

各公司所設定的人員推銷目標並不盡相同。例如IBM公司的業務人員必須負責「推銷、安裝及改善」客戶的電腦設備；三洋電機公司的業務人員則必須負責「開發新顧客、推銷、收款、蒐集資訊」。歸結起來，業務人員所擔負的任務不外乎下列七項：

1.發掘客戶。業務人員必須尋找與開發新的客戶。

2.溝通訊息。業務人員應將有關公司產品或服務的訊息，妥善地傳遞給現有或潛在的顧客。

3.推銷產品。業務人員應有效地發揚推銷的藝術——接近客戶、介紹產品、應付抗拒以及完成交易。

4.提供服務。業務人員必須爲顧客提供各種服務——問題諮詢、技術協助、安排融資事宜以及迅速交貨。

5.蒐集情報。業務人員必須從事某些市場調查與情報偵查工作，並就推銷訪問的經過作成報告。

6.調節需求。業務人員應針對市場的需求加以調節，在缺貨時期向公司建議較佳的產品配銷方式。

7.收款。業務人員必須負責收回顧客購貨所積欠的帳款。

各個企業對業務人員的要求愈來愈明確，而且通常都會規定各種工作的時間分配。有一家公司就要求其業務人員把80%的時間花在現有的顧客上，而以20%的時間發掘潛在的顧客。

二、擬定人員推銷策略

企業一旦設定人員推銷目標,接著就必須擬定周詳的人員推銷策略,來達成預定的目標。人員推銷策略主要的決策包括: 銷售人員之人力需求規劃、銷售區域之劃分及推銷訪問路線之規劃。

㈠銷售人員之人力規劃

公司在擬定人員推銷策略時，首先要決定需要多少銷售人員，才能達成預定的人員推銷目標。業務人員是全公司最具生產性，但也最昂貴的資產之一，增加其員額將使銷售額與成本同時上升。

許多公司均採「工作負荷法」決定其銷售人員編制的多寡，其步驟如下:

1.將顧客按年銷售額的多寡分成數群。

2.就顧客群分別規定適當的訪問次數（每年對單一客戶進行推銷訪問的次數），此乃代表公司在競爭情況下預計達成的訪問密度。

3.各顧客群的客戶數分別乘上其對應的訪問次數，即可求出全部的工作負荷量（每年的推銷訪問次數）。

4.確定一個業務人員平均每年可以做多少次的訪問。

5.將全年所需的總訪問次數除以每個業務人員的平均年訪問次數，即可求出所需業務人員之人數。

假設公司估計全國約有一千個 A 種客戶及二千個 B 種客戶，A 種客戶每年必須訪問 36 次，B 種客戶則只要訪問 12 次，因此該公司的銷售人員每年就必須作六萬次的推銷訪問。又假設平均每個業務人員每年可以完成一千次的推銷訪問，該公司就必須擁有 60 名專職的業務人員。

㈡銷售區域之劃分

推銷員銷售區域之劃分會影響推銷員的士氣及其推銷訪問的效果。銷售經理在劃分銷售區域時通常是要使劃分後的銷售區域，有相等的銷

售潛量或有相等的工作負荷量。如果要使銷售潛量相等，那麼畫分出來的銷售區域面積大小可能會大不相同。例如某化粧品公司發現該公司產品在高雄市的銷售潛量，大約等於高雄縣加上屏東縣的銷售潛量，可是，在遼闊的高雄縣和屏東縣，所需要的推銷努力要比高雄市多一倍以上。相反的，如果要使工作負荷量相等，畫分出來的銷售區域往往又有不同的銷售潛力。由於銷售金額的多寡通常會影響推銷員的佣金或獎金，因此也太不公平。因此，在畫分銷售區域時必須考慮這兩方面的均衡。一方面要使工作負荷量均等，另一方面也可以在不同地區採取不同的獎金（或佣金）率，以維持薪酬上的公平。

　　㈢**訪問路徑和時程的安排**

　　推銷員訪問路徑和時程的安排，對其推銷效率有很大的影響。安排路徑和時程可由推銷員和自己來負責，也可以由行銷經理來統一規劃安排。無論是由誰來安排路徑和時程，主要的目標都是要儘量減少推銷員的非推銷時間，也就是要減少花在旅行和等候顧客的時間，而儘量使推銷的時間達到最長。此外，也必須使推銷員的交通旅行、住宿等各種旅費維持最低。

三、銷售人員之招募、甄選及訓練

　　具有何種特徵的人，才是優秀的銷售人員呢？

　　梅爾(David Mayer)與格林伯(Herbert M. Greenberg)認為成功的銷售人員至少具有二種基本的特質：(1)感同力(empathy)──為顧客設身處地著想的能力；(2)自我驅力(ego drive)──想要達成交易的一種強烈意志。

　　管理當局定出新進業務人員一般的甄選標準之後，還要設法吸引大量的求職者前來應徵。招募方式如果運用得當，通常可以吸引較多的求職者前來應徵，公司必須再從中甄選出最佳的應徵者。甄選的方式又分

很多種，最簡單的可以只是一種非正式的面談，複雜一點的就要進行比較費時的筆試或口試。有時不但應徵者要參與甄試，甚至連應徵者的家屬也在甄試之列。

在不久以前，許多公司幾乎都是一招進新的業務人員，就馬上把他們送上第一線，去擔任推銷工作。這種做法有如殺雞取卵，並無法提高推銷的成果。

現在一名新進的業務人員通常都會接受為期數週或長達數月的訓練。在美國工業品業界的平均訓練期限為 28 週，服務業為 12 週，消費品業則只有 4 週。IBM 公司的新進業務人員要能獨當一面，有的更需訓練長達二年之久。IBM 公司甚至要求其業務人員每年應撥出 15% 的時間接受再訓練。

四、銷售人員之薪酬及激勵

由於推銷人員工作性質及環境之特殊，一方面所遭遇之挫折與打擊往往超過公司內部其他人員；另一方面，工作地點範圍廣泛，到處旅行訪問，也無法給予嚴密之監督。凡此皆使管理者必須依賴激勵士氣之手段，使推銷人員願意努力達成推銷目標，激勵手段可分金錢與非金錢兩大類。

㈠金錢激勵（薪酬）

一般而言，金錢是激勵推銷人員最直接，而且往往也是最有效的手段，公司應制定合理的推銷人員薪酬計畫。一般而言，推銷人員經常在外工作，接觸廣泛，更換工作之機會較其他公司內部人員為多。因此管理者於決定薪酬水準時，應設法獲知其他公司僱用同等推銷人員之薪酬水準。

㈡非金錢激勵

雖然非金錢激勵不如金錢激勵那麼直接，但其效果有時卻更為持久，

管理者透過各種非金錢激勵措施，還是可以提高其銷售人員的士氣與工作績效。

五、銷售人員之督導和評估

以上我們已經說明了銷售管理中從規劃到執行的過程所須注意的各項問題，但是良好的規劃與執行的措施，仍需要有良好的回饋(feed-back)與之配合。良好的回饋係指定期地取得各種有關業務人員之情報，以評估其工作績效。

利用各種情報，行銷主管就可對每位推銷員進行評估比較。評估的方式有下列幾種：

1.銷售人員之間的比較：有一種常用的評估方法是將所有業務人員的銷售績效加以比較，評定其等級。但是，這種比較很容易令人誤解。只有在各責任區的市場潛量、工作負荷、競爭情況、促銷活動等方面都沒有差異的情況下，銷售績效的相對好壞才有意義可言。銷售額也不是衡量績效的最佳單位，管理當局比較關心的應該是每個業務人員對公司的淨利到底有多大的貢獻，這又非得先求出業務人員的銷售組合與銷售費用不可。

2.前後期績效之比較：第二種常見的評估方法是比較業務人員現在與過去的績效。當然，這更能明白的表示業務人員進步的情形。

3.業務人員之定性評估：除了上述數量性的評估之外，業務人員績效評估的範圍通常還包括他對公司、產品、顧客、競爭者、銷售地區及其本身職責的認識；銷售人員的人格特質，如日常舉止、儀表、談吐、性情等。

重要名詞與概念

折價券　　　免費商品

免費樣品	推銷獎金
贈品	銷售競賽
減價優待	商展
消費者競賽	經銷商列名廣告
抽獎	合作廣告
贈品點券	人員推銷過程
示範	發掘潛在顧客
購買點陳列	推介與示範
購買折讓	應付抗拒
銷貨津貼	售後追蹤

自我評量題目

1. 某公司推出一種新奶品飲料希望消費者試用或購買此新產品，則該公司可以採用那些銷售推廣工具？

2. 上題的公司針對經銷商可採用那些銷售推廣工具？

3. 選擇銷售推廣工具時應考慮那些因素？

4. 除了達成交易外，人員推銷還有那些功能？

5. 試述人員推銷過程所包含的步驟。

6. 請說明銷售訓練課程所應包含的內容。

7. 試比較金錢激勵與非金錢激勵對人員推銷之效果。

第十九章　行銷執行與控制

單元目標

使學習者讀完本章後能

● 描述行銷執行的過程

● 說明行銷組織的部門劃分方式

● 說明行銷控制的原理和程序

● 描述各種類型的行銷控制

● 說明行銷稽核的任務

摘要

　　本章討論行銷策略如何執行控制。執行乃是將行銷策略化爲行銷活動的過程。

　　執行程序上承行銷策略，下接行銷績效。這套程序包含了六個互相關聯的因素：1.「行動方案」闡明執行策略所需的任務及決策，分派執行工作給特定的人員，以及設定一個完成執行工作的時程表。2.「組織結構」將任務與作業細分下去，再將各個單位及人員的功能整合起來。3.「人力資源」規劃，是要招募、分派、發展，並維持優秀的人力。4.不同的策略需要不同的「領導風格」。有效的領導必須注意設立公平的可達成的目標，提供部屬必要的導引，發揮影響力及尊重部屬的個別差異。5.建立激勵制度，提高工作人員的士氣。激勵時要注意設定明確的目標，給予達成目標所需的資源或條件，根據績效來酬賞及根據個人需求來調整酬賞之內容。6.選擇各種溝通方式改善公司內的人際溝通，特別是向上溝通和橫向溝通的不良情況。

　　現代行銷部門有幾種不同的組織方式，最普遍的形式是1.功能別行銷組織，其行銷功能由各個不同工作性質的經理來領導。此外尚有下列幾種方法：2.地區別組織，由地區經理來負責各地區的業務。3.產品管理組織，係由各產品經理負責各產品的業務，並與功能專家合作與擬訂及完成其計畫。4.市場管理組織，係由各市場經理來負責各主要市場的業務，並與功能專家合作以擬定和完成其計畫。有些較大的公司則採用產品與市場混合式的管理組織。

　　行銷控制的程序包括四個步驟：1.建立目標，2.衡量成果，3.分析差異及其原因，4.採取改正行動。

　　行銷控制的類型包括：1.銷售控制：檢查是否達成預期的銷售目

標。 2.市場佔有率控制：分析市場佔有率的變化和品牌轉換情形。 3.行銷費用控制：檢查各種行銷費用的比率，找出異常的費用項目。 4.利潤控制：了解各種產品、市場、通路等之獲利力。 5.行銷稽核：用以確定整個行銷系統與市場環境是否能密切配合。

　　分析行銷環境與市場機會，規劃出良好的行銷策略，並不表示行銷管理已經大功告成了。行銷者必須進一步發展出詳密的行動計劃，建立有效的行銷組織結構，發展適當的人力資源，調整領導風格，設計激勵制度，選擇適當的溝通方式，方能有效的執行行銷策略。本章首先將探討行銷執行的各項活動，而後討論行銷控制的各項要點。

壹、行銷執行

一、行銷執行之過程

　　良好的執行必須有一套系統化的執行過程。這套執行系統如圖 19-1 所示包括了六個互相關連的活動： 1.發展行動計劃， 2.建立組織結構， 3.發展人力資源， 4.調整領導風格， 5.設計激勵制度， 6.選擇溝通方式。

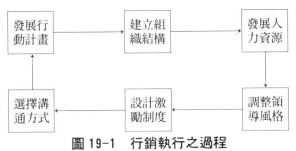

圖 19-1　行銷執行之過程

㈠發展行動計劃

為了執行行銷策略,行銷系統中各階層的人必須做許多特定的決策,

完成許多特定的任務。例如當統一公司的高階主管決定推出碳酸飲料的新產品後，接著就需要公司內外許多人一齊來執行這項策略。執行者必須進行許多計劃周詳、協調良好的日常決策與行動，在公司的行銷組織內，行銷研究經理必須測試新產品概念，找出適合此新產品概念的定位。行銷經理必須完成市場區隔、產品定位、品牌、包裝、定價、促銷、配銷等決策，也必須選擇、訓練、指導和激勵銷售人員。

為了成功的執行策略，公司必須發展出詳細的行動計畫。計畫中要指出將行銷策略在市場上實現所需的關鍵決策與任務。行動計畫也須分派公司內各個單位或個人的決策和工作責任。最後，行動計畫中應包括一個時間表，指出做決定的時間、行動的時間、達成策略目標的時間。行動計劃則包括做什麼？誰來做？及如何協調決策與行動以達成公司的策略性目標。

㈡建立有效的組織

公司的組織結構，必須隨著策略來調整。採取多角化策略的公司，和生產單一產品的公司，需要不同的組織結構，組織結構對行銷策略的執行扮演非常重要的角色。組織結構確定所要進行的任務，而後將任務分派給特定部門和人員，建立權力和溝通的直線關係，並且協調整個公司的決策和行動。

㈢發展人力資源

策略是靠人來執行的，策略要想成功的執行，必須要妥善的規劃人力資源。公司的每一個階層，都應在結構和制度的骨架中，投入適當的人員，這些人員必須具備執行策略所需的技術、動機和個性。

公司內高級主管的甄選和發展，對策略的執行來說是相當重要的一件事。不同的策略需要不同個性和技巧的經理，新創業投資需要創業精神和技巧較佳的經理；守成的策略則需要組織和管理技巧較佳的經理；退縮策略則要降低成本技巧較佳的經理。公司應將管理者的能力，和執

行策略的需求做最佳的配合。

㈣調整領導風格

領導風格對行銷策略執行的成敗影響很大，但有效的領導風格，往往因情境而變，費德樂(Fiedler)從研究中發現當領導者處於極為有利的情境（領導者與部屬關係良好、工作結構有條理、領導者職權強時）或極為不利的情境（領導者與部屬關係不好、工作結構無條理、領導者職權弱時）適合採取工作導向的領導風格，強調工作的生產面和技術面，不注重員工的個性和個人的需求。而在處於中度有利的情境時，則宜採取人群導向的領導風格，轉而注重員工的個性和需求。

㈤建立有效的激勵制度

公司必須建立有效的激勵制度，方能提高行銷人員的工作熱忱和士氣。激勵的方法可分為財務激勵和非財務激勵。財務激勵包括員工的薪資、獎金、福利制度等和金錢有關的酬賞。非財務激勵包括升遷、嘉許、滿足成就感等各種非金錢性的酬賞。不管是財務激勵或非財務激勵都必須注意到以下幾點：

1.設定明確的目標：有明確的目標，員工才會有明確的努力方向，激勵才會有效。目標必須長短期兼具，長期目標有如「畫大餅」讓員工有美好的展望，願意追隨與努力。短期目標有如「吃小餅」，可以立刻滿足目前的需求。

2.給予達成目標的資源或條件：巧婦難為無米之炊，要員工做事，就要給他足夠的資源，讓員工覺得只要努力去做，就可達成目標。

3.根據績效來酬賞：激勵制度必須與員工的工作績效表現緊密的配合，方能有效的激勵員工的工作士氣。酬賞的大小若與績效無關，員工就會覺得不公平，而可能在質與量方面降低其工作績效。好的激勵制度一定要讓員工覺得達成目標是獲得酬賞的唯一途徑。

4.根據個人需求調整酬賞的內容：每個人都有不同的需求和慾望，

唯有配合個人的需求或慾望來調整酬賞的內容，方能對員工造成最大的激勵作用。

㈥選擇溝通方式

許多行銷策略的執行失敗，都是由於溝通的不良所致。此種溝通不良的情況，可分為橫向溝通不良和向上溝通不良兩類。就橫向溝通來說，組織中的人員常站在自己的立場來解釋所收到的訊息，並以其部門的利害為優先考慮點，因而造成雙方溝通困難的現象。

就向上溝通而言，因為員工未來的前途大多掌握在主管手中，屬下在向上傳達訊息時，往往將事實加以渲染或加以掩飾，如此層層修正，導致最後傳遞到最高主管的訊息，與事實已經全然不符。

組織溝通離不開人，改善任何機構溝通的第一步便是改善人際溝通，例如藉著主動聽取，或在溝通前闡明自己的想法。其次，採取特定的步驟如協調會、輪調等方式來鼓勵橫向部門間的溝通。第三，以品管圈或非正式的社交聚會等方法來鼓勵向上溝通，但最重要的還是要靠主管在各種正式和非正式的場合中，體諒而不加任何批評的傾聽部屬的想法。

二、現代行銷部門的組織型態

現代行銷部門的組織可以有許多不同的型態，以下分別依照功能、地區、產品及顧客市場別予以說明：

㈠功能別組織

大多數的行銷組織在副總經理下通常有幾個專門負責特定行銷功能的人，他們直接對行銷副總經理負責，行銷副總經理的責任則在協調各行銷功能的活動。在圖19-2中列示五種行銷專才，分別是行銷管理經理、廣告及銷售推廣經理、行銷研究經理及新產品經理。功能別行銷組織的優點是管理上方便，然而這種行銷組織在公司產品和市場數目增多時，卻會產生許多不便。第一，在此種組織下由於對任一產品或市場沒有專

人來負責，對某些特定產品和市場無法作詳細的規劃，不熱門的產品必然會受到各功能部門的冷落。第二，由於各功能部門的目標不同，各部門間必會彼此爭取預算和地位，結果行銷副總經理勢必疲於應付各部門間的爭執和協調各種問題，因而忽略其他事務。

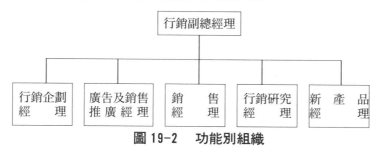

圖 19-2　功能別組織

㈡地區別組織

在銷售遍及全國的公司，其銷售組織通常依地區來劃分，甚至其他功能也按地區劃分。如圖 19-3 所示，全國銷售經理之下管轄五個分公司的副理。臺中分公司副理再管轄五個營業所的課長。由全國銷售經理至

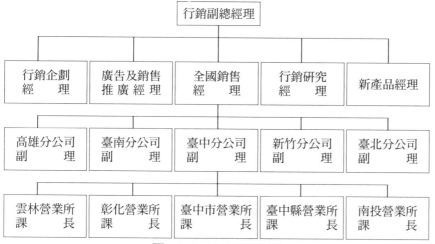

圖 19-3　地區別組織

營業所課長，控制幅度依次遞增。控制幅度小，管理者才有較多的時間撥給部屬。尤其是當銷售工作複雜、銷售人員薪水頗高以及銷售人員對

利潤影響力頗大時，控制幅度更是要小一點。

㈢產品別組織

擁有多種產品或品牌的公司，通常建立產品經理制度或品牌經理制度。產品經理制度並不完全取代功能別行銷組織，它只是屬於另外一種層面的管理。產品經理制度係由一總產品經理主持，他必須督導數個產品群經理的作業，而產品群經理又依次督導其下面負責某些特定產品的產品經理(見圖19-4)。例如產品眾多的統一公司的組織就很類似此種組

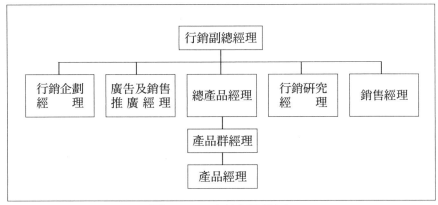

圖19-4　產品經理制度

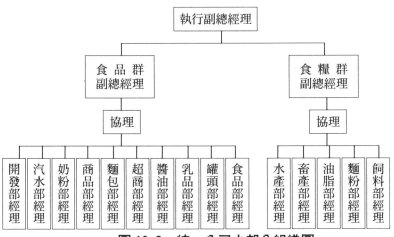

圖19-5　統一公司之部分組織圖

織型態（見圖 19-5）。

　　當公司的產品種類頗多且性質不一，不是普通的行銷功能單位所能處置之時，採行產品經理制度是一種必然的趨向。

　　許多大公司紛紛建立產品經理制度，例如通用食品公司在其郵購部門建立產品經理制度，它們由不同的產品經理分別負責麥片、寵物食品和飲料等產品的銷售。在麥片食品中，又有營養麥片、孩童加糖麥片、家庭麥片及混合麥片等的產品經理，而營養麥片產品經理底下又轄有數個品牌經理。我國的南僑公司、統一公司等近年來也採用了產品經理和品牌經理的制度。

㈣市場別組織

　　許多公司的市場非常分散，例如臺灣銀行分別為消費者、企業界、學校和政府機構等提供服務。中國鋼鐵公司將其鋼鐵出售給機械業、建築業和公用事業等。如果顧客係不同的使用群，其購買習慣及產品偏好必然不同，故行銷組織有必要依市場別予以劃分。

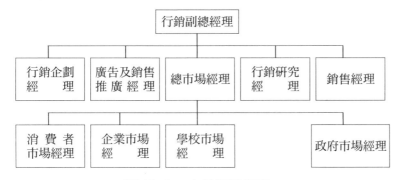

圖 19-6　市場經理制度

　　市場經理制度的一般型態就如圖 19-6 所示。總市場經理和其他功能部門並存，其下轄有若干位市場經理(market manager)分別負責消費者、企業界、學校、政府機構等市場的行銷業務。

　　市場經理須擬訂他所負責的市場的長期與短期銷售計劃和利潤計

劃，他們通常需要藉助公司功能部門裡的一些專家（如行銷研究、銷售和廣告等）。此種制度最主要的優點在於公司可分別應付各種不同顧客群的需求。

㈤產品經理與市場經理混合組織

銷售多種產品到多個市場的公司往往難以決定，到底要採用產品經理制度或市場經理制度？採用產品經理制，產品經理必須對各種市場情況極為熟悉；採用市場經理制，則市場經理必須了解其負責銷售的各種產品。故公司可能同時設置產品經理及市場經理，此即產品與市場混合的矩陣式組織(matrix organization)。

	男裝市場	女裝市場	家庭裝潢市　　場	工業市場
嫘縈產品				
醋酸纖維產　　品				
產品經理尼龍產品				
奧龍產品				
達 克 龍產　　品				

圖 19-7　杜邦公司的產品與市場經理與混合制度

杜邦公司的紡織纖維部門採行產品與市場經理混合制度（如圖 19-7 所示），其產品經理須負責各種纖維的銷售及利潤策劃，他必須與市場經理聯繫以估計市場的銷售量。在另一方面，市場經理主要替杜邦公司現存及潛在的纖維產品尋求有利的市場，他們以長期的眼光來研究市場之需求，關心的是提供市場合適之產品，而非推銷公司某一特定之產品。

貳、行銷控制

在執行行銷計畫的過程當中，會有許多意想不到的狀況發生，因此行銷主管必須設定一連串的行銷控制措施。有了行銷控制系統，方能確保公司營運之效率與成果。以下將說明行銷控制的程序和各種不同型態的行銷控制方法。

一、行銷控制的程序

不管是高階層的行銷經理，或者是低階層的推銷員，控制程序都是相同的。控制之程序包括四大步驟，見圖 19-8。

1.建立一個標準、目標或目的。

2.依據標準衡量眞實的績效。

3.判定標準與眞實績效間的差異，分析造成差異的原因。

4.採取改正行動。

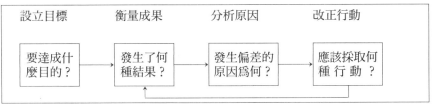

圖 19-8　控制之程序

㈠建立標準或目標

設定標準是控制的第一步，這些標準主要以金錢、時間、數量來加以表示，其中以金錢這項標準最爲常用。一個推銷員的績效標準可能是每月須完成二十萬元的銷貨額。以時間作爲績效衡量的標準也很常用──比如說在一週內完成某一數量的銷貨額。總之對每一種標準的形式（如金錢、時間、數量、品質等），我們都要爲其選擇判別的尺度，然後

設定一個標準。表 19-1 為如何設定控制標準的例子。

表 19-1　控制標準之例

標準的形式	判別尺度	標準／目標
數　　量	產品銷售單位	每月銷售 200 單位
時　　間	銷貨報告準時呈報百分比	90%的銷貨報告要準時呈報
金　　錢	與預算相差的百分比	行銷費用不得超過預計費用的 5%

㈡依據標準衡量眞實績效

控制的第一步乃是根據設定的標準衡量眞實績效，而最簡單、最普及的衡量方法乃是親身觀察。例如，銷售部門經理每年與他的推銷員們進行一、二次的銷售訪問，以觀察他們的績效。問題是當銷售人員大量增加時，他會發覺這種簡單、直接的觀察法愈來愈難運用，此時往往必須撰寫正式的控制報告。這些報告可能以預算、統計彙報、圖表、故事等方式撰寫，報告中同時報導眞實與預計的績效。

㈢從標準判定差異，並分析差異的原因

一旦將眞實的績效與計畫內的績效相互比較，下一步就是要判定出重要的差異，並且找出造成差異的原因。績效偏差是一種主要的病癥，並非核心的問題，因此我們必須探求出績效不能符合標準的原因。例如：差異的發生是否由不能勝任的幕僚人員所引起？是否由於策略的偏差？

㈣改正行動

當實際成果與計畫相差過遠，而經過分析已找出造成差異的原因後，公司將會採取改正行動。例如，某大機械廠商發現無法達成該年度預期的銷售目標，由於產能過剩，同業已開始減價以增加銷售量。公司為了挽救此一局面，可能根據問題的原因，採取某種改正行動。

二、行銷控制之類型

行銷控制可分為銷售控制、市場佔有率控制、行銷費用控制、利潤

控制和行銷稽核五大類型。

(一)**銷售控制**

銷售控制的目的是要檢查是否能達成預期的銷售目標。銷售控制的步驟如下:

1.將公司的銷售額依照下列各個構面來細分:

(1)產品: 包括產品種類、品牌、式樣、顏色、等級、包裝等。

(2)地理區: 包括國家、省、縣市、銷售代表之轄區等。

(3)顧客類型: 包括年齡、性別、職業等。

(4)其他: 如銷售方法(郵寄、電話或直銷等)、銷售地點(百貨公司、平價商店、地攤等)、付款條件 (現金、分期或租賃)、訂單大小等。

2.將細分之銷售額與原定之標準互相比較。例如美味奶粉公司依據臺灣各地區,來評估實際銷售額達成預計銷售目標之比率。由表 19-2 中可看出,該公司在北部地區的銷售額僅達成原定目標的 60%,而南部地區則超出原定目標。

表 19-2　銷售目標達成率

地　　區	實際銷售額	預計銷售額	達成率
北　　部	24,000,000	40,000,000	60%
中　　部	20,000,000	20,000,000	100%
南　　部	25,000,000	20,000,000	125%
東　　部	10,000,000	10,000,000	100%

3.銷售差異分析: 銷售差異分析在找出造成預計銷售與實際銷售差異的各種因素。例如, 某年度計畫預定第一季售出單價 1,000 元一箱的奶粉 40,000 箱, 銷售金額 40,000,000 元。第一季節束時, 僅售出 30,000 箱奶粉, 單價為 800 元, 即銷售金額 24,000,000 元, 因此發生 16,000,000 元的銷售差異, 低於預計銷售額的 40%。然而造成以上差異的原因中, 究竟價格和銷售的降低各佔多少比重呢？以下的計算可回答此問題:

由於降低售價

所產生的差異＝（1,000 元－800 元）×30,000＝6,000,000 元　37.5%

由於銷量減少

所產生的差異＝800 元×（40,000－30,000）＝8,000,000 元　50.0%

兩者交互作用

所產生之差異＝（1,000 元－800 元）×（40,000－30,000）

$$=\frac{2,000,000 \text{ 元} \quad 12.5\%}{16,000,000 \text{ 元} \quad 100.0\%}$$

㈡市場佔有率控制

單由銷售業績並無法判斷公司相對於競爭者的營業成果，因為公司銷售增加，可能是由於整個經濟情況的好轉使得所有廠商皆蒙其利，也可能是由於公司的業績相對於競爭者而言確實有所改善。因此管理當局有必要分析公司的市場佔有率。假如公司的市場佔有率增加，表示公司自競爭者手中爭取了部分市場，若是佔有率減少，則表示被競爭者奪走了部分的市場。

㈢行銷費用控制

行銷經理必須針對廣告支出、銷售推廣費用、銷售員薪津福利、出差費等各種行銷費用，檢查各種行銷費用比率，設法找出任何失去控制的費用項目。這些費用比率若發生小幅隨機性的波動，可以忽視之，然而當波動超越了正常的差異範圍時，便須找尋發生的原因。

控制時可以根據不同對象或地區來比較，也可以前後幾期加以比較。例如表 19-3 為某公司臺南分公司五個業務員，銷售費用(包括薪津和差旅費) 和銷售額的比率。由表中可看出吳六和孫七兩位業務員的銷售費用佔銷售額的比率，有不正常偏高的現象。

表 19-3　業務員銷售費用之比較

業務員	月　薪	差旅費	銷售費用	銷售額	費用佔銷售額之比率
張三……	$22,800	$11,200	$34,000	$912,000	3.7%
李四……	21,600	14,400	36,000	720,000	5.0%

王五……	20,400	11,600	32,000	560,000	5.7%
吳六……	19,200	24,800	44,000	132,000	33.3%
孫七……	20,000	32,000	52,000	62,000	83.8%
總數……	$104,000	$94,000	$198,000	$2,386,000	8.3%

每期費用比率的變動可繪成如圖 19-9 所示之控制圖。該圖說明了廣告費用佔銷售額的比率幾乎百分之九十九都在 8%〜12%，不過在第 15 期時，廣告費用比率超出控制上限，此種現象的發生原因可能爲以下二者之一：

1.公司的廣告支出十分正常，此一現象只是偶發性原因。

2.由於某種特殊的原因，使得公司對於廣告費用失去控制。

某些觀察值雖然落在控制範圍內，仍須詳加觀察。於圖 19-9 中第九期以後的費用比率呈現穩定上升的現象，若各期間的費用比率爲隨機且獨立的事件，那麼六期連續上升的的機率爲六十四分之一。由於不正常的現象可能使管理當局決定對 15 期以前的費用作進一步了解。

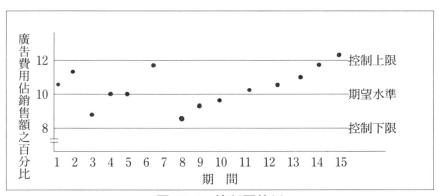

圖 19-9　控制圖範例

㈣利潤控制

行銷經理必須定期的研究不同產品、銷售地區、顧客群、銷售通路、及訂單等之獲利能力，以決定那些產品或行銷活動必須進一步拓展或者要減少，甚至停止。

依據行銷利潤分析的結果，行銷經理必須對利潤不佳的地區、通路或推銷人員深入分析原因，想辦法提高其獲利能力。否則，就應加以淘汰，而集中全力在獲利能力較佳的地區或通路上。

㈤行銷稽核

公司必須經常檢視整體的行銷成效，由於行銷環境快速的變化，行銷目標、政策、策略及方案極易落伍而不合實際，因此每個公司都須定期檢討整個行銷系統與市場是否能密切配合。達到此一目的之最主要工具便是行銷稽核(marketing audit)。

「行銷稽核」乃是對公司的行銷績效、行銷環境、行銷策略、行銷功能及行銷組織活動，進行整體性、系統性、獨立性及定期性的檢討，以了解狀況、發掘問題、確定原因，並建議改正行動以增進公司的整體行銷效能。

行銷稽核主要的任務包括：

1.確定行銷績效是否達成各種預定的指標？包括銷售額、成本和利潤上的各項指標。

2.了解行銷環境是否有了重大的變化？包括顧客、競爭者和各種總體行銷環境。

3.檢討行銷目標與策略，是否須配合環境變遷所帶來的機會和威脅而重新制定？

4.檢討行銷功能活動是否必須加以修正？各項功能活動是否能配合行銷策略？

5.檢討行銷組織是否需要重新調整？行銷組織的正式結構和部門間的協調連繫，是否能有效執行策略？

重要名詞與概念

行銷執行　　　控制程序

行銷執行過程　　市場佔有率控制

產品別組織　　利潤控制

市場別組織　　行銷稽核

混合式組織

自我評量題目

1. 某汽車公司準備在國內推出新的車種，而在國外則將大力推銷其汽車零件，試問該公司應如何有效執行這些策略？

2. 試論統一公司的行銷組織採取產品管理組織，有何優劣點？

3. 試說明產品經理與市場經理混合組織的特色。

4. 你的朋友打算開一家桌球俱樂部，他認為行銷控制關係成功與否，請問你對他新事業的行銷控制有何建議？

5. 試說明銷售額控制和行銷費用控制之要點。

6. 行銷稽核有何作用？稽核的內容有那些？

第二十章　國際行銷

摘要

　　國際行銷的作業與國內行銷在市場環境分析、行銷策略規劃和行銷執行與控制等方面有顯著的差異。廠商進行國際行銷的動機包括：增加公司之收入、增加公司之利潤、為過剩的生產能量尋求市場、維持銷售及生產之穩定及利用國外低廉的原料和資源等。

　　進行國際行銷之主要決策包括：1.評估國際行銷環境，2.選擇國外目標市場，3.決定進入市場之策略，4.擬定行銷方案，5.設計行銷組織。

　　國際行銷環境中較重要的有：1.國際貿易體系，包括貿易管制和經濟合作組織等。2.經濟環境，包括所得水準、所得分配、金融管制及匯率之穩定性。3.政治法律環境，包括該國政府對國際行銷之態度、政局穩定性和行政效率等。4.文化環境，包括各種影響購買行為的文化因素。5.地理環境，包括氣候、地形和人口等因素。

　　選擇國外目標市場時，首先須決定要在多少國家從事行銷活動，而後再根據多項標準來評估各個市場。

　　擬定進入市場之策略有三大類：1.出口外銷，又包括間接出口和直接出口兩種型態。2.聯合創業，與當地人合作建立各種產銷設施，又包括授權許可、契約生產、管理契約和共有股權四種。3.直接投資，直接在國外設立裝配廠或製造廠。

　　擬定行銷方案時，可採「全球」行銷的標準化行銷組合，也可因地而異。在產品策略方面，廠商可採直接延伸、產品適應或產品創新。在配銷通路策略上，行銷者須同時注意到國際間的通路和國內的通路。在促銷策略上，廣告訊息、媒體等各方面都能配合各國之獨特情況。在定價策略上宜特別注意滲透定價、差別定價、對轉售價格之控制、外銷報價方法和匯率變動之影響。

　　國際行銷的組織，在開始時往往只能設立一個出口部門，而後成長爲國際事業部門，最後則邁向眞正的多國性企業。

　　臺灣是海島型經濟，經濟發展一直反映對外貿易的高度依存。民國八十年我國對外出口總額爲 761.6 億美元，進口總額爲 628.6 億美元，出超高達 133 億美元。美國是我國最大的買主，且由於我國對美國的貿易擁有鉅額的順差，因此，美國國內更興起了保護主義的浪潮，除了要求我國和其他國家開放進口、降低關稅之外，更欲以提高關稅、減少配額、限制進口成長、提高新臺幣匯率等各種方式，來減少我國輸美產品的數量。經過一連串的互動措施之後，民國八十年我國對美國的順差已縮減到 82 億美元。我國企業在此種困境下，必須突破傳統的貿易觀念和作法，加強分散市場，進行國際投資，成爲從事整體性國際行銷的多國性企業，方能維持不斷的成長。

　　本章將先探討國際行銷的本質，再後依次說明進行國際行銷時的各項決策。

壹、國際行銷之動機

　　國際行銷是指跨越國際界限的行銷活動，也就是說國際行銷的作業涉及到兩個以上的國家。雖然就許多行銷原理而言，國際行銷和國內行銷皆能適用，但由於國際行銷跨越了國際的界限，因此，在市場環境分析、行銷策略規劃和行銷成效控制等各項行銷作業上，就呈現了顯著的差異。

　　廠商把企業活動擴充到海外各國的理由很多，這些理由大多與廠商本身之利益有關，其最終目的均在「創造利潤」，因爲只有透過利潤之創造，企業才能長久存在。廠商參加國際行銷活動之動機可分爲下列幾類：

㈠增加公司之收益

當國內市場的成長已經相當緩慢，甚至於進入成熟或衰退階段時，將此產品導入國外市場，往往可以使公司得到更快的成長。許多多國性大企業，國外市場的收益往往佔公司總收益中相當大的比例。例如全世界最大的公司艾克森公司(Exxon)，由國外市場所得之收益，佔總收益的比率高達 71.4%，如果不進入國外市場，艾克森絕不可能成長到今天的地位。

㈡增加公司之利潤

當國內市場由於競爭過於劇烈或者由於其他因素的影響，而使利潤降低時，許多公司就會考慮將產品移往競爭較不劇烈的國外市場，以提高獲利水準。美國的多國性大企業，從國外所得到的營業利潤也都佔總營利利潤的很高比例。

㈢爲過剩的生產能量尋求市場

當國內市場對某項產品之需要小於供給時，即出現所謂「生產過剩」的現象。廠商爲了銷售剩餘產品，往往把目標轉向國外市場。有時廠商出現長期生產過剩的現象，爲了不使生產設備閒置，並維持生產規模之經濟起見，廠商有必要從事長期之外銷活動。

㈣維持銷貨及生產之穩定

透過外銷或其他方式之企業活動，可以穩定一個企業之銷售及生產活動。例如，某種產品之銷售量可能呈現季節性的波動。產品在國內可能正逢滯銷時期，但在國外某些市場可能正需要該產品。廠商以國內剩餘產品運銷海外市場，可以使銷貨量保持穩定，繼而使生產活動亦維持安定。

如廠商在海外各地設置分支機構，從事生產及銷售，則整個企業之經營將較具彈性。國內經濟不景氣的影響可以被沖淡，蓋國內不景氣時期，其他國家市場可能仍處於繁榮狀態，海外分支機構之盈餘可以彌補

因國內不景氣而產生之損失，因而使整個企業仍維持穩定局面。換言之，從事國際行銷活動符合「市場多元化」之原則，因而風險亦可以分散。例如我國的電子業和塑膠加工業紛紛赴馬來西亞設廠。

㈤利用國外的原料和資源

有些公司面對國內或國外廠商之強勁競爭，爲避免失敗，不得不自國外買入成本較低之產品或零件。部分廠商爲穩定產品及零件之供應，甚至在海外工資較低廉的國家設立工廠，並將製成之零件或產品運回國內銷售。由於臺灣地區資源缺乏，許多重要之工業原料皆依賴國外輸入，此種做法更屬必要。例如我國的合板業、藤器業已紛紛赴印尼設廠。

我們現在開始探討公司在考慮國際行銷時，所面臨的各項基本決策，其中最主要的步驟如圖 20-1 所示，下文將依次詳加闡述。

評估國際行銷環境　→　選擇國外目標市場　→　決定進入市場之策略　→　擬定行銷方案　→　設計行銷組織

圖 20-1　國際行銷之主要決策

貳、評估國際行銷環境

公司在決定向國外發展之前，必須先對許多新的問題有所認識，亦即公司必須深入的了解國際行銷的環境。

一、國際貿易體系

想要向國外發展的公司必須先對整個國際貿易與金融體系有所認識。公司在把產品銷往其他的國家時，都會面臨各種不同的貿易管制。其中最常見的一種貿易管制就是「關稅」(tariff)，其目的主要是在增加政府的財政收入或保護國內的產業。出口商也可能會受到「配額」

(quota)的管制，例如，美國對我國的紡織品等許多產品都有配額限制，「禁運」(embargo)則為規定的產品項目全部禁止進口。限制外匯申請額度及匯率之「外匯管制」(exchange control)對國際貿易也有不利的影響。另外，公司也可能會面臨一些「非關稅障礙」(nontariff barriers)，像外國政府可能對某些國家公司的投標予以差別待遇，我國為了減少對日本的貿易逆差和對歐美的貿易順差，規定有些產品只能向歐美採購。

但在另一方面，國際上也存有一些謀求國與國之間經濟合作及貿易自由化的力量。「關稅暨貿易總協定」(簡稱 GATT)係一種國際性的協定，曾先後六度全面降低世界各國的關稅水準。此外，有些國家也早已成立「經濟共同組織」，其中最重要的「歐洲經濟共同組織」(簡稱 EEC)，即俗稱的「歐洲共同市場」。EEC 的成員為各主要的西歐國家，共同致力於降低會員國之間的關稅，降低產品價格，以及增加就業與投資。從 1992 年開始，EEC 將成為真正統一的經濟共同體，各會員國間不再有關稅的障礙，而對外則採統一的關稅。

二、經濟環境

高所得國家之市場特徵與低所得國家有相當大的差異。因此，對經濟開發程度不同之國家，往往需要全然不同的行銷計畫。行銷者必須注意到下列三種經濟環境因素：

㈠所得水準

根據一個國家的國民所得水準和經濟開發程度，可分為已開發國家、開發中國家及未開發國家，或稱為高所得國家、中所得國家及低所得國家。這三種國家在行銷活動方面有下列之特徵：

1.低所得國家

這些尚未開發、所得較低的國家，包括許多亞洲、非洲及南美洲國家。這些國家人民自行生產所需之食物、房屋、衣服及其他物品，市場

交易量很少。配銷通路較爲單純，促銷活動雖有，但仍甚原始。

2.中所得國家

與低所得國家不同之處，爲這些國家人民之購買力，遠超過維持生存所需之水準，市場活動範圍擴大，配銷通路趨向於複雜，廣告及其他推銷活動迅速擴張。

3.高所得國家

人民有更充裕的所得來購買所需物品。消費者不但希望滿足基本需要，而且希望更進一步滿足選擇性需要。消費者不但希望擁有某種產品，而且要求有選擇的機會(即選擇不同品牌、式樣或質料之機會)。在此階段之市場活動範圍不但廣大而且複雜，分配系統及推銷活動均很興盛。

(二)所得分配

除了所得高低之外，一個國家的「所得分配」也很重要。某些豪華的汽車在歐洲最大的市場是在葡萄牙，雖然它是歐洲最貧窮的國家，卻有很多富裕而重視社會地位的家庭，願意花錢購買豪華的車子。

(三)金融管制和匯率穩定性

賣主都希望他們所獲得的貨款能以有價值的貨幣支付。最好是進口商能以賣方的貨幣或其他的強勢貨幣支付貨款；但是近年來，許多國家由於外債太多或外匯短缺，往往限制必須採取相對貿易(counter trade)的方式，從事以物易物的交易。例如蘇俄曾以化學產品來交換ABBA 合唱團赴俄演唱，而韓國則以水梨來和我國交換香蕉。此外，匯率的波動，對出口商也是一項很大的風險。例如美元大幅貶值的結果，往往使某些出口到美國的廠商，或以美元報價的廠商，損失很大。

三、政治法令環境

行銷人員在評估是否要在一國家從事商業活動時，至少應考慮下列三個政治因素：

㈠對國際貿易與投資的態度

有些國家非常歡迎，甚至鼓勵外來的投資，但有些國家卻對外商懷有很深的敵意。例如我國和墨西哥，多年以來兩國都不斷的提供各種獎勵投資措施、工業用地及維持穩定的幣值，以吸引外人投資。而另一方面，印度卻要求各國的出口商接受進口配額、凍結通貨及大量僱用當地人民擔任公司管理人員的規定與限制。IBM 與可口可樂公司之所以決定撤出印度，也都是因為這些爭執所致。

近來由於蘇聯和東歐國家紛紛採取開放政策，對國際貿易採取更有彈性的做法，因此國內許多廠商紛紛拓展對蘇俄及東歐國家的貿易。

㈡政局的穩定性

行銷人員不僅應考慮地主國目前的政治局勢，並應顧及其長期的穩定性。政權的移轉過程有時相當不穩定。形勢最惡劣的時候，外國公司的財產可能會被沒收，有時則會遭到凍結通貨、進口設限、課徵重稅等惡運。

㈢行政效率

第三個要素就是當地的政府是否建立了有效的制度來協助外人投資，包括簡化海關手續、提供市場資訊，以及其他有助於發展貿易的措施。而最令國際行銷者感到震驚的是有些國家的政府機關關卡重重，凡事刁難，但若上下活動打點（賄賂）得當，立刻通行無阻。

四、文化環境

國際行銷最難掌握的因素或許要算是各國文化對消費者偏好及其購買型態的影響。例如，在義大利丈夫不在家時，推銷員不可以到家向太太推銷產品。平均每個法國男人使用的化粧品幾乎是其太太的二倍。

同樣的一種顏色，在不同的國家往往有不同的含義，例如黃色在印度是受尊崇的顏色，而在中東國家則不受歡迎。各國對數字的喜好也有

些不同。日本喜歡 1、3、5、8、不喜歡 4 和 9。拉丁美洲喜歡 7，不喜歡 13、14。

　　各國的文化中也都有一些禁忌，行銷人員必須設法避免。例如在印度，不可貿然觸及婦女或和婦女握手。在某些歐洲國家赴宴時可帶花送給主人，但是兩種花不可送，玫瑰花只能送給情人，而菊花則只用於喪禮。在中東宜避免使用六角星的標幟。

五、地理環境

　　一國之地理特徵與行銷也有密切的關係。所謂地理環境主要是指一國的氣候、地形及人口分佈，茲分述如下：

㈠氣候

　　高度、濕度及溫度之差異影響產品的正常操作，例如產品如係供應熱帶或沙漠地帶使用，則產品應具有特別的抗熱能力。產品在乾燥地區使用與在潮濕地區所應具有的特性又將有所不同。

㈡地形

　　地形與市場也有密切的關係，例如各國人口比較集中於適於人居住之海邊、河邊或平原。因為地形的影響，有時造成城市互相隔離的現象。各地區有其方言，各種族有其獨特的個性及生活方式，因而形成了許多不同特徵的市場。

　　地形影響產品之分配及推銷亦極明顯，有些地區因為交通不便，產品之配銷極為困難。

㈢人口

　　與人口有關之地理因素包括人口的分布、人口成長率及人口的年齡結構等，任何上述因素之變化均有其市場意義。例如非洲某些國家人口出生率之增加可能顯示對嬰兒物品需求之增加。又如歐洲某些國家老年人的人口比率大幅提高，則代表老年人的休閒娛樂和保健產品市場的興起。

叁、選擇國外目標市場

其次，公司應該列出所可能進入的國外市場，並且將所有可能的國外市場，根據以下幾項標準予以比較評估：

一、目前市場和公司的銷售潛量

利用既有的次級資料，並輔以公司所蒐集的初級資料，來了解國外市場消費者的購買行為和其他特性、估計目前每個市場所具有的潛量，並進一步估計公司可能創造的銷售額。

二、未來市場成長幅度

此市場未來是否可能進一步成長，或者已經成熟、衰退？當然，未來成長幅度愈大的市場愈有吸引力。

三、營運成本

成本的高低端視公司打算採取那種進入市場的策略而定。若是採取出口或授權許可的方式，其成本通常會在契約中載明。但公司若決定在國外設廠，便要先了解當地的勞工狀況、稅捐、商場慣例等等，才能正確的估計出公司的成本。

四、投資報酬率和風險

求出公司未來的成本之後，再與公司的銷售預測相比，即可估計出公司未來各年的利潤，利潤與各年的投資相互對照，可求出投資的報酬率。此一估計的報酬率應高於公司正常的投資報酬，並能補償在該市場從事行銷活動所面臨的風險與不確定性。

五、競爭情勢

　　過去我國許多企業在進入國外市場時，往往喜歡選擇較大的市場，例如美國市場。可是，在這些大市場內，由於國際間的競爭十分劇烈，市場佔有率和獲利率可能都不太理想。近年來，有些公司轉而經營一些市場規模較小，但卻頗有潛力的市場，而創下了很好的成績。例如我國宏碁公司的微電腦在智利的市場佔有率領先IBM，高居第一。

肆、擬定進入市場之策略

　　一旦發現某一特定的國外市場頗具發展潛力，接著就要決定進入該市場的最佳方式。進入國外市場通常有三種主要的策略：「出口外銷」、「聯合創業」以及到國外「直接投資」。這三種進入市場的策略(如圖20-2所示) 之下，尚有各種不同的方式可供選擇。

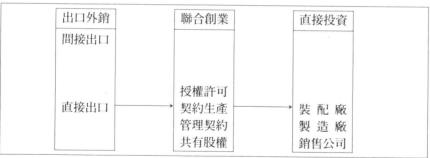

圖 20-2　進入國外市場之各種策略

一、出口外銷

　　公司要進入國外市場最簡單的方法就是出口外銷。公司的產品要出口外銷通常有二種途徑可循：一是透過獨立的國際行銷中間商 (間接出口)，一是由公司直接向國外買主或進口商推銷產品 (直接出口)。

㈠**間接出口**

對剛開始拓展外銷的公司而言，間接出口要比直接出口更受歡迎。第一，它所需要的投資較小，公司也不必成立海外的銷售組織或通訊網。第二，它的風險較小，國際行銷的中間商多半會提供有關的技術與服務，公司所犯的錯誤遂能大為減少。

㈡**直接出口**

能與國外買主直接交涉的廠商多半不再透過中間商，而自己直接出口外銷，規模較大或市場大得足以自行辦理外銷工作的廠商亦是如此。其所需的投資與風險固然較大，但相對報酬也比較可觀。

二、 聯合創業

進入國外市場的第二種方法是與當地人合作，在國外建立各種產銷設施。聯合創業又可分成四種類型：

㈠**授權許可**

授權人與國外市場的受權人達成一種協議，允許後者使用其製造方法、商標、專利、商業機密等，而酌收若干費用或權利金。授權人因此可以較小的風險進入該市場，受權人也不必從頭開始做起，便能擁有現成的生產技術或著名的產品品牌。美國旁氏公司（Ponds）就是以授權許可的方式，將其化粧品打入臺灣市場。

㈡**契約生產**

有時公司並不願意授權外國廠商產銷其產品，而希望由自己來負責外銷的工作，但又不準備在國外投資生產設備，這時最好的辦法乃是與當地的製造商簽訂契約，由其負責生產所需的產品。Sears 公司就曾以這種方式，在墨西哥、西班牙等國開設了若干百貨公司，而由當地合格的契約製造商負責生產許多它所需要的產品。

㈢**管理契約**

這種情況係由本國廠商提供管理技術，由外國公司提供資金。因此，本國廠商所輸出的其實只是各種管理服務，而非該公司本身的產品。希爾頓飯店便是採取這種方式，負責管理此一國際性的旅館集團。

㈣合資創業

另外一種愈來愈風行的方式是由外來的投資者與當地的投資者一起在當地創立事業，而共同享有該公司的股權與控制權。例如美國寶鹼公司與南僑公司共同出資成立寶僑公司。

三、直接投資

進入國外市場最後的一種方法是前往國外投資，設立裝配、製造廠或銷售公司。若從出口外銷獲得相當的經驗，國外市場的需求若也夠大，在國外設廠便能享受許多好處。第一，公司可以透過各種方式降低其生產成本，如廉價的勞力或原料、外國政府的獎勵投資措施、節省運費等。第二，公司在地主國可以建立較佳的企業形象，因為它提供了許多新的就業機會。第三，公司可以與當地的政府、顧客、供應商及經銷商建立更密切的關係，因而更能使其產品適應當地的行銷環境。第四，公司對整個投資保有全部的控制權，故能按其國際行銷的長期發展目標擬定有效的產銷策略。荷蘭的菲利浦公司在我國投資電子事業，成果相當輝煌。最近許多以 OEM 起家的臺灣公司，紛紛買下原來給其訂單的國外公司，使國內的公司能直接掌握國外市場的銷售。

直接投資最大的缺點在於公司所投下的大量資金都冒著很大的風險，如通貨凍結或貶值、市場銳減、財產遭受沒收等。但公司若要在地主國有效的拓展業務，有時也只有承擔這些風險一途。

伍、擬定行銷組合策略

在國外市場營運的公司必須決定如何使其行銷組合適應當地的環境。有些公司採取全球一致的標準化行銷組合(稱為全球行銷)，標準化的產品、廣告、配銷通路等可以使成本降至最低，因為這時候並不需要作任何重大的策略修正。例如，可口可樂的味道到處都是一樣；另外有些公司則採取區域性的行銷組合策略，針對不同地區的目標市場，修正其行銷組合要素，雖然這樣一來成本較高，但卻可以享有較高的市場佔有率與投資報酬。例如，箭牌口香糖在各國都推出不同的產品與廣告，在新加坡他們推出了有榴槤味道的口香糖。當然，在上述二種極端之間，還存有許多不同的折衷策略。例如，IBM 公司在全球各地銷售同樣的個人電腦，不過其廣告主題和促銷方式不一定完全相同。

以下我們將分別探討有關適應國外市場之產品、促銷、價格及配銷通路策略。

一、產品策略

在進入國外市場時，產品是否加以變化是一項重要的決策，產品變化決策會對公司的銷貨、成本和利潤造成直接的影響。一般而言，廠商可選擇下列三種策略之一：

第一種策略是「直接延伸」，即將公司的產品原封不動的在國外市場推出。

可口可樂公司就是以直接延伸的方式將其清涼飲料成功的銷遍世界各地，但也有某些廠商卻因此一敗塗地。通用食品公司曾將其標準粉狀 Jell-O 果凍引進英國市場，結果卻發現英國消費者所要的是片狀或塊狀的果凍。儘管如此，直接延伸仍是一種頗具吸引力的策略，因為這種方

式並不需要增加研究發展費用、重新調整生產設備或修正促銷方式。

　　第二種策略是「產品調適」，即適度的修改產品以配合當地的環境或需求。例如，通用食品公司也為中國、英國、法國及拉丁美洲的人分別調製了不同的咖啡，因為中國人喝咖啡要加糖，英國人喝咖啡要加牛奶，法國人喝咖啡不加牛奶，拉丁美洲人則喜歡咖啡中帶點莫茵的味道。

　　第三種策略是「產品創新」，即發展一些新的產品，以迎合國外市場的需要。例如，低度開發的國家常需要大量成本較低而蛋白質含量較高的食物。因此桂格公司已經著手研究這些國家的食品需求，發展新的合成食品，並擬定促銷方案，以爭取各國接受其產品。

　　此外，過去我國廠商在從事國際行銷時，較少採用自有品牌。經濟部國貿局為了提升國外顧客對於臺灣製產品（MIT）的印象，並鼓勵廠商建立優良的品牌形象，將在五年內編列三十億元經費，利用國際著名媒體及公關公司，積極提升產品國家形象，並且將廠商投資於建立優良品牌之費用，視為研究發展支出，准許作為投資抵減。

二、配銷通路策略

　　國際行銷的配銷通路在製造商與最終購買者之間通常可分為兩個主要的環節，如圖 20-3 所示。第一個環節是「國際間的通路」負責把產品送到海外市場；第二個環節是「當地國內的通路」，負責把產品交到最終使用者手上。

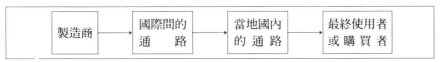

圖 20-3　國際行銷之整體通路觀念

㈠國際間的通路

國際間的通路是負責把產品送到海外市場的中間商，和國內市場的

中間商一樣，可分為代理商和經銷商。以下分別說明此類代理商和經銷商：

1.代理商

國際通路上的代理商具有下列共同特徵：⑴對產品並無所有權，⑵以佣金方式計算報酬，⑶在海外代表廠商接洽生意。

2.經銷商

國際通路上的經銷商購入各種產品，並轉售到國外去。其主要收益來自銷售產品所得的毛利。因此，其營業對象極不固定，只要有利可圖之產品都樂意購入，並不特別忠於特定的廠牌。

㈡當地國內之通路

各國國內採用的配銷通路常有很大的差異，各國所使用的中間商類型與數量顯然也不一致。寶鹼公司為了要把肥皂打入日本市場，只得透過日本那種全世界上最複雜的配銷體系：它必須先賣給雜貨批發商，再賣給地區批發商，再賣給各地的批發商，最後再賣給零售商。經過這麼多次的層層轉手之後，日本消費者所支付的價格可能高達最初進口價格的二倍或三倍。

三、 促銷策略

國際溝通的失敗，與不熟悉外國文化有密切關係。廣告之基本要素如象徵、訴求、插圖、佈局、文稿等之內容，應針對各國文化之特徵予以修正，俾能充分配合各國之國情。以下分別從訊息和媒體兩方面做進一步的分析。

㈠廣告訊息

國際行銷在製作廣告訊息時，應特別注意以下幾點：

1.象徵

由於各國的社會習俗、宗教及其他文化因素有差異存在，廣告主對

象徵之選用必須愼重，務使廣告訊息能表達廣告主所欲表達的意思。例如顏色在不同國家往往有不同的象徵。紫色在日本代表高尚，但在緬甸及某些拉丁美洲國家，紫色卻象徵死亡。

2.訴求方式

對視聽衆之訴求方式必須符合當地消費者的口味、慾望及態度。例如以「健康」作爲廣告訴求，在各國會產生不同的結果。例如，法國人對牙齒的保護不若美國人之重視，故在牙膏廣告，如以防止蛀牙來吸引消費者之注意，在兩國產生之效果即有顯著的差異。

3.插圖與佈局

廣告上的插圖與佈局比較不受文化背景的影響，這是由於各國對藝術作品之價值較有共同的認識，故以同樣的插圖及佈局的廣告應用於不同市場多能符合市場之實際需要。但亦有例外，例如在德國從事乳酪廣告，如在乳酪旁放置一杯啤酒，對德國人有極大的吸引力，但在法國則需要放置一杯紅酒，啤酒反而不適合了。

4.文稿

關於廣告上的標題及說明，如由一國文字直譯爲另一國文字，常發生譯文與原文意義不符之現象，有時甚至連產品的名稱也要更改才行。例如：通用公司雪佛蘭的「Nova」汽車譯成西班牙文之後，意思是「走不動」。

㈡媒體

在媒體方面，因應各地的環境尤屬必要，因爲各國可供使用的廣告媒體也有很大的差異。例如，德國的商業電視節目每天晚上大約只有一小時，行銷人員必須提前數月預購廣告檔期；瑞典根本就沒有商業性的電視節目。

此外，商展也是國際行銷中頗有效的一種促銷工具。商展可以介紹新產品、建立公司的聲譽、試銷新產品、聯絡顧客。

四、訂價策略

國際行銷的訂價策略須特別注意以下幾點：

㈠滲透訂價

製造商在國外市場若索取比國內市場還低、甚至低於成本的價格，即稱爲「傾銷」（dumping）。增你智公司就曾控告某些日本的電視機製造商在美國市場進行傾銷。如果美國海關發現這項傾銷屬實，就會另外再課以傾銷稅。

㈡差別定價

由於海外各國市場之競爭情況及環境因素有或多或少的差異，廠商乃得以相同產品不同價格供應不同市場。例如 IBM 曾將某些機型的微電腦，對遠東地區和歐洲地區採取不同的定價。

㈢控制轉售價

廠商爲了維持特定產品之市場需求於某一水準，它必須設法控制其末端價格，通常廠商係透過控制批發商及零售商轉售其產品之價格，以達到上述目的。

廠商對國外市場的轉售價之控制往往較國內鬆。但廠商仍希望在兩個市場間，其產品之價格不致相差太大，以免影響消費者對其產品之態度。

㈣外銷報價

在外銷報價方面，當廠商向國外客戶報價時，必須使雙方了解價格包括那些要素，買賣雙方費用負擔及所負責任。例如運費應由那方負擔即應在報價時說清楚。報價尚須指出以何種幣制爲計算單位，須列明信用條件（credit terms）及所需文件等。

㈤匯率變動與外銷定價

匯率變動的直接影響便是價格的上升或下跌（假定廠商尚未對價格

加以調整)，例如新臺幣對美元大幅升值，則以我國出口商之觀點而言，我國產品以美元計算之價格已經下跌，我國出口商的利潤將大爲減少，甚至出現所謂「流血輸出」之情勢；因此必須提高報價，以彌補美元貶值的損失，但提高報價後，往往因其他競爭國家，如韓國，對美元的匯率升值較少，較能維持原先之報價而使訂單大量流到這些競爭國家，此乃目前許多國家廠商所面臨的最大挑戰。

陸、設計行銷組織

各公司管理國際行銷活動所用的方法不太相同，其組織方式與該公司參與國際行銷的程度息息相關，可分爲出口部門、國際事業部門和多國性企業三種方式。

一、出口部門

許多公司開始走向國際行銷時往往成立一個出口部門，由一位外銷主管及若干助理人員負責整個出口業務。公司的海外業務若繼續擴張，出口部門也可增列各種行銷幕僚人員，俾能更積極的拓展業務。

二、國際事業部門

許多公司後來常會參與數種不同的國際行銷活動，諸如將產品外銷至某一國，授權另一國的廠商，也可能至第三國設立分公司，因此就會成立一個國際事業部門或子公司，專門負責公司所有的海外業務。國際事業部門通常設總裁一人，以決定營運的目標與預算，並全權負責該公司國外市場的拓展。

國際事業部門的營運單位可以根據地區，如北美、遠東等來編組，也可按產品類別來編組，但其總部的幕僚人員通常都包含行銷、製造、

研究發展、財務、企劃、人事等職能的專家，俾爲各營運單位提供必要
的支援與服務。

三、多國性企業

有些企業如歐洲利華集團(Unilever)早已突破國際事業部門的組
織方式，成爲一種眞正的多國性企業。這時他們已不再把自己視爲一個
向海外發展的單國性公司,而開始以行銷全世界爲己任。亦即公司的最高
決策階層與幕僚人員均以全球性的觀點,從事有關生產設備、行銷策略、
資金調度及配銷體系之規劃工作；其遍布全世界各地的營運單位直接向
公司的最高主管負責；他們從各國招募所需的管理人才，向價格最便宜
的國家購買零件、物料，並到預期可以獲致最大報酬的國家進行投資。

由於國際化的腳步日益加速，公司若想不斷的成長，勢必要走向多
國性企業。由於外國公司不斷的大舉侵入本國市場，國內的廠商逐也必
須積極的拓展那些最適合公司特性與能力之海外市場。把以一國家爲中
心的營運活動方式，蛻化成全球性的均衡營運，成爲以行銷全世界爲己
任的多國性企業。

柒、國際行銷之未來展望

國際經濟、政治等環境近年來都有了重大的變化，對國際行銷的未
來發展將產生重大的影響，綜合言之，國際行銷者在未來必須注意的重
要發展趨勢有以下幾項：

1.由美國獨霸，到日本與各新興工業國家群雄並起。

2.亞太地區中日本及開發中國家（臺灣、韓國、香港、東協國家和
中國大陸）之興起。

3.歐洲地區政治經濟之革命性變化，包括 1992 年歐洲單一市場、蘇

俄及東歐。

4.美國為主的許多國家貿易保護主義的再度興起。

5.各國之社會文化差異日漸變小，地球村的文化逐漸形成。

6.產業加速國際化，過去許多產業由地區化走向全國化，未來都將邁向國際化。

7.企業加速多國化，企業加強在海外的直接投資，以突破各國之貿易障礙。

8.國內行銷與國際行銷合而為一。

重要名詞與概念

市場多元化

關稅(tariff)

配額(quota)

禁運(embargo)

外匯管制(exchange control)

非關稅障礙(nontariff barriers)

關稅暨貿易總協定（簡稱 GATT）

歐洲經濟共同組織（簡稱 EEC）

相對貿易(counter trade)

出口外銷

聯合創業(joint venturing)

直接投資

傾銷(dumping)

國際事業部門

多國性企業

自我評量題目

1. 試說明國際行銷和國內行銷有那些不同之處？

2. 試列舉你所知道的例子，說明這些企業進行國際行銷的動機。

3. 試說明近年來我國企業在國際行銷上所面臨的各種貿易管制與障礙。

4. 試說明從事國際行銷時，在經濟環境、政治法律環境、文化環境和地理環境各方面應注意那些事情？

5. 某汽車零件製造公司原以內銷為主，現擬積極從事國際行銷，試說明該企業應如何選擇國外目標市場？

6. 試說明各種市場進入策略有何優劣之處？

7. 試以第 5 題之汽車零件製造公司為例，說明該公司在從事國際行銷時應如何調整其行銷組合策略？

8. 試比較各種國際行銷組織方式之優缺點，並說明其適用時機。

第二十一章　組織購買行為與工業行銷

單元目標

使學習者讀完本章後能

- 說明組織購買的意義及重要性

- 說明影響組織購買行為的主要因素

- 說明工業市場的各項特色

- 舉例說明工業購買決策之各個步驟

- 舉例說明如何區隔和分析工業目標市場

- 說明工業行銷組合之各種特性

摘要

組織市場的銷售金額和產品的項目比消費者市場大很多，組織市場包括工業市場、中間商市場、政府和機構市場三類。進行組織採購決策的單位稱為採購中心，採購中心包括使用者、影響者、採購者、決策者和控制者五種角色。影響組織購買者決策的因素有環境因素、組織因素、購買中心人際因素和採購人員個人因素四類。

工業市場和消費市場不同的特色有：購買者人數比較少、購買者規模較大、地區性集中、需要具引伸性、需要缺乏彈性、需要的波動較大、購買人員較為專業化、直接採購及相互購買關係等。工業購買決策包括確認問題、決定需求要項、決定產品規格、尋找供應商、徵求報價、選擇供應商、正式訂購及評估使用結果八個過程。

在區隔和分析工業目標市場時，可採以下步驟：1.確定那些產業使用公司的產品。2.了解重要產業之特徵及顧客家數。3.確定個別客戶的身份及特徵。4.評估區隔市場之購買潛能。

工業行銷組合的特性有：1.產品策略中，對售前和售後服務、技術協助等相當重視。2.配銷通路策略中工業行銷對交貨時間等實體配送作業更為重視，通常採用較短之行銷通路，但各類工業產品間有不少的差異。3.促銷策略中，較重視人員推銷，較不重視廣告，參加商展或舉辦各種銷售推廣活動，也頗為合適。訂價策略中，主要設備購買者對價格常較不敏感，而原料、零配件等則較敏感，較特別的訂價方式有議價和標價兩種方式。

組織購買者市場是相當廣大的市場，所銷售的產品包括原料、零件、主要設備、附屬設備、物料以及商業服務等等。以組織購買者為銷售對

象的公司，必須儘量暸解買方的需求、買方的資源以及採購程序，它要考慮到許多特別的因素，例如參與採購決策者人數較多，且可能有不同決策標準，而這些在消費者市場行銷時，通常是不必考慮的。

　　工業品行銷和消費品行銷有很大的差異，例如：把 PVC 等塑膠原料賣給塑膠加工業者，和把錄影機賣給消費者，所須注意之行銷環境及其行銷策略就有很大的差異。但是消費品行銷的許多行銷觀念和策略，仍可用來解決工業行銷的問題。當然，在應用時必須根據組織購買行為之特性，而加以修正。以下將依次探討組織購買行為之意義和重要性、影響組織購買行為之因素、工業購買行為之特性及決策步驟、如何選擇及分析工業目標市場以及工業行銷組合之特性。

壹、組織購買行為

一、組織購買的意義及重要性

　　Webster 與 Wind 將組織購買（organization buying）定義為「組織對產品與服務需求的認定、評估，並選擇品牌與供應商的決策過程。」

　　組織構成了一個很大的市場，事實上，工業市場的銷售金額和項目要比消費者市場大很多，圖 21-1 顯示製造和銷售一個皮包就需要一大堆的交易，PVC 原料生產者，把 PVC 賣給塑膠皮業者，塑膠皮業者把塑膠皮賣給皮包業者，皮包業者把皮包賣給批發商，批發商賣皮包給零售商，零售商最後賣給消費者。在生產鏈裏的每一成員都購買許多其他的產品和服務。我們很容易看出為何工業購買比消費者購買多得多——每一套消費者購買之前必須要有許多套工業購買。

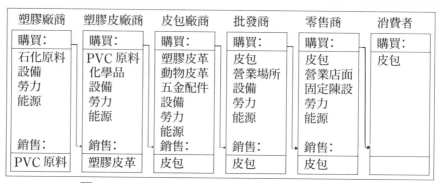

圖 21-1　產銷一個皮包所牽涉的組織購買行為

二、組織市場之類別

組織市場可分為三類：工業市場(industrial market)、中間商市場(reseller market)與政府及機構市場(government and institutional market)。

㈠工業市場

工業市場包括所有取得產品與服務，用來產製其他產品與服務，以供銷售、租賃或供應他人的個人及組織。工業市場包括各種行業：製造、建築、運輸、通訊、銀行、金融、保險、服務、農、林、漁、礦和公用事業。

㈡中間商市場

中間商市場包括那些將獲得的產品再行銷售或租賃，以獲取利潤的個人組織，它創造時間、地點及所有權效用。中間商購買產品以轉售，或者購買產品和服務以進行其作業。他們為其顧客扮演採購代理人的角色，購買形形色色的產品來轉售——事實上，除了少數由生產者直接賣給顧客的產品之外，所有的產品皆須由其經手。

㈢政府及機構市場

政府市場包括中央政府及各級地方政府的各有關機關。政府支出隨

著國民生產毛額的增加，有快速的成長。民國七十四年我國政府總共採購了 6,011 億元的產品及服務，而近二十年來政府支出佔國民生產毛額的比率則很平穩，一直都維持在四分之一上下，政府是全國最大的購買者。其中，中央政府的支出約佔 65%，而各級地方政府約佔 35%。美國由於州政府和其他各級地方政府的數目較多，支出型態和我國相反，聯邦政府的支出約佔 35%，各級地方政府約佔 65%。

政府購買商品與服務是爲達成公共目標。政府採購許多種商品，例如飛機、黑板、家具、衛生用品、衣物、消防車、汽車設備、燃料等等。

機構市場是由追求非企業目標的一些非營利組織所構成的市場。這些組織所追求的不是利潤、成長、市場佔有率或投資報酬等企業目標，而是服務群體成員或社會大衆的其他非企業目標。機構市場包括宗教團體、私立學校、醫院、慈善機構、基金會、公會及俱樂部等各種機構。這些機構每年都要購買大量的產品和服務，供信徒、學生、病人、受難者、會員或其他社會大衆使用。雖然這些機構所能利用的經費比前一種機構購買者來得少，但對許多生產者和中間商來說，仍然是一個相當大的市場。

三、組織購買過程的參與者

組織購買者的購買決策中有那些參與者呢？採購組織的大小隨著公司的組織而有不同，有的只有一個人或幾個人負責採購，有的卻有一個龐大的採購部門。採購人員的決策權也因公司而異，有些採購部門的主管對於產品的規格與供應商，享有絕對的決定權；有的卻只有決定供應商的權力；有的甚至只能聽上級命令發出訂單而已。通常採購人員對小產品有決策權，對大產品則是聽命行事。

Webster 和 Wind 稱組織採購決策單位爲「採購中心」（buying center），他們參與購買決策，負有共同的目標，並共同分擔決策的風險。

採購中心包括在購買決策過程裏，扮演下列五種角色之一的所有組織成員。

1.使用者：他們是組織裏將要使用這種產品或服務的人，在多數情況下，產品的購買常常由他們率先倡議，並且在規格的決定上，具有很大的影響力。

2.影響者；他們是組織內外能夠直接或間接影響購買決策的人。他們可以在產品規格以及各種可行方案上，提供意見，譬如技術人員就是一個重要的影響者。

3.採購者：他們是正式有資格選擇供應商及協商購買條件的人。採購者也可以決定產品規格，不過他們最主要的工作，還是上述兩項。在比較複雜的採購案件裏，常常必須要和組織的高階層人員參與協商。

4.決策者：他們是組織裏有權決定供應商的人。在例行採購作業中，採購者通常就是決策者，或者至少是最後的同意者。但是在採購較昂貴的設備時，組織的高層主管可能是最終決策者。

5.控制者：他們是組織裏負責控制採購資訊流程的人。例如：採購代表通常有權防止對方銷售人員與使用者或決策者碰面。其他的控制者譬如技術人員或秘書等等。

採購中心的大小與成員，隨著產品的種類而有所不同，例如：購買電腦時，參與的人員將會比決定購買迴紋針時來得多。組織行銷者必須了解：參與購買決策的主要是那些人？他們所能影響的決策有那些？他們之間相對影響力如何？他們決策的目標是什麼？

四、影響組織購買者購買決策的主要因素

Webster 和 Wind 把影響組織購買決策的因素分爲四大類：環境因素、組織因素、人際因素和個人因素。圖 21-2 說明這四個主要因素。

㈠環境因素

組織購買者深受公司經濟環境的影響，例如基本需要水準、資金成本、經濟展望等。當經濟不確定性提高時，許多公司將不再作廠房設備的新投資，並且降低庫存，因此組織行銷人員在這種情況下，很難刺激銷售。

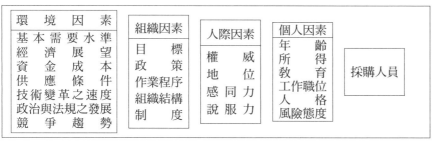

圖 21-2　影響組織購買行爲的主要因素

主要原料資源的缺乏是愈來愈重要的環境因素，一般公司都願意購存較多的稀有原料，通常會訂定長期契約，以保障供應的來源。裕隆、中鋼、中油等幾家大公司，都把「供給規畫」(supply planning)這項工作，當作是採購部門主管的主要職責。

組織購買者同時也受到技術、政治、競爭環境的影響，行銷人員應該隨時注意這些因素，瞭解它們如何影響購買者，盡力把問題轉變爲機會。

㈡組織因素

每個採購組織都各有各的目標、政策、作業程序、組織結構及制度，機構行銷人員應當儘量地了解各種採購組織。行銷人員應該了解的是：有多少人參與購買決策？他們是那些人？他們評判的標準是什麼？公司的政策與限制是什麼？

㈢人際因素

組織採購活動，常受正式組織以外的人際因素影響，採購中心通常包括各個階層、各種身份的參與者，他們的地位、權威、感同力或共鳴

感(empathy)、說服力各不相同，組織行銷人員如果能了解的話，將有助於行銷活動的推展，當然，事實上，組織行銷人員很難能了解這之間的全部奧秘。

㈣個人因素

每個參與購買決策的人，在作購買決策過程中，總免不了加入個人的動機、知覺和偏好因素，這些個人因素是受年齡、所得、教育程度、個人人格及風險態度等的影響，每個採購人員各有各的採購型態，例如，某些年齡較大、教育水準較高的採購人員，在選擇供應商之前，常作許多嚴格的分析。

組織行銷人員必須試著從各個角度去了解他們的顧客，根據各種環境、組織、人際及個人因素，採取不同的戰術。

貳、工業市場之特性與採購過程

一、工業市場的特色

工業市場與消費市場有一些顯著的不同點，分別說明如下：

㈠購買者人數較少

工業行銷人員應付的顧客人數通常比消費市場少。例如：臺灣製鹽廠所生產的鹽，在工業市場上，主要是賣給以鹽為生產原料、物料的廠商，如食品工廠……等，而在消費市場上則是賣給所有的家庭或消費者。消費市場上的購買者數目遠比工業市場多。

㈡購買規模較大

工業市場中縱然包括許多廠商，但是通常少數幾家廠商的購買量就佔了市場的一大部份。例如筆者在一項研究中發現洗衣粉和衛生紙這兩個行業，最大廠商的生產量佔整個市場總生產量的比例都接近½，而有

許多行業的前四大製造商生產量，佔總生產量的70%甚至80%以上。將原料或設備等工業產品賣給這些廠商時，會發現所必須面對的是規模很大的顧客。

㈢地區性集中

工業品市場集中於某些特別的工業區域，這就好比消費者市場集中在人口衆多的城市一樣。臺灣地區各種重要的製造業，主要集中在臺北、桃園、新竹、臺中、彰化、臺南、高雄等地區。例如：紡織工業主要集中在臺北縣、桃園縣、彰化縣和臺南縣等地。地區性集中的原因很多：縮短運送距離、直接供應顧客、便利原料的取得、生產工人與技術人員的容易聘請都是重要的因素。

㈣需要具引伸性

工業品的需要是由消費品引伸來的，例如購買皮革的目的，是因消費者購買皮鞋、皮包及其他皮製品，如果消費市場不景氣，那麼工業市場也會隨著不景氣。

㈤需要缺乏彈性

許多工業產品之總需要價格彈性並不大，也就是價格的變動不太影響其總需要量。例如皮包製造廠不會因塑膠皮價格下跌而增加購買，除非1.塑膠皮佔皮包製造成本的很大部分，2.皮包打算大幅降價，3.皮包銷售量將大量增加；皮包製造商也不會因為塑膠皮價格上升而減少購買量，除非1.他們可以改變生產方式，減少每個皮包使用塑膠皮的數量，2.發現更便宜的皮革代替品。至於佔總成本甚小之工業品，更是缺乏彈性，例如皮包扣子，價格即使上漲，其需要量也不會有多大變化，不過生產者在決定供應商時仍然會考慮價格的因素。

㈥需要的波動性較大

工業品的需要比消費者的需要變動較大，新廠房設備尤其是如此。當消費者的需要增加時，新廠房設備的需要增加得更快，此種現象經濟

學家稱爲加速原理。有時候，消費品需要的變動只有 10%，可是引發工業品下期需要的變動幅度可能高達 200%，由於工業品具有這種現象，使得工業行銷人員力求產品多角化，以降低在商業循環中營業額的變化幅度。

㈦購買人員較爲專業化

工業品的採購通常由受過採購專業訓練的人員負責，他們的工作目標就是如何把採購做得更好。工業品採購作業愈複雜，則參與採購決策的人愈多。在採購重要商品時，如煉油廠設備採購委員會是最常見的方式，它是由技術人員及高層管理人員所組成，這也就是說，工業行銷人員爲了應付這批受過訓練的採購人員，也必須具有良好的產品銷售知識。

㈧直接採購

工業產品的購買者多直接向生產者購買，而不向中間商購買，這對於較昂貴或技術較複雜的產品（例如飛機、核能電廠等）尤其是如此。

㈨相互購買關係

工業品購買者常常要求所選擇的供應商向他購買一些商品，成爲本身的客戶。例如 A 製紙工廠所需化學原料若大多向 B 化學工廠購買，往往也會要求 B 化學工廠在需要紙時向 A 製紙工廠購買。

二、工業購買者的購買決策過程

羅賓遜(Robinson)等人將工業購買過程分成八個階段。在初次購買某種產品的情境下，可能必須經歷這八個階段，重複購買時則不一定完全經歷每一階段，這八個購買階段是：確認問題、決定需求要項、決定產品規格、尋求供應商、徵求報價、選擇供應商、正式訂購及評估使用結果，以下說明每一階段。

㈠確認問題

當公司內部有人發現某產品或服務，可解決某個問題或符合某種需

要時，就是購買過程的開始。確認問題可能是由公司的外部或內部的刺激而生。公司作業中常產生許多內部刺激，例如：公司決定生產一種新產品，必須採購新設備及原料，或者機器故障、機器需換新或者購買新的零件。

外部來的刺激也很多，例如採購人員很可能在一個展覽會上得到某些新的觀念，或者看到某種新機器的廣告，因此工業行銷人員不能呆坐在公司裏等著生意上門，他們應該幫助採購人員確認問題，只要一有好的產品推出，就要舉辦各種促銷廣告活動，主動拜訪客戶。

㈡決定需求要項

一旦決定確實有需要採購，接下來就是決定產品的特性與數量。對標準化的產品而言，這不是大問題，但是對於複雜的產品，採購人員就非與內部人員（如工程師、使用人員等）商量不可。他們必須評估產品的耐久性、可靠性、價格以及其他屬性之重要性。

在此階段，賣方可以提供很多的協助，因為買方往往不瞭解各種產品特點之價值何在，積極的行銷人員可以提供適用的資訊幫助買方決定公司的需求。

㈢決定產品規格

接著公司要決定產品之技術規格、詳細的產品規格說明，例如塑膠成型機器的射出量、閉模力等，將可幫助採購人員避免去購買不合乎標準的產品，供應商也可藉此向買方分析產品的優點，以爭取顧客的惠顧。

㈣尋求供應商

採購人員為了尋求適當的供應商，可以查工商名錄、電腦資料，或者徵詢其他公司的意見，然後剔除一些品質規格不符、服務能力或態度不好、無法足量供應、交貨不準時或信譽不好的供應商，就是一張夠資格的供應商名單。供應商必須將自己的資料列在主要的工商名錄上，並在市場上建立良好的聲譽，才可能有被選中的機會。

㈤徵求報價

一旦找定幾名供應商以後，必須儘快請他們發出報價單，有些供應商可能只是寄型錄，或者派銷售代表前來推銷訪問，但是對於複雜且昂貴的產品項目，買方就必須要求詳細的計畫書，並從中挑選幾家作簡報，以進一步評估。這也就是說工業行銷者必須善於撰寫計畫書及做口頭簡報，讓買方知道公司具有與眾不同的能力與資源，能滿足買方的需要。

㈥選擇供應商

這個階段採購中心的成員將依幾個條件決定供應的來源，他們考慮的不僅僅是產品的品質，尚且考慮交貨時間及其他服務等。

買方通常會挑選幾家價格和其他條件較佳的供應商,與其協商議價,最後可能會選定一家或幾家。許多買方喜歡保持多方面的供應來源，一則避免全然依賴一家供應商，萬一這家供應商出了差錯，後果堪慮；二則可以在價格、產品性能方面有所比較。

㈦正式訂購

買方決定供應商以後，必須發訂購單給供應商，說明所需產品的規格、數量、希望送貨時間、退貨條件、產品保證等。

㈧評估使用結果

在此階段，採購單位會評估向某供應商採購之結果。採購單位會與使用單位聯繫，請他們依滿意程度予以評分，所得之結論將影響到公司與現有供應商的關係是否繼續、修正或停止。賣方也必須注意到買方評估績效的各項變數，以確認顧客能得到預期的滿足。

叁、選擇與分析工業目標市場

工業行銷者對其潛在客戶所能掌握的資訊，遠比消費者市場還多，例如從政府和產業公會的各種出版品中就可獲得許多有用的資訊。行銷

者可以利用這些資訊來區隔和分析目標市場。在區隔和分析工業目標市場時，可採取下述的步驟來進行。

一、確定那些產業使用公司的產品

利用投入產出分析(input-output analysis)可以發現那些產業可能使用本公司的產品，除了目前的客戶之外，那些潛在客戶有待開發？那個行業是最主要的客戶？市場是集中或者分散？

二、了解重要產業之特徵及顧客家數

下一步必須找出重要的購用產業之標準工業分類號碼(Standard Industrial Classification Code，簡稱 SIC code)，或者中華民國商品分類號碼(C.C.C.code)，以便利用此分類號碼從許多政府刊物和民間機構的出版品中，尋找購買量較大的一些產業之特徵，例如產業的生產量(值)、廠家數、員工人數、生產的產品中出口的比率、購用的產品中進口的比率、每年成長率、主要的生產地區等。

SIC 或 C.C.C.分類號碼可作為區隔工業市場的一項利器，如果再配合其他資料，行銷者就可了解公司可以接觸到那些類型的客戶，以及各種客戶的家數，甚至可了解這些廠家在全國各地區的分佈情形。

三、確定個別客戶的身份及其特徵

在了解重要的購用產業後，進一步從工商名錄或其他統計資料找出每一廠家的地址、電話、負責人姓名、公司營業額、員工人數等詳細資料，以便於進行銷售。若經費較寬時，也可利用中華徵信所或其他專業的行銷研究公司，來蒐集有關使用廠商的詳細資料，對工業客戶愈了解，推銷成功的希望就愈大。

四、評估區隔市場之購買潛能

利用矩陣模式來評估公司每一項產品，在每一行業中的銷售情形和發展潛力，進一步擬定行銷計劃。

例如：表21-1即表示塑膠射出成型機這項產品,在塑膠餐具產品的區隔中之銷售成績和潛力。縱坐標指出全產業銷售額、公司銷售額和公司市場佔有率。橫坐標表示過去的市場、最近的市場、未來潛在的市場和趨勢。

表 21-1　塑膠射出成型機在塑膠餐具業之區隔分析

射 出 成 型 機		塑膠餐具業市場			
		過去市場銷 售額(1990)	最近市場銷 售額(1992)	未來市場銷 售額(1994)	趨勢
	產 業 銷 售 額	80,000,000	140,000,000	240,000,000	上升
	公 司 銷 售 額	20,000,000	34,000,000	57,600,000	上升
	公司市場佔有率	25%	24.29%	24.00%	下降

從表21-1中看出過去1990年公司在塑膠餐具業市場的射出成型機銷售額為20,000,000元，而產業銷售額為80,000,000元，市場佔有率25%，到1992年為止，產業的銷售量已增加了75%，而公司的銷售量則增加70%，市場佔有率略為降低。

從表21-1中可看出未來塑膠餐具業市場的展望仍很光明,但行銷的努力仍可進一步加強。此時，可進一步分析其行銷組合，重新調整預算的分配（包括錢、人員、時間等），以改善其績效。

肆、工業品行銷組合之特性

在選擇和分析目標市場之後，工業行銷者接著就須創造一套行銷組合，來滿足目標市場之顧客。擬定工業市場之行銷策略時，消費市場行

銷的大部分概念和方法仍可適用，在此僅針對工業行銷組合有別於消費品行銷組合的一些特性，分別就產品、通路、促銷和定價四種行銷組合策略加以探討。

一、產品策略

根據優達爾(Udell)對334家工業品、52家耐久性消費品、87家非耐久性消費品製造商進行調查，結果發現各種產品策略元素在工業品和消費品的相對重要性有很大的不同，其特徵有：售前及售後服務有顯著的重要性，因工業客戶需要很多技術上的協助；式樣的研究發展較不重要，因購買者較不重視外觀。較重視技術的研究發展，以使產品的技術規格能完全合乎顧客的需要；而對市場研究則較不重視。例如臺灣全錄公司爲了加強對客戶的服務，特別設立了一個七人服務小組來強化其對客戶的服務。奇美公司有專業的技術人員，協助使用其塑膠原料的廠商，解決生產上的問題。

作者在民國76年對塑膠機械的調查中也發現技術和服務是重要的選購標準，例如塑膠機械公司在把塑膠機械賣給塑膠加工廠時，必須先了解此加工廠所製造的產品、所用的原料、所用的模具等各方面的特性，而後建議其塑膠機械所需的規格。若需變更規格和設計時，技術人員就必須設法達成客戶的要求。產品製造完成後，尚需爲客戶安裝、試車、教導客戶正確的操作和維護方法，並提供完善的售後服務。

由於工業品在銷售時，往往需要在售前提供技術協助，確定產品規格，並且提供各種售後服務，因此很少採用自助式的銷售方法，包裝也就不太需要具有促銷產品的功能，包裝的重點是在於保護產品。

二、定價策略

工業市場的購買者，特別是在採購原料、物料或零配件時，對價格

往往較為敏感，對主要設備的價格則較不敏感，但他們並非全然追求最低的價格，而是希望「物值所費」。行銷者應強調成本和利益的比較，例如惠普公司常強調其產品雖然價格稍貴，但所增加的效益遠勝於此。

工業行銷中比較特別的定價方式有二種型態：即標價與議價。標價的程序大概如下：首先由工業客戶的採購部門郵寄或公告採購貨品之規格與所需數量，詳細說明該貨品的材料、尺寸大小、品質、信賴度以及包裝、裝箱條件等，工業行銷者應詳細考慮自己是否能符合及喜歡這些條件，然後投寄標單，通常是由最低價者得標。但也有例外，例如聲譽特別好的供應商或產品品質特別優異的行銷者，也可能以略高的價格得標。降低價格，通常可提高得標機率，但也會降低利潤，行銷者在決定標價時，應綜合考慮到這兩項因素。

至於議價的採購方式，通常由採購單位直接依專案內容及其條件與一家供應商協商訂立契約。此種方式多用於較複雜的專案採購。例如興建一個新的核能電廠。這些專案採購大多需要花行銷者大筆研究發展費用，同時需要承擔風險，所以價格必須先行議定，有時則因缺乏有力的競爭對手，故採議價。

三、配銷通路策略

由於延誤交貨時間，或產品運送中的損壞，常會影響客戶的生產作業，造成嚴重的損失，工業生產者對實體分配作業的重視程度，往往比消費品還高。

由於需要大量的售前和售後服務、體積笨重、價格昂貴等各種因素的影響，工業產品的配銷通路通常比消費品短，有一半以上的工業生產者皆由自己配銷給使用廠家，配銷方式的選擇往往因產品的類別而異。通常原料之體積大、單位價值低，且生產者和工業用戶不在同一地區，因此運輸是一項重要的考慮因素。這些因素促使原料採用短的行銷通路

及最少之實物搬運。通常生產者直接行銷至工業用戶，最多只使用一個中間商而已。

　　機器等主要設備通常也都不透過中間商，行銷通路直接由生產者到工業用戶。此乃因爲單位銷售額很大，產品通常需訂定詳盡的規格。交易完成以前常有一段長時期的談判磋商，並且需要很多售前、售後的服務。

四、促銷策略

　　工業行銷和消費品行銷在促銷組合的應用上有很大的差異。工業行銷對人員推銷的重視程度，要比消費市場高。對廣告的重視程度則相反。作者在對鋼鐵機械產品的調查中發現，購買廠家最主要的情報來源爲推銷人員的示範說明，推銷員在促成購買決策的功效上，優於其他促銷方法。此外，我國鋼鐵機械工業業者的促銷方式，也以人員促銷爲主，人員推銷在我國鋼鐵機械產品行銷中，誠爲最重要的溝通和促銷方式。張志丞對工具機的調查中也有類似的發現。

　　工業行銷常需採取團隊銷售服務的策略，尤其是在客戶的採購群體，由多人組成時，公司可派出階級職位和採購成員相當的一群人，以一對一的方式進行勸購。另一種團隊銷售的方式，是在一個銷售團隊中，有人專門負責開發新客戶，有人負責維持這些客戶，分工的結果將使整個群體的銷售績效大增。

　　廣告在工業行銷中雖然較不受重視，但仍可用來提高客戶對公司的了解，說明產品的特徵和優點，提高推銷人員的效率，降低推銷的成本。工業行銷所採用的廣告媒體也有別於消費品行銷。較少採用廣播電視等大眾視聽媒體，較常採用印刷媒體，特別是專業性的報紙、雜誌，以及郵寄廣告信。

　　工業行銷也可廣泛使用各種銷售推廣活動，例如舉辦電腦與人腦象

棋比賽等競賽活動、折扣活動、特殊的廣告贈品等。

商展是工業行銷最重要的一項銷售推廣活動，近年來資訊業和機械業每年都在國內舉辦大型展覽，成果都很不錯。如外貿協會每年都舉辦許多專業產品展，吸引很多購買廠商去參觀選購。

此外，我國許多工業行銷者常不太能重視公共報導和公共關係。有些公司例如宏碁電腦公司則常利用各種媒體，來免費報導對公司有利的各種訊息，改善公共關係贏得顧客和公眾對公司的支持。

重要名詞與概念

組織購買	區隔工業市場
工業行銷	中華民國商品分類號碼
採購中心	工業行銷組合
工業市場	議價
中間商市場	標價
政府和機構市場	
直接採購	
相互購買	
影響組織購買決策之因素	

自我評量題目

1. 試舉一個例子說明組織市場的銷售金額和產品項目爲何比消費市場多。

2. 何謂採購中心？在紡織機械的購買決策中，可能包括那些成員？

3. 組織市場包括那些類別？其重要性如何？

4. 影響組織購買決策的因素有那些？試詳論之。

5. 工業市場和消費品市場有何不同之處？

6. 公司採購電腦的購買決策包括那些步驟？

7. 某公司發明了一種可自行分解、不污染環境的塑膠原料，請問該公司應如何區隔和分析目標市場？

8. 試說明第 7 題中的公司，在擬定行銷組合策略時，應特別注意那些地方？

第二十二章　服務行銷與非營利行銷

單元目標

使學習者讀完本章後能

- 說明服務的意義及其特性

- 說明服務行銷策略之特性

- 區別營利行銷與非營利行銷的差異

- 瞭解如何發展非營利組織的行銷策略

- 舉出非營利行銷的實例

摘要

服務係指無形的活動或利益，使用者在接受服務後，並未產生任何所有權的移轉，服務的提供也不一定要附屬於實體產品。服務具有無形性、不可儲存性、不可分離性和不穩定性四個與實體產品截然不同的特性。

服務的行銷策略須特別注意下列做法：

在產品策略方面包括：1.服務品質標準化。2.提供週邊服務，提高服務的附加價值。3.利用保證，減少顧客的知覺風險。4.控制服務的供給，平衡供需。在定價策略方面包括：1.讓顧客了解服務的價值。2.採用差別定價，轉移部分尖峰時間的需求。在配銷通路策略方面包括：1.利用代理商或通路媒介，以便利顧客。2.增加配銷地點或慎選地點，以便利顧客。3.建立訂位制度以分散顧客需求的時間。在促銷策略方面包括：1.將無形的服務有形化。2.促銷活動中，以有形的物體象徵無形的服務。3.促銷的訴求重點強調服務提供者，而非服務本身。4.以試用提高顧客對服務的了解，降低知覺風險。

非營利機構之行銷活動與營利機構之行銷活動有下列不同之處：1.顧客群體較紛歧，有顧客大眾、支持大眾及一般大眾三類。2.行銷任務較複雜，要吸收資源、分配資源，還得說服一般大眾。3.目標和績效標準較紛歧。4.具有服務業之特性。

非營利機構必須對顧客和捐助者兩種目標市場進行分析，並且將每一種目標市場進行市場區隔，而後選定目標市場來設計其行銷組合。

非營利機構的產品常包括一些無形的因素，如個人的滿足、歸屬感等。非營利機構定價時，須同時考慮貨幣因素和非貨幣因素。非營利行銷更須重視配銷通路的密度和零售地點的選擇。非營利機構可運用各種

促銷組合，廣告和公共報導適合向許多捐獻者籌集小額捐款，並告知此機構所提供之服務；人員推銷則適合向少數人籌集較大金額之捐款。

　　許多非營利機構主要在提供某些服務，無形的服務和有形的產品在行銷上有許多不同的地方，本章將先探討服務和服務行銷的特性，而後再說明非營利行銷之特色及行銷策略之重點。

壹、服務行銷

一、服務的定義

　　服務係指無形的活動或利益，使用者在接受服務後，並未產生任何所有權的移轉，服務的提供也不一定要附屬於實體產品。

　　因此，行銷研究公司、管理顧問公司、美容院、補習班、航空公司、汽車修理公司、租車公司、銀行、旅行社、旅館、戲院、洗衣店、房地產經紀商、保險公司等都是提供服務的行業。

二、服務之特性

　　服務和有形的產品，在許多方面有顯著的差異。這些差異使得服務的行銷策略不能完全參照有形商品的行銷策略，而須依照這些特性加以調整。以下說明服務的一些重要特性：

㈠無形性

　　服務本身並非一種有形的產品，亦即在購買之前，服務是看不見、嘗不出、摸不到、聽不見、也聞不到的。例如病人在接受心臟外科手術前，並不能預知其服務的內容與價值。在這種情況之下，服務的購買者便要對其提供者具有很大的信心才行。

㈡不可分離

服務常與其提供的來源牢不可分，提供服務的無論是人員或機器，提供服務之際都非在場不可。換言之，服務的提供與消費係同時發生，這與貨品不管其生產來源是否在場都能存在的特性顯然不同。就拿鄧麗君的慈善義演來說，這項娛樂的價值本與其演唱者牢不可分，司儀若告訴現場的聽眾，由於鄧麗君身體不適，請鳳飛飛來代替，對聽眾來說這就變成另一種不同的服務了。由於此種不可分離的特性，非營利機構所提供的服務量受到很大的限制。

㈢不穩定

同樣的一種服務由於其提供者與服務時間、地點的不同，而有很大的差別。名醫巴納德(Baranard)所作的心臟移植手術通常要比剛從學校畢業的醫學博士來得高明，而且巴納德本人的服務水準也會受他在動手術時的體力與精神好壞所影響。服務的購買者亦深知此一變幻莫測的特性，遂常與他人交換有關的意見，並儘量選擇最好的服務來源，以減少風險。

㈣不可儲存

服務本身並不能儲存。許多醫生之所以照樣向失約的病人收取診斷費，是因為在等候病人接受診斷的那段時間，其服務的價值無法保留，病人不到，服務的價值就消逝了。在需求比較穩定的時候，服務的這種不能儲存的特性並不會造成什麼問題，因為事先增減服務的供給總是比較容易；但需求若起伏很大，服務機構就比較頭痛了。例如，鐵路局為了應付尖峰時間的乘客需要，只好經常維持比平時所需多出甚多的火車。

三、服務行銷策略之特性

由於服務具有上述各種特性，因此有形產品的行銷策略，無法完全適用於服務，服務的行銷策略具有下列特性：

㈠產品策略

服務業在產品策略方面須加強下列幾點：

1.服務品質標準化：雖然服務的品質較不穩定，但仍可利用一些方法使服務品質儘量標準化，提高服務品質的穩定性。例如，銀行以自動櫃員機代替出納員，洗車業以自動洗車設備代替人力洗車，不過以機器代替人力雖可使服務品質更趨標準化，但是許多顧客仍偏愛服務過程中的人際互動關係，服務業必須注意顧客的反應，隨時調整其服務。

2.提供週邊服務，提高服務的附加價值：週邊服務是輔助基本服務的一些附屬性服務。例如：醫院提供給病人的基本服務是預防及治療疾病，但是其他一些服務或設施，如停車場、書報雜誌（讓等候看病的人看）、餐飲、洗衣等，也相當重要。

3.利用保證減少顧客的知覺風險：適當的保證可減少顧客對服務所感受的風險。例如，補習班提供「考上再付學費」的保證，美容師同意顧客不滿意其化粧時，可免費修改至滿意為止。

4.控制服務的供給，平衡供需：由於服務無法儲存，故供需的平衡十分重要，服務業可採用各種方式控制服務的供給。例如銀行訓練每一櫃員熟悉各種服務，以備某項服務需求過高時，可以及時提供服務。亦可讓消費者參與服務的過程(例如，自助洗衣，請病患自行填寫病歷等)，以減輕尖峰時段對服務的需求壓力。

服務業也可與其他服務提供者建立聯合服務制度，例如，幾家醫院可彼此協定共同使用昂貴的診療設備，如電腦斷層掃描機器；建立家庭醫師，初級醫院和中心醫院的轉診制度等。

㈡定價策略

服務業的定價策略須注意下列兩點：

1.讓顧客了解服務的價值：由於服務是無形的，對於某些服務，消費者往往不容易了解服務的價值。例如，一個水電工人不到 20 分鐘就把

水籠頭修好了，顧客可能會覺得他索取的 200 元修理費太貴了。這時，服務提供者必有要向顧客說明服務的功能（例如，服務所耗用的時間、學習技藝的困難度等）以及訂價的標準。有些服務業常根據公會訂定的收費標準來收費，就比較容易讓顧客接受其價格。

2.採用差別定價，轉移部份尖峰時間的需求：例如，長途電話費率在夜間減價優待，可鼓勵民眾多在夜間打電話。旅館在旅遊旺季時提高房租，在淡季時以較大的價格折扣，以轉移顧客之需求。

㈢配銷通路策略

服務業的配銷通路策略須特別注意以下三點：

1.利用代理商或通路媒介，以便利顧客：由於服務具不能儲存性和不可分離性，服務的配銷通路通常比一般商品來得短，但服務業仍可利用一些代理商或其他通路媒介,提供部份的銷售或服務功能以便利顧客，例如航空公司透過旅行社代售機票。

2.增加配銷地點或慎選地點,以便利顧客：由於服務的不可分離性，顧客對服務地點的便利更為重視。對於某些服務如銀行、理髮店，顧客可能會以地點是否便利，當作選擇服務機構的主要因素。因此，許多服務業者經常開設分店或連鎖店，甚至在其他零售企業設立服務處或提供服務設施，如銀行在百貨公司或購物中心設置自動櫃員機。

3.建立訂位制度以分散顧客需求的時間：例如，航空公司、旅館、醫院常以訂位或預約方式預售服務，以便有效掌握需求量。

㈣促銷策略

由於服務的無形性，因此服務在促銷時，雖然可強調服務所能提供的利益，但是這種利益，消費者常無法立即體會得到。因此，服務促銷比產品促銷來得更不容易。一般而言，服務提供者可以透過下列方式來促銷服務：

1.將無形的服務有形化：例如美容師或髮型設計師以圖片或電腦顯

像，來說明顧客化粧後或燙髮後的模樣。

2.促銷活動中，以有形的物體象徵無形的服務：例如，新光人壽保險公司以大雨傘象徵 500 萬人壽保險的安全保障，以傳達公司所提供的利益。

3.促銷的訴求重點強調服務提供者，而非服務本身：服務提供者(如醫師、髮型設計師等) 比服務本身 (醫療、髮型設計) 更具體化。由於服務提供者的技能往往決定了服務品質，因此，服務促銷通常比較強調服務提供者的技術或能力。

4.利用試用，提高顧客對服務的了解，降低知覺風險：由於服務的無形性，顧客知覺風險較高，若能讓顧客先免費或低價接受部份或全部服務，則可降低顧客之風險，例如美容師免費幫顧客擦唇膏，補習班免費試聽。

貳、非營利行銷

隨著社會的發展，非營利機構也日益增加，除了像學校、醫院、宗教團體和慈善事業外，諸如俱樂部、職業團體、學術文化團體等也都是非營利機構。這些機構儘管不以營利為目的，但其和服務對象之間，仍然具有交換關係。例如教會提供信徒們心靈上的寄託和安慰，解除精神上的迷惘，並安排各種社會性活動，以滿足後者社會及心理上的需要。但是，在另一方面，信徒們也需要付出其時間、精神以及金錢上的支持，給予宗教組織。

事實上，這類非營利事業的交換——或行銷——對象不只限於直接服務或受益之人群，由於這類事業之生存，常有賴社會人士或機構——如基金會或政府——之支持，使其與後者之間，也存在有某種交換關係。非營利機構為了保持及爭取必要的支持，也為了吸引顧客接受其服務，

必須注重行銷活動，以促成上述之交換關係。

一、分析和選擇目標市場

　　非營利事業之目標市場爲何？自然隨事業本身性質而異。譬如以一所大學之目標市場而言，可能是具有某些特徵之高中畢業生、大學畢業生、成年人、在職人員或目前之中小學敎師。但是也可能是所擬延攬之某方面學者、專家或技術人員。可是，一所大學極需獲得校友、當地社區及有關政府部門的支持，則這些機構或個人，也可視爲其目標市場。因此，在此意義下的目標市場，遠較傳統意義下者廣泛而複雜得多。

　　由於顧客的紛歧，非營利機構對目標市場的偏好比較難以掌握。各種類型的非營利機構往往會有不同的顧客大衆和支持大衆。非營利機構必須對顧客和捐助者兩種目標市場進行分析，並且將每一種目標市場進行市場區隔，而後選定目標市場來設計其行銷組合。非營利機構籌集資源的第一步工作是將捐贈者「市場」進行分析，而後將市場區隔爲若干同質的群體，從中選出潛力較大，而且該機構較有能力獲得其捐贈的顧客群體，並決定何種訴求或「產品」定位最能吸引該「區隔市場」。

　　對於接受非營利機構產品或服務的顧客，目標市場也同樣必須經過分析和選擇的過程，例如我國的青年自強活動，若要使青年自強活動能夠滿足青年和家長的需要，就先必須要進行市場分析，徹底了解自強活動所要服務的對象，包括：

　　1.他們是那些人或那些家庭？他們的類型和組成爲何？這些顧客數量有多少？

　　2.他們想要參加何種類型的自強活動？

　　3.他們參加自強活動的動機和目的爲何？

　　4.誰首先想要參加自強活動？（青年本身、同學、家人或親友？）誰影響他們的決定？誰是最後決定者？

5.他們要在什麼時間來參加？

6.他們對青年自強活動的了解程度如何？是否已經參加過青年自強活動？

7.他們對自強活動的印象或評價怎樣？

主辦單位必須利用各種管道，如輿情反應、意見調查、民眾或青年集會、平常接觸……等各種方式，來了解青年和家長的需要，而後利用這些資訊，選擇所要服務的目標市場，並配合目標市場的需求和購買行為來設計行銷組合策略。

二、發展行銷組合策略

非營利機構在確定顧客和捐贈者的目標市場後，接著必須針對其目標市場，發展行銷組合策略。由於顧客的類型不同，各種類型的非營利機構，所採用的行銷組合也往往有很大的差異。表22-1為對某一城市的非營利機構所做的調查。結果，從表中可看出，醫療事業，由於道德上和法律上對廣告促銷限制比較多，故較少採用促銷策略。

表 22-1　非營利機構對行銷組合使用之評估

非營利機構之類型	應用程度			
	產　品	配　銷	定　價	促　銷
醫療機構	高	中—高	低—中	低—中
教育機構	高	中	低—中	高
政治組織	高	中	低—中	高
文化機構	中	低—中	高	中—高
文化服務代理組織	中—高	高	低	低—中
專業組織	高	低	中	低—中
宗教組織	高	中	中—低	低
人類服務組織	高	低—中	低	中—高

資料來源：Philip D. Cooper and George E. McIlvain, "Factors Influencing Marketing's Ability to Assist Non-Profit Organizations,"。

以下將分別說明非營利機構所採取的各項行銷組合策略。

三、 產品策略

非營利機構必須有兩組產品政策,一組針對捐贈者,一組針對其顧客大眾。非營利組織的產品定義可能比營利機構更為重要,因為非營利組織的產品可能比營利機構的產品和服務更不可捉摸。就更廣的定義來說,非營利機構的產品包括了一些無形的因素,像個人的滿足、榮耀、歸屬感以及內心溫暖的感覺。

如果非營利機構的使命雖然非常明確,但是完成使命的方法卻有很多種,則其產品政策將較為複雜。例如防癌協會就可以由很多方向來對抗癌症,如贊助醫學研究、臨床治療、向大眾宣傳和與立法機關協調等等。此外,防癌協會還要分配不同癌症的優先次序以及國內不同地域的優先次序,它也必須決定到底要強調預防、身體檢查或治療。

很明顯的,產品組合的決策就是資源分配的決策。機構要將有限的資源分配到各種不同的活動,但是要估計目前產品的實際利益是很困難的,估計未來產品的利益也很困難,如果還涉及不同群體的顧客時,估計利益的問題將更為困難。

許多非營利機構也認為以更具體的產品來支持他們的無形產品是重要的,即使這些具體的產品只是象徵性的禮物。例如國外某一慈善機構只要捐贈一定金額以上,就回贈母親節賀卡,賀卡寄送的對象由捐獻者指定。捐獻者當然知道為獲得禮物的最低捐贈額,一定超過禮物的實際貨幣價值,但是具體的禮物卻會使交易更吸引人。

四、 定價策略

定價使非營利機構的資源分配和吸收資源連接在一起。公司訂定一個超過其產品或服務成本的價格,因此能夠吸收比它所花費的成本更多的資金,創造了利潤而維持了公司的生存。

　　正如前面所說的，許多非營利組織也向其顧客收取服務費，其中有一部份的機構，像消費者合作社，收取的費用相當於所需成本，這種機構在損益平衡點下繼續經營，它不必再向顧客以外的人士募捐。

　　如果非營利機構是採自給自足的經營方式，只有一類顧客，則它就很類似利潤導向的公司，因此它可以應用傳統的觀念和技巧來定價。然而，那些受使用限制不能採自給自足式經營方式的非營利機構則必須同時面對兩類「顧客」——捐贈者和顧客，它的定價須考慮兩類因素：

　　一個考慮是貨幣因素。正如我們前面所看到的，音樂會和博物館都要入場券，醫院要有醫療費、住院費，大學要收取學費。

　　但是價格也包括非貨幣的部分。因此它可包括很多比金錢更個人化的因素，像時間、努力、愛、權力、地位、榮耀、友誼或各種機會成本等等。例如參加戒酒機構的代價就很高，其中包括不喝酒的承諾，以及暴露個人酗酒問題的危險。美國有一家戒毒中心，不但期望其顧客戒除藥物，還希望他們能貢獻時間和努力來維護和支持該中心，這些都可算是價格的一部份。

五、配銷通路策略

　　前面說過非營利事業具有服務業的重要特性，其中的不可分離性和易消逝性，對非營利事業的配銷通路策略具有很大的影響。

　　由於提供服務者和接受服務者，必須在同一時間出現在同一地點。配銷通路的密度和零售地點的選擇就顯得格外重要了。配銷通路愈密，零售地點愈便利，接受服務的顧客也會愈踴躍。

　　就醫院而言，醫院所提供之服務，必須給予病患以最大可能之便利。雖然這種服務不能像商品一樣，經由批發、零售到達市場，但就診所位置、停車便利、開放時間及掛號方式、建築設計與佈置等等，仍可加以改進，以節省病患及其家屬所費之時間及精力（最近捐血協會和遠東百

貨公司合作，在全省十家舉辦捐血活動）

　　如果非營利機構無法增加服務地點，或者選擇較便利的服務地點，就必須在實體分配作業上加強服務。例如佛光山對於欲前往拜佛的信徒，也提供便捷的遊覽車。此外，如果某些非營利機構的顧客需求集中在某些尖峰時間，也可嘗試採取「預訂制度」來調節供需，預訂制度可以預先出售服務，故能估計出需要的大小，及早採取必要的調整措施。預訂制度以旅館、醫院等機構應用較廣。

六、促銷策略

㈠廣告和公共報導

　　廣告和公共報導是籌集資金的主要活動，這種活動通常是希望許多的捐獻者能各捐出小筆的捐款。某些機構往往透過一般大眾傳播工具進行廣告和公共報導，因為其經理人相信大眾傳播工具能夠有效的吸引不同的人。例如波士頓的聯合基金曾經在一年中得到四十萬人的捐款，其中大部份是透過大眾傳播的廣告。世界資源保護基金會，主要是透過時代雜誌等世界性媒體廣告來爭取捐款。

　　其他的機構則選擇「小眾」媒體，他們相信其訴求只對某特定的區隔「市場」較具有吸引力。傳統上大專院校在籌集資金時較重視校友，因此他們依賴直接郵寄和校友會刊的廣告。校友會刊在籌集資金上可以促使校友建立對學校的良好態度，並使支持校友會者產生歸屬感。

　　公共報導也是非營利機構可以善加使用的一項溝通工具，就醫院而言可以透過大眾媒體報導許多訊息。譬如醫生接受電視或報刊記者的訪問，所做有關衛生保健之演講，重大手術之進行與突破（例如臺大醫院連體嬰分割手術），多胎生產之消息，以及名人或影星住院等等，都具有極高之新聞吸引力，自然而然地，有利於醫院知名度之提高以及增進外界之了解，這在一般商品銷售的推銷上是不容易得到的。

對顧客所採取的訴求方式，也是非營利機構促銷策略中很重要的一環。例如戒煙協會可以採取下列各種訴求方式：

1. 恐懼訴求：增加人們對抽煙者早死的恐懼。

2. 道德訴求：創造抽煙者的罪惡感或羞恥心。

3. 情感訴求：強調不抽煙時的其他滿足，超越抽煙的滿足。

4. 理性訴求：督促抽煙者減少抽煙的數量。

我國的軍校招生，也在道德訴求之外，加入了情感的訴求，「國防部74年軍校聯合招生海報」勇奪了74年「雜誌類綜合產品項」的廣告金像獎。軍校聯招廣告，把威武陽剛的軍事「商品」，加上溫馨柔潤的包裝，使人不但極容易接受，甚至產生極大的好感。

得獎的第一幅廣告是「孩子，你還沒有愛過——偉大的愛，並不只是兒女情長，而是對國家民族的大我之愛。」畫面上是一頂雄赳赳氣昂昂的大盤帽和一具烏黑發亮的望遠鏡，表達了從軍是一種英雄氣慨的大事業。

由於廣告的成功，使得74年軍校聯招的報告人數比往年增加不少。

㈡人員推銷和推廣（SP）活動

人員推銷也是另一種重要的溝通工具，主要用在籌集資金上。當潛在捐贈者的數目少而所要溝通的是複雜的訊息時，如當希望從少數人中吸收大筆獻金時，人員推銷是最有效的工具。我國的輔仁大學就曾在國外，透過人員推銷得到巨額的捐獻。

大量的人員推銷運動實際上包括兩個步驟的計畫：第一、吸引志願的銷售員和銷售經理；第二、實際的資金籌集工作。吸引志願者常常要靠廣告和人員推銷的配合，針對那些以前參加過的人員去招募。

資金籌集工作也可以看做是兩個階段的工作：使捐贈者捐出第一筆款，然後再嘗試著定期向其募捐。只要捐贈者的捐贈紀錄能夠保留，非營利組織就可以透過直接郵寄和人員推銷來接近他。(在捐贈者捐出第一

筆款之前要找出良好的潛在捐贈者相當困難，無法利用直接郵寄或人員推銷來募集資金。)

人員推銷也是吸引顧客的方法，特別是當潛在顧客已經表現對該機構的業務有興趣，但未採取行動時，最為有效。例如很多醫院都主動告訴潛在顧客避孕的方法。戒酒和戒毒中心通常都運用以前曾經戒除成功的人向潛在顧客說明他們的經驗。許多社區診斷也都推展主動的計畫，讓專業或非專業的社區工作人員將健康診療的訊息傳達到附近的區域。

國內的慈善機構在資金籌集時很少採用廣告，而偏重於人員推銷的方法。不過，由於推銷員缺乏訓練、機構本身的知名度不高、缺乏可靠的憑證等種種因素，因此，往往無法取信和說服捐贈者。這些慈善機構若欲提高其人員推銷的效率，必須積極改善上述的缺點。

此外，推廣活動對非營利機構的資金募集和吸引顧客也相當有用。國內某慈善機構常舉行敬老活動、敎孝月書法比賽、選拔表揚孝順的兒媳婦、園遊會、晚會、週年慶等活動來吸引捐贈者和接受其服務的顧客，得到相當好的成果。此外，非營利機構也可以提供一些贈品或抽獎活動，來吸引捐贈者和顧客。

重要名詞與概念

服務行銷	不穩定性
無形性	週邊服務
不可儲存性	非營利行銷
不可分割性	

自我評量題目

1. 試說明服務的意義及類別。

2. 試說明服務的四個特性。

3. 試比較服務行銷策略與產品行銷的差異。

4. 試舉例說明非營利行銷與營利行銷有何不同？

5. 試舉出一個非營利行銷的實例並評估其行銷活動的成效。

第二十三章　行銷管理與社會責任

單元目標

使學習者讀完本章後能

● 說明行銷對社會的不良影響

● 說明社會對行銷之管制活動

● 說明社會責任之意義

● 指出行銷管理者如何負起社會責任

摘要

行銷系統應能瞭解、服務和滿足消費者的需求，並增進消費者的生活素質。在努力滿足消費者需求的過程中，企業界所採行的某些行動未必使每個人皆感滿意或同蒙其利，身為行銷主管，理應瞭解行銷對社會之不良影響為何？

有關行銷對個別消費者福利的影響，包括高價格、欺詐行為、高壓式推銷、劣等品或不安全品、計畫性廢舊以及歧視少數消費群體等。有關行銷對社會之衝擊的批評包括過度的唯物主義、錯誤之欲求、社會公共財貨之不足、文化之污染以及過大之政治優勢等。有關行銷對企業競爭之衝擊包括反競爭之合併、阻礙新廠進入市場以及掠奪性競爭。

行銷系統因為被認定有上述這些謬誤，故激起一些民間行動，其中以消費者主義與環境保護主義最為重要。消費者主義乃是一有組織的社會行動，其目的在加強消費者的權利和力量。聰明的行銷者應該體認到，提供消費者較多的資訊、教育及保護，乃是滿足他們的較佳方式。環境保護主義是另一種有組織的社會行動，其目的在降低行銷活動對環境及生活素質之傷害至最低限度。在滿足消費者欲求的過程中，如果對環境造成過大的傷害，環境保護主義就會挺身干預。

社會大眾的行動曾為許多法令催生，這些法令對多層次傳銷、獨占或寡占、聯合行為等行銷方式都加以規範或管制。

所以，行銷管理者除須瞭解行銷的道德問題之外，更須以進步的行銷觀念引導企業負起社會責任，而進步的行銷觀念則涵蓋下列六大原則：1.消費者導向行銷，2.競爭優勢行銷，3.創新行銷，4.價值行銷，5.使命感行銷，6.社會行銷。

本章將要探討行銷管理與社會責任的關係，主要提出以下問題：(1)行銷對社會之不良影響為何？(2)社會對行銷之管制活動為何？(3)行銷管理者如何負起社會責任？

壹、行銷對社會之不良影響

行銷對社會之不良影響，可分成對個別消費者之影響、對社會整體之影響及對其他公司之影響三類。以下將分別探討之。

一、行銷對個別消費者福利的影響

歸納起來，行銷活動可能透過下列七種方式對消費者造成傷害：(1)高價格，(2)欺詐，(3)不實的廣告，(4)高壓式推銷，(5)劣等品或不安全產品，(6)計畫性廢舊，(7)歧視少數消費群體。

㈠高價格

國內近年來物價上漲快速，每年之通貨膨脹率呈 6%，消費者物價指數上漲比率自民國 80 年 11 月至 81 年 3 月連續五個月高達 4%以上，食品價格較鄰國為高，房價更是居高不下，空中交通費率大幅調高⋯⋯臺灣在食、衣、住、行的物價水準不僅令國際人士望之卻步，連國內消費者亦難以負荷如此高物價的消費水準。

使價格偏高的因素有三種，分別討論於下：

1.配銷成本高

多年來許多人批評中間商所要求的價格差價，遠超過他們所提供服務的價值。這種批評自古皆然，柏拉圖認為店主只是運用巧取豪奪的伎倆而非生產的技術，他們並未給產品帶來新的價值；亞里斯多德更指責店主是犧牲購買者的利益來賺錢。這種觀念一直延續到中世紀，故教會對中間商人的自由往往加以限制。

研究配銷成本最徹底的書籍之一是 1939 年的《配銷成本是否過高？》一書。這本書指出 1850 年時，美國的平均銷售及配銷成本僅佔產品成本的 19.8%，而到了 1920 年已上升到 50.4%，因此作者的結論是配銷成本確實過高、服務過度、品牌太多及不必要的廣告……造成部分顧客的錯誤購買，……配銷商本身缺乏適當的成本觀念，熱中於大量銷售，管理策劃不良，而且價格策略不智。

零售商如何來反駁這些指控呢？他們的理由如下：第一，中間商替製造商和消費者分擔不少工作，否則製造商和消費者必定不易溝通；第二，由於顧客所要求的服務水準愈高，故加成愈高；第三，店面的營業費用不斷上漲，逼使零售商不斷上漲，迫使零售商擡高價格；第四，大部分的零售業競爭都很激烈，毛利其實並不高，例如連鎖超級市場的稅後利潤只有 1%，幾乎難以維持。

就以消費者最常抱怨的農產品價格爲例來說，農產品價格長久以來在產地價格和零售價格間有極大差距，不但農民未能獲得應有的利潤，消費者也沒有享受到合理的價格。

近十年來，農產品的生產成本及產地的農產品價格除了天然災害成季節性供需因素外，一般來說，不應該出現太大的波動。但問題就出在臺灣的小農制度，爲數衆多農民散居各地，沒有辦法及時掌握整體產銷資訊，因此在生產地的批發市場中，農民往往屈居弱勢，交易價格完全被承銷人組成的買方集團所掌握。

農產品在生產地批發市場完成交易，再送到消費地批發市場後，在價格上又會再經過一次的加價，在生產地批發市場買進農產品的承銷人，乃是消費地批發市場的供應商，在付出長途運輸成本之後，農產品的價格已經和原價產生了相當價差，再加上其利潤，轉手給消費地批發市場承銷人時，價格又再上升了。

消費地批發市場承銷人購進農產品之後，立刻就地轉手賣給前來採

購的零售商，為數衆多的零售商，同樣不具有共同的組織，無法形成一股共同的議價力量，只能屈就於承銷人開出的價碼，而這一個過程的價差，也往往最難以掌握。

這整個運銷結構就像一個兩頭粗中間細的砂漏，批發市場的承銷人以較少的人數卻箝制著生產者的售出價格和消費地零售價，過大的價差和所得分配的不合理也隨之產生。

2.廣告及推銷費用過高

現代行銷由於過分偏重廣告及銷售推廣，使得產品價格飛漲。例如現在市面上名牌的阿斯匹靈至少有一打以上，較不出名的亦有上百種，而他們都以類似的價格出售。有些本身具有些微差異性產品，如洗髮精、化粧品、洗潔劑，在製造商售予零售商的價格中，有40%以上是包裝及促銷費用，而這些包裝及促銷效果只是增加產品的表面價值而已，對產品的眞正功能並無增益。除了製造商的促銷費用外，許多零售商亦從事其產品本身的促銷活動——店頭廣告、店內打折促銷、抽獎遊戲等，因此又使得零售商價格提高了許多。

對於上述論點，企業界提出了以下的看法。第一，顧客不僅對產品的功能有興趣，他們也購買觀念，例如某種產品使他們有滿足、完美或其他特別的感覺。製造商的任務就是在市場上建立產品觀念，使消費者願意花錢購買。消費者如果只想買純粹具備功能的產品，他們也可以較低的價格在市場上購得。第二，品牌的存在使消費者增加信心，可以代表該產品的品質，消費者對知名的產品往往願意付出較高的價格。第三，大量廣告的目的在告訴潛在消費者該品牌的存在及優點，如果顧客想要知道市場上有什麼產品，他們當然希望製造商能花錢作廣告。第四，對個別企業而言，由於競爭者都作廣告，使他們不得不花錢作廣告。如果他們不花相當代價以在消費者心目中保持「佔有率」的話，則其生存將受到極大的威脅。再說，廠商對促銷費用自己也非常注意，不可能隨意

浪費。第五，在大量生產的經濟社會裏，生產往往超過需要，故必須做銷售推廣，給消費者一些刺激以出清存貨。

3.超額加成

批評者指控某些行業對產品之超額加成實在很不應該，國外有的藥丸一顆成本 5 分，卻賣 40 分；殯儀館的人往往利用人們喪親之痛大敲竹槓；有些高技術性產品的修理費亦嫌太高。

商人對以上的指控有下列的答辯：第一，確實有一些無恥的生意人佔消費者便宜，這些害群之馬應報請政府機構處理，同時透過消費者團體的力量加以抵制，以保護消費者。第二，大部分的商人都是規規矩矩做生意，他們要的是源源不斷的生意。第三，消費者常常忽略高價格的合理性，例如藥品的加成不僅包括採購、促銷及配銷成本，同時也分擔因研究改良藥品所耗費的龐大研究發展費用。

㈡欺詐行為

人們常指控商人不老實，他們作不實宣傳使消費者以為自己得到的比實際付出的多。在國外有某些行業特別容易受到這類的抱怨，包括保險公司（宣傳它的保險單「保證可以更新」，或由政府承保）、出版公司（利用詐術欺騙客戶）、郵售土地公司(虛偽描述所售土地及改良成本)、住屋改良承包商（使用言過其實引人上鉤的手段）、汽車修護廠（打著修護費用低廉的牌子，卻大肆翻修）、函授學校(誇大畢業後的就業機會)、自動販賣機公司(虛偽保證地段特優)。國內也有一些例子如：誇大藥效的醫藥廣告、騙取錢財的郵購信箱，甚至出售保證中獎的「大家樂」預測號碼等等。

企業界的欺詐行為主要有三種：(1)欺詐式訂價——包括以不實的「廠價」及「批發價」大作廣告，擡高標價，再聲稱特價優待。(2)欺詐式促銷——包括引誘客戶到店裏買已經沒貨的廉價品，例如建設公司以每戶 500 萬元起來宣傳其房屋之便宜，但事實上只有一戶，且早已賣出

或自己買回；以劣等品將售出產品調包，及舉辦虛僞不實的競賽活動，如誇大獎金金額。(3)欺詐式包裝──包括利用巧妙的設計誇大產品內容，產品包裝份量不足，在產品上標明減價而事實則否，以及令人誤解的用語來形容包裝之大小。

有關定價、促銷及包裝上的欺詐行爲，立法行政當局已採取一些措施。在美國 1983 年的 Wheeler-Lea 法案授權聯邦交易委員會（FTC）管理企業「不公平或欺詐的行爲」，自那時起，美國聯邦交易委員會已公佈了若干法規以界定「欺詐」（deception）的商業行爲。

㈢不實的廣告

消費者常抱怨廣告大多誇大不實,誘使消費者做出錯誤的購買決策,不實廣告主要可分爲以下一些類型：

1.商業類型的不實表示：企業對其所從事的業務之性質與項目，向大眾爲不實之表示。例如，投資公司向社會大眾僞稱，可辦理銀行業務者。

2.不實之見證廣告：聘用名人或專家爲見證，但事實上，受聘之名人或專家根本未曾使用過該產品，或爲不實之陳述。例如：張小燕爲新奇一匙靈所做的廣告，若張小燕根本沒有用過新奇一匙靈，該廣告可能會有違法之可能。

3.不實之實驗廣告：電視上的實驗廣告，若是配合其他輔助物品才成就此一實驗，必須將這些輔助物告知消費者，否則會產生虛僞不實之虞。例如，某種 3 秒膠的廣告，若有採用輔助器材，而不告知消費者，即有「虛僞不實」之虞。

4.擔保條款的不實陳述：例如某鋼筆公司的廣告，告訴消費者其所購買的鋼筆爲「終生保用」，但事實上該公司的解釋爲「保用期間爲鋼筆的使用年限」，使得保證如同虛設即是。

5.隱匿性廣告：對重要事項未加以說明，例如：某種中藥產品中含

西藥成分，但在廣告中未告知消費者，即屬此類。

6.交貨時間的不實陳述：商品郵購公司號稱可立即交貨或有大量現貨，但事實上根本無法立即交貨或無庫存。

7.不實推薦：偽稱「××專家」、「××醫生」為產品做保證者。

8.價格方面的不實陳述：例如「跳樓大拋售，全部 1 折」，但事實上所販賣產品的定價高於成本甚多。

美國聯邦交易委員會對不實廣告也有許多規範。例如殼牌石油宣稱它的超級殼牌石油添加化學品 platformate 會比不加 platformate 的汽車跑更多的里程。此種說法雖為事實，但殼牌石油公司卻沒有提到幾乎所有汽車用的汽油內均已加入 platformate。該公司雖辯稱它未聲明 platformate 是殼牌公司產品所獨有的，但聯邦交易委員會卻認為該項廣告「企圖」欺騙顧客，雖然其廣告內容是真實的，但仍須取締。在這方面，我國的「公平交易法」對各種不實廣告也將會有所規範。

主張廣告自由的人士提出三點申辯：第一，大多數生意人都避免欺詐行為，因從長期著眼，欺詐行為可能會扼殺生意，消費者如果得不到原來所期望的產品，他們一定會轉向其他較可靠的廠商。第二，大多數的消費者都洞悉廣告的誇大性，當他們在購買時都會有懷疑的態度。第三，部分廣告的誇大乃不可避免，甚至社會大眾亦不反對，幾乎現存的所有社會機構都採行這種作法，這種作法使得生活顯得更多彩多姿。

㈣高壓式推銷

另一種抱怨來自消費者不滿某些行業及市場行銷人員，採取高壓強迫方式推銷顧客購後深感懊悔的物品，故人們常說像百科全書、保險、不動產及珠寶這些產品都是推銷出去而不是顧客主動購買的。這類行業的銷售人員都被訓練有整套的推銷談話技巧，以引誘人們購買。他們工作都非常賣力，因為他們如在購買競賽中成績優異，可以得到極好的報償。

商人們深知消費者時常被說動去購買他們本來不想要的東西，這就是為什麼國外有法律要求沿門推銷員要表明來意，說明他們是來推銷貨品。而購買者可有三天考慮時間，在這三天內他們可隨時取消合約。此外，在美國萬一消費者覺得推銷員給他們過多的壓力，他們可向公平商業促進局告發。

㈤劣等或不安全品

另一種批評是產品缺乏應有的品質，最常見的抱怨是產品做得不夠好或沒有以前做得好，「東西不是會嘎嘎作響、按鈕鬆脫、握柄脫落，就是會有凹痕、大小不合、僵硬、不牢靠、漏水或稍用即壞等。」汽車是最引人詬病的產品之一，美國消費者聯盟(Consumer Union)出版的《消費者報導》(*Consumer Report*)曾檢驗 32 輛汽車，發現每一輛汽車均有毛病，「車子有漏水、擋泥板缺口、分電盤蓋子破裂、及鎖不牢等毛病」。其他遭受非議較多的產品還有彩色電視機、各種家用器具及衣服等。

第二類的抱怨是關於產品能否提供實際上的利益。早餐及點心用的麥片並沒有什麼營養價值，這令消費者大為震驚。幾年前，國內也有一家奶粉公司製造嬰兒奶粉營養成分不足，因而受到指責。

第三類抱怨是關於產品之安全性。多年來美國消費者聯盟不斷地報導對許多產品檢驗所發現之危險性，諸如家電用品漏電、家庭用暖器或熱水爐產生過量的一氧化碳、洗衣機脫水槽容易傷手、以及汽車方向盤設計錯誤等等。國內前些時候亦發生過供學童吃的麵包發霉而引起中毒事件。國產汽車安全性能不佳，因此我國的汽車肇事率不見得比國外多，但是死傷人數比例卻偏高；民國 80 年國內車禍死亡人數高達三千多人，以車輛比例而言，實在不算低。一般而言，某些工業產品之品質問題可能有幾個成因，這包括製造商心存無所謂及不重視的態度、產品複雜性增加、缺乏訓練有素之工人、及品質管制作業不健全等。

當然在另一方面，也有幾種因素迫使廠商改善品質問題。第一，較

大規模的廠商非常關心其產品的信譽，因消費者若對任何產品表示失望及不滿，均可能不再購買該公司的其他產品。第二，大零售商在選擇全國性品牌或建立自我品牌時，都非常注重發展自己的品質信譽。第三，消費者團體積極行動，專門挖掘品質較差的產品，並打擊製造不安全產品的公司。例如美國的 Ralph Nader 在其所著《任何速度均不安全》（*Unsafe at any speed*）一書中指出通用汽車公司所生產的 Corvairs 汽車之毛病，使該車銷路受阻。我國的消費者文教基金會亦常抽驗許多產品，並公佈品質不良及優良的廠牌名單，以免消費者受到劣質或不安全產品之威脅。第四，政府常主動督促廠商負起安全責任，例如就以汽車來說，美、日各國政府致力於車輛的安全評鑑及主動督促業者改進產品安全性能，確已大大提升了駕駛人的生命財產保障。日本政府在 1989 年那年，因交通事故死亡人數突破一萬大關時，日本政府立即發表「非常宣言」，指出為減少事故死亡人數，最緊要的就是必須從保護乘員的觀點，對汽車的構造、裝置的安全性，確實加以強化。並立即由其運輸省在次年擬出「有關推動汽車安全對策之行動計畫」，邀集各汽車業者一起參與研究制定汽車安全相關法規及標準。其中包括安全氣囊、後座三點安全帶、車門內防撞樑柱、防煞車鎖死系統（ABS）等設備，都訂出具體標準，以要求業者在某個時限之前達成全車系安全配備，同時日本運輸省也設立專門的機構，對日本國內銷售的車子進行安全性評估，提供民眾公開而充分的資訊，以供購買選擇。而美國在汽車安全方面的重視，更是領先各國。早在 1960 年代，美國便已經有了一套遠較當今不少國家還要嚴格的汽車安全標準。除了訂定有關汽車安全標準的「美國聯邦安全法規」，主動規範廠商生產的或銷售的車輛必須符合某種程度的最低安全性之外，每年美國的「國家高速公路安全局」更會進行一系列的實車撞擊測驗，讓美國民眾明瞭各車種之安全性如何。

(六)**計畫性廢舊**

批評者指控某些行業故意使其產品過時，鼓勵消費者在堪用狀況下即予丟棄不用。以下分述三種主要的廢舊型態：

「計畫性式樣廢舊」（planned style obsolescence）係指廠商故意製造成消費者對產品現有式樣之不滿，刺激更換式樣之行為。採取批評措施之廠商以男、女服飾業、汽車業、家具業及住宅業等為最多，每年推陳出新的底特律汽車、巴黎流行服飾等等都是實例。

「計畫性功能廢舊」（planned functional obsolescence）係指製造商故意保留已發展成功且極具吸引力之產品特色，不全部推出，而採取細水長流的方式，以促使消費者一再地更新產品。一些先進國家的汽車製造商對於增進安全、降低污染、節省燃料成本等方面已有相當良好之改進辦法，但卻故意予以保留，即屬此例。

「計畫性材料廢舊」（planned material obsolescence）係指製造商有意選用較易破裂、毀損、腐爛、或受蝕之材料及零件，使產品早日損壞之行為。例如有些窗簾製造商於窗簾布中使用更多的嫘縈絲（rayon），他們聲稱如此可以降低價格，並使窗簾更為筆挺，但許多人則批評，此種措施將使窗簾不耐洗滌而縮短使用之年限。

對以上的指責，企業界人士的回答如下：第一，消費者喜歡改變式樣，他們對一成不變的產品感到厭煩。女人喜歡新款式服裝，男人喜歡新款式汽車，此乃理所當然之事。沒有人強迫消費者要新式樣，只要消費者不喜歡，新式樣依然是無法取代舊式樣的。第二，當產品的新功能尚未確定，或其成本過高以致超過消費者所願支付的水準，或其他原因時，公司當然不會隨便改變產品的功能。這樣做他們也有風險，因為其他競爭者可能率先推出而搶走市場。第三，廠商時常採用新原料以降低成本及售價，他們不會故意製造容易損壞的產品，因為這樣會使自己的品牌失去信譽，讓競爭者漁翁得利。第四，通常所謂的計畫性廢舊，係由於社會中不斷地競爭及革新技術，使得產品或服務有所改進所致。

(七)歧視少數消費群體

美國之行銷制度也曾被指責未能顧及少數消費群體之利益。根據 David Caplovitz 所著之《窮人付得多》(*The Poor Pay More*)一書中指出，都市裏的窮人通常必須在小商店裏以較高的價格買到一些劣質貨品。

低所得地區應有一套較好的行銷制度，而對低所得的人們，也應保護其免受歧視待遇。美國聯邦交易委員會已加強防止商人作虛偽或誇張之廣告、舊貨權充新品銷售、以及對消費者信用貸款加上太高的利息等等不利於低所得家庭之行銷方法。比較有效的方法似乎是輔助大零售商於低所得地區設立銷售據點。

二、行銷對社會之衝擊

美國的行銷制度最發達，但它常被指責對社會為害甚多，包括過度之唯物主義、錯誤之欲求、公共財貨之不足、文化之污染及過大之政治權勢。

(一)過度之唯物主義

美國之企業體系曾被指為造成人們過分重視物質享受之罪者。美國人對他人之評價常基於其所擁有的「東西」，而非其所從事的「工作」。一個人除非擁有一幢市郊之房子、兩輛轎車、以及最新流行之衣服與家庭用具等，否則即不夠格稱得上有多成功。在國內，這種「笑貧不笑娼」的唯物追求觀，也有愈演愈烈的趨勢。

許多人竭盡所能的從事「物質競賽」，一味追求物質享受，但只有少數人獲得大獎，多數人均中途被淘汰。因此，過分強調物質生活，反而會使多數人不快樂及精神緊張。

所幸已有一些人認清了這種情況，並設法在改變之中，支配性價值系統會孕育出相對的文化群體及價值。事實上就有愈來愈多的人，尤其

是較爲富裕的人，正逐漸減少對物質生活之熱中及依賴。「小就是美」、「少就是多」就是在這種情況下發展出來的觀念。人們愈來愈重視親密的人際關係及單純的快樂，而不再一味地追求物質享受。

㈡錯誤之訴求

許多人認爲人們過分重視物質，並非天生如此，而是受觸目皆是的廣告所影響。企業透過廣告商，以廣告作爲利器，刺激消費者之欲求。廣告商利用大量之廣告活動來創造「物質生活即爲舒適人生」之模式，於是某些人大量之消費行爲引起別人的羨慕，促使別人更努力工作賺錢，以供消費，這樣使得世界的總產出及出產能力更進一步地增加。而隨著產出與產能之增加，企業界更爲大量的使用廣告，以刺激消費者之欲求。因此，消費者被認爲只是在「生產──消費」循環中，爲廠商所操縱的一個環節而已，換言之，廠商之產出創造人類之欲求。

這些批評有點誇大企業刺激消費者欲求的能力。在正常的社會裏，大家均有不同的生活型態及價值觀，非個別企業所能左右。再者人類本身之知覺防衛作用──選擇性注意、知覺、記憶等，也會對大衆傳播媒體有所過濾。大衆傳播媒體只有在廣告訴求與人們既有需求一致時才有效，若說要廠商憑空創造新的需求，那談何容易。此外，人們對於較有重大後果的購買行爲，有多搜集情報經驗傾向，這將使他們不會輕信單一媒體所說的話。即使後果較不重要，購買者可能受到廣告訊息之刺激而加速其購買行爲，但若要他們增加購買次數(即重複購買)，則非得該產品的價值符合他們的實際需求不可。我們由新產品的失敗率極高這個現象來看，亦顯示出即使大型且老練的公司，也無法操縱購買者的需求。

更進一層說，人類的欲求以及價值觀雖是受到大衆傳播媒體之影響，但也同時受到家庭、同事、宗教、種族背景、教育、地理區域等之影響。所以一個崇尚物質的社會，其價值觀與其說是導源於企業及大衆傳播媒體之影響，倒不如說係社會化之過程。

(三)社會公共財貨之不足

有人批評行銷造成人們「私有財貨」(private goods)之過度需要，因而犧牲了有益公衆的「社會財貨」(social goods)。事實上，當私有財貨增加時，需要有許多新的公共服務來配合，而這些卻付之闕如。

所以私人消費行爲造成「社會失衡」及「社會成本」，但消費者及生產者都不願負擔此項成本，故我們必須設法平衡私有財貨及社會財貨。原則上，生產者應負擔私有財貨之製造成本及社會成本；換言之，社會成本應加入商品價格之內，如此若消費者認爲該項產品之價格高過於其所認定之價值時，則該產品之製造商因銷路不暢、難以生存，轉而生產負擔得起私有財貨成本及社會成本的產品。

(四)文化之污染

企業所受到之另一批評爲製造文化污染。人類一再飽嘗廣告污染之苦，有意義的節目常受到商業廣告干擾，正當的印刷刊物充斥著一頁又一頁的廣告，美麗的風景區也常爲廣告板所破壞。這些廣告強將有關「性」、「權勢」、「地位」等觀念灌輸到人類的腦海裏。

氾濫的廣告以及其他商業活動，對人類有多種不同的影響。Cauer 及 Greyser 在一項消費者對廣告之態度的調查中發現，消費者並未把廣告看成很特別的東西，它就如同氣象報告一樣平常。雖然人們偶爾會抱怨廣告，但他們的抱怨並不是挺認眞的。在 1,856 個接受調查的對象中，只有 15%的人認爲廣告應該改變，而這些人可能也就是那些認爲許多機構都應該改善的人。該項調查並顯示受訪者平均每天注意到 76 個廣告，而只有 16%的人對廣告感到厭煩或認爲廣告侵害到個人的生活。甚至還有少數人認爲廣告是最好的電視節目之一。

企業界對商業廣告提出以下的辯解：第一，它們希望自己的廣告能傳給目標顧客，可是由於使用的大衆傳播媒體，故使某些廣告傳到了一些對產品沒有興趣的觀衆眼裏，引起抱怨。人們如果因個人興趣而購買

某牌汽車或洗髮精，則很少會抱怨廣告太多，因為他們本身對產品有興趣。第二，廣告使收音機或電視成為開放自由的媒體，同時它使得雜誌及報紙的成本降低，大多數人有鑑於此，會樂於接受商業廣告。

㈤過大的政治權勢

企業所受的另一批評是它製造太多的權勢。在美國有所謂的「石油」參議員、「香菸」參議員、以及「汽車」參議員，這些政治人物所爭取的是某些行業的利益，而非社會大眾的利益。還有人指責企業對各種傳播媒體的影響太大，因為它使媒體無法獨立、客觀地報導事實真相。幾年前有人批評美國的雜誌道：「生活(Life)、郵政、讀者文摘雜誌上所刊載之廣告，多為如通用食品、Kellogg's, Nalisco 及 General Mills 之類的大公司所提供，它們如何敢報導大多數包裝食品營養價值極低這個事實？……答案是它們不能也不會去做這件事。」

各種產業確實企圖提高及保護其本身的利益，他們有權在國會或傳播媒體上發表意見。幸運的是許多從前被視為不可侵犯的企業利益，已因考慮大眾利益而逐漸軟化。例如美國標準石油公司於 1911 年被強迫分成數個公司，以免其權勢太大；Ralph Nader 促請國會立法，要求汽車公司增加汽車之安全措施，醫學報告迫使香菸製造商在包裝盒上加印警告文句；企業對於廣告媒體之控制程度,亦隨著廣告主愈來愈多而降低，同時媒體本身亦自動增加許多各市場區隔所感興趣的題材。當然上述這些現象並不表示企業已不再握有巨大的權勢,但是相對制衡力量的興起,確實使它們收斂不少。

三、行銷對企業競爭之衝擊

批評者同時指控公司為了追求利益不惜蹂躪其他小公司，大公司被控收買或破壞小公司以減少競爭壓力。有關這問題可分成三類：反競爭之購併、阻礙新廠進入市場、竊取其他廠商之營業秘密及掠奪性競爭。

㈠反競爭之購併

許多廠商爲了擴展規模常採取購併其他公司的手段，而不由自己本身內部發展，因此一再爲大眾所詬病。在過去一段時間內，美國有九家主要的處方藥廠只發展出八種新的企業，但它們卻向外買入十六家企業。又如寶鹼公司購買家用液體漂白劑的主要廠商 Clorox 公司，但美國最高法院卻裁定由於寶鹼公司的購買行爲，市場競爭將比寶鹼公司自行加入時來得少，並會使較小規模之廠商因不敢加入市場而減少此一市場應有之競爭性。國內亦有某些企業財團，慣以購併其他公司來擴充地盤，卻不自己設立新公司。

購併本身是一件複雜的事情，在下列各種情況下購併可能有益於社會：⑴當購併確能產生「規模經濟」而使成本及價格降低時，⑵當一個管理良好的公司接管管理不良的公司而改善其生產效率時，⑶當此種購併使得該行業由非競爭變成競爭時。在其他情況下，購併可能會生弊端，特別是一些衝動十足的新廠商因被購併而消失，或某些公司因而壟斷大部份市場時，更是如此。

㈡阻礙新廠進入市場

舊廠製造障礙，防止新廠加入市場，亦常爲人們所批評。這些障礙包括專利權、大量的促銷費用、供應商或經銷商聯合等。

反托拉斯的人也知道，此障礙與行業實際之規模經濟有關，有此障礙則可用現行法律及新的立法來消除。例如許多人建議對廣告支出課以遞增稅率，以減低因行銷成本過高，阻嚇其他公司進入公司參與競爭之程度。

㈢竊取其他廠商之營業秘密

許多廠商爲了獲得競爭上的優勢和利益，而以脅迫、利誘或其他不正當方法獲取其他廠商之產銷機密、客戶資料、技術機密或其他營業秘密。我國的公平交易法對於侵害營業秘密的行爲已有嚴格的規範，經公

平交易委員會調查結果確有違法情事時，將須負起民事及刑事之責任。

㈣掠奪性競爭

在社會上確有不少企業相繼採取傷害或消滅其他廠商之行動，這些惡意行為包括大幅減價、威脅切斷供給來源或誹謗競爭者之產品等。

在美國已有一些法律，來防範各種形式之掠奪性競爭。但要證明某一競爭行為確是「掠奪性」，有時甚為困難。如美國大連鎖零售商 A&P，因其規模龐大，享有許多經濟利益及數量折扣，所以有能力使其產品價格遠較一般的小零售商為低。此時問題之所在，即 A&P 之低價政策究為「掠奪性」競爭行為，抑或可提高零售通路之「健康性」競爭。

貳、社會對行銷之管制活動

一、消費者主義

在本世紀美國的企業三度成為消費者運動的攻擊目標。第一個消費者運動發生於 1900 年代早期，此次運動由於物價上漲、肉品加工業的弊端、及某些藥品管制上的醜聞，而如火如荼。第二個消費者運動發生於 1930 年代間，由於不景氣時代中期物價大漲及其他藥品上的醜行而更加激烈。第三個消費者運動始於 1960 年代，主要是社會一連串的發展所致——消費者知識水準提高；產品變得愈複雜且危險性高；對美國某些機構的不滿情緒廣為流傳；1962 年甘迺迪總統宣佈消費者有安全、知曉、選擇及發表意見的權利。但是美國國會對某些行業的調查顯示事實並非如此，直到消費者運動領袖尼達（Ralph Nader）出現，才使某些保護消費者的措施得以具體化。美國和歐洲許多國家的消費者運動也開始蓬勃的發展。

我國的消費者運動進展得較慢，民國 62 年國民消費協會的成立算是

第一波的消費者運動。當時由於能源危機，引發了全球性的通貨膨脹，若干廠商趁機囤積商品，哄擡物價。在當時的經濟部長孫運璿大力推動下，促成了國民消費協會的成立。可惜在物價上漲的威脅降低後，消費者運動的熱潮很快就冷卻了。

民國六十八年起，由於接連發生「多氯聯苯事件」及「假酒事件」，使消費者保護的問題，再度受到社會輿論的重視，終於促使「中華民國消費者文敎基金會」於民國六十九年十一月一日正式成立。該基金會是一個純粹民間的消費者團體，成立後扮演了臺灣地區消費者「利益團體」的角色。幾年來該基金會處理了不少申訴案（74 年共有 4,151 件，其中以食品申訴 777 件爲最高）。對廠商侵害消費者權益的行爲，也進行了多方面的調查和糾正。例如黑松沙士的黃樟素事件、味全嬰兒奶粉事件、以及拒搭日亞航客機等事件，消費者文敎基金會都發揮很大的力量。

然而究竟消費者運動的內涵爲何呢？簡單地說，消費者主義係指一有組織的活動，由一群有心的人民及政府所倡導，他們的活動主要在增進購買者相對於銷售者的權利及力量。傳統上銷售者具有以下的權利：

1.只要不對國人健康和安全構成威脅，銷售者有權銷售任何大小、式樣的產品，甚至即使有危險性，只要加上適度的警告或管制，亦可銷售無阻。

2.只要對各階層消費者沒有差別待遇，銷售者可以隨意訂定價格。

3.只要不是在不公平的競爭情況下，銷售者有權決定花費多少促銷費用。

4.只要內容或手法上沒有令人誤解或不實之處，銷售者可採行任何宣傳方式。

5.銷售者可以隨心所欲地採行任何刺激購買的行動。

而傳統的消費者權利包括：

1.可以自由購買產品。

2.可以要求產品必須安全可靠。

3.可以要求產品的內容和廠商所聲稱的一致。

在比較雙方的權利之後，可以發現銷售者具有絕對的優勢，傳統的三種權利並不足以保障消費者的利益，消費者運動認為消費者還應該增加下列的權利：

4.應有充分的訊息來源，以了解產品的一些重要特性。

5.應受到保護，以免受問題產品及行銷伎倆之害。

6.應有權影響產品本身及其行銷方法，使其能增進生活的品質。

消費者主義依據上述的權利，提出一連串的要求，要求消費者有權利知曉的事項包括貸款的真實利率(公平借貸)；各種品牌每標準單位的真實價格（單位定價）；產品的基本成分（標示成分）；食物的營養價值（標示營養含量）；產品的新鮮度（標明使用期限）以及產品的真實利益（真實廣告）等等。

要求保護消費者的事項包括提倡消費者教育，強化消費者地位，以免受企業欺騙；產品的設計應有安全性；以及政府機構有較多的保護力量。

要求考慮生活品質的事項包括管制某些產品的成分（如清潔劑、汽油）及包裝（如清涼飲料的包裝）；減少廣告、促銷所造成的噪音污染；讓消費者派代表加入董事會，使企業在作決策時能考慮到消費者的福利。

二、環境保護主義

當消費者主義集中注意力於行銷系統如何有效地滿足消費者的需求時，環境保護主義者則在注意現代行銷對環境的影響，以及在滿足消費者需求過程中所帶來的成本。1962 年卡森(Rachel Carson)在她的《寂靜的春天》一書中提出正式的證明，來批評殺蟲劑對環境所造成的污染。1972 年出版的《成長的極限》一書，透過系統模擬之證據警告人們，生

活的品質將會不知不覺地在人口成長、空氣污染及不斷開採自然資源中漸漸降低。1992 年 6 月，一百多位各國政府首長在巴西里約熱內盧召開了「地球高峰會」，其正式名稱爲「聯合國環境與發展會議」，討論如何保護全球的自然環境，減緩經濟發展對環境的破壞。

環境保護主義係指一有組織的行動，由一群有心的人民和政府所組成，以保護及改善人們的居住環境。環境保護主義者關心礦藏的耗竭、森林的折耗、工廠的冒煙、廣告牌的氾濫、及破爛東西的污染，還有娛樂機會的喪失以及因不良空氣、不良水質、噪音及化學物質污染的食物所引起的健康問題。

環境保護主義者並非反對行銷和消費，他們只是希望行銷與消費更能符合生態平衡的原則，他們並不認爲行銷系統應追求消費者選擇機會最大或消費者最大滿足，而應追求最佳的生活素質。生活素質的意義不僅是指產品及服務的質與量，而且也包括生活環境的品質。

環境保護主義者希望生產者及消費者在作決策時，應正式考慮環境成本，對違反環境平衡的企業及消費活動，他們主張用稅制及法規予以管制。他們要求企業投資消除污染的設備，加重無法回收瓶子的稅率，禁用含高量磷酸鹽的清潔劑，及採取其它他們認爲能使企業及消費者走向維持生態平衡所必要的措施。前經建會主任委員趙耀東最近就一再鼓吹，環境保護運動者視爲圭臬的污染者付費原則（Polluters Pay Principles 簡稱 3 P 原則），希望企業和消費者能重視環境保護的問題。

環境保護主義在許多方面較消費者主義更爲激烈地批評行銷活動。他們抱怨現代許多產品的包裝過度浪費，而後者則喜歡這種現代包裝所帶來的便利；環境保護主義者認爲氾濫的廣告使人們常買些並不一定需要的東西，但後者較擔心的是廣告是否眞實；環境保護主義者不喜歡購物中心繁殖過度，但後者卻樂見新商店的設立及更多商店彼此競爭。

爲了調和消費者主義及環境保護主義之衝突，西方社會體系發展出

「綠色消費」的觀念和做法。綠色消費的概念，不僅限於使用者對產品的消費行為，為了貫徹維護資源、保護環境的目標，每一項消費行為從產品製造的前置作業階段到消費後的棄置處理階段，都必須顧及生態、經濟及消費的公平合理。因此，綠色消費的含義包括在消費一項產品前，考慮到該項產品在原料取得方面是否多利用能生生不息、永續使用的原料；製造運輸方面是否儘量在當地產銷，以減少不必要的能源消耗；在販賣銷售過程中，是否避免過度包裝以減少資源浪費及不必要的處理成本；使用時是否耐用、安全、不危及人體與自然環境；消費完的廢棄過程中，是否能廢物利用、減少垃圾、回收資源，其材質是否自然分解，對環境無害。綠色消費並沒有明確的定義或方法，目前也沒有任何標準或法規可以決定什麼條件、什麼行為才是綠色產品、綠色消費。以下是美國《綠色消費者——超市指南》(*The Green Consumer—Supermarket Guide*)一書中所提出的一些指標。

㈠**綠色產品需符合下列條件**

1.不危及人類或動物健康。

2.在製造、使用或處理中，對環境的危害程度最小。

3.在製造、使用或處理中，不會消耗過多的能源或其它資源。

4.不會因為過度包裝或者短暫的使用期而引起不必要浪費。

5.不對動物造成不必要的殘忍行為。

6.不使用瀕臨絕種的動物為材料。

7.理想上，不比同類「非綠色」產品還昂貴。

㈡**綠色消費者在其日常消費行為中，應注意下列幾點**

1.選擇可以再生的材料，如硬紙板、鋁或玻璃等為包裝的產品。

2.不購買過度捆紮或包裝的產品。

3.選擇可重複使用的容器，或者可購買到補充品的產品。

4.選擇以最高量再生的紙、鋁、玻璃、塑膠或其它再生材料等製成

的產品。

　　5.選擇包含最少量漂白粉、染料、及香料等簡單的產品。

　　6.選擇製造產品的公司爲支持環保紀錄好的公司。

　　7.不要混淆「綠色」與「健康」，並不是每個以可再生材料包裝的東西就一定對個人或環境有好處。

　　8.不論是以紙袋或塑膠袋攜帶採購的物品回家都無關緊要，重要的是再利用或者回收再製任何袋子。

　　我國的環境問題近年來層出不窮，受到社會大衆嚴重的關切。

　　74 年元旦，臺中縣的三晃農藥連續不斷的排放有毒廢氣，使附近居民發生身體不適等情況，引起居民的憤怒，而發生包圍及損毀門窗的暴力事件，該地區民衆甚至組成「自助會」，要求工廠遷離。同年七月高雄硫酸錏工廠廢氣外洩，侵襲附近居民及正在考場考試的考生，經環保局判斷爲該廠排出的二氧化硫所致，當即電告硫酸錏廠，令其停工。10 月明豐化工氨氣外洩造成 260 人中毒。75 年臺塑公司在高雄縣仁武的工廠，繼 74 年 5 月之後又再一次發生毒氣外洩的事件。環境污染的問題更是受到國人的重視。杜邦公司申請在彰化鹿港設立二氧化鈦廠的計畫因爲遭到當地民衆的反對而擱置。此外，臺電的第四核能電廠的計畫也受到環境保護者和當地民衆的反對。81 年臺電公司高雄大林廠發生圍廠事件，造成多名警察和民衆受傷的不幸事件。不過，國內尚未有像歐、美「綠黨」一樣的環境保護組織，目前環境保護工作主要是靠「環境保護局」來推動。

　　環境保護主義者曾嚴重打擊某些工業。許多鋼鐵、水泥公司及公用事業被迫投資鉅款於控制污染的設備及採用成本較高的燃料；例如臺灣水泥公司的高雄廠就花了上億元的經費來購置污染防制設備。汽車業被迫在汽車內增設昂貴的廢氣排放控制裝置；肥皂業被迫研究發展含低磷酸鹽的清潔劑；包裝業被要求減少使用不必要的材料而增加使用一些生

物所能分解的材料；汽油業也必須調配含鉛低或無鉛的汽油。這些工業對環境保護法規自然沒有好感，尤其是這些法規的訂定及實施有時過度急促，使這些公司往往來不及作適當的調整，於是不得不吸收這些昂貴的成本而將之轉嫁於消費者身上。

三、政府對行銷之管制

由於社會大眾對行銷活動的種種批評，各國政府都積極的制定法令規章，來管制企業的行銷活動。例如我國 81 年 2 月 4 日實施的公平交易法中，對多層次傳銷、獨占、聯合或各種不公平競爭行為，都訂定了管制的規章。以下摘要說明各種管制之情形：

㈠對多層次傳銷的規範

多層次傳銷的定義，簡單說，是公司透過許多的直銷商來銷售商品或提供勞務，每一個直銷商除了可將貨品銷售出去以賺取利潤外，還可以自己招募、訓練一些新的直銷商建立銷售網，再透過此一銷售網來銷售公司產品以獲取差額利潤，而每一個新進的直銷商亦可循此模式建立自己的銷售網，依此方式行銷者，即稱為多層次傳銷，如圖 23-1 所示。

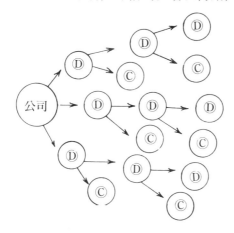

圖 23-1　多層次傳銷之結構

　　由以上定義可知，多層次傳銷業者(事業主)，不只販賣商品與勞務，同時還吸收人員（直銷商）加入銷售行列，藉著階層利益扣緊組織體，使消費者本身可以成為下一層的經營者，再運用其個人的人際關係，透過銷售商品與招募人員，期能發展出層層之行銷網路，以提高銷售量。

　　多層次傳銷雖然對事業主及直銷商有許多好處，但往往會發生變質，變質之多層次傳銷——老鼠會，以詐財為目的，其銷售之商品及勞務於整個行銷計畫中不甚重要，或者僅是一個幌子，反而是鼓勵參加人竭力吸收會員加入組織，由自己直接或間接介紹進入之人員所給付的代價中抽取報酬並獲晉級之機會，此種變質之多層次傳銷已不具備市場經濟功能。因此，公平交易委員會為防止此種變質之多層次傳銷，將定期對直銷商進行檢查，其項目包括：組織系統、參加人數、銷售或交易之商品或勞務種類、數量及主要分布地區及參加人的名單和個人的獎金金額，以便掌握是否有不合理的佣金存在。

　　按「多層次傳銷管理辦法」第七條之規定，多層次傳銷事業不得有下列行為：1.以訓練、講習、聯誼、開會或其他類似的名義，要求參加人繳納與成本顯不相當之費用。2.要求參加人繳納或承擔顯屬不當的保證金、違約金或其他負擔。3.要求參加人購買商品的數量顯非一般人短期所能售罄，但約定於商品轉售後始支付貨款者，不在此限。4.於參加人依法退出時扣發其應得之利益。5.約定參加人再給付與成本顯不相當的訓練費或顯屬不當之其他代價，始給予更高之利益。6.要求參加人負擔其他顯失公平的義務。

　　㈡**對獨占和寡占之規範**

　　獨占事業的規範是各國反托拉斯法（公平交易法）的立法重點，我國公平交易法也將獨占事業列為首要規範對象。依公平交易法第五條第一項、第二項規定，獨占是指事業在特定市場處於無競爭狀態，或具有壓倒性地位，可排除競爭的能力者。二個以上之事業，實際上不為價格

的競爭，而其全體對外關係具有前述情形者，亦視爲獨占。也就是公平交易法中的獨占事業，實際上包括了寡占廠商在內。

基本上公平交易法並不禁止獨占事業的存在，而是以維護市場公平競爭爲考量，禁止獨占事業從事濫用市場優越地位，阻礙市場競爭的行爲。因爲獨占事業有些是經由自由競爭自然形成的獨占或寡占事業，這種獨占形式符合經濟規模，對市場未必有害；有些獨占的形式則是因經濟規模或有管制上之必要，受法令等因素的限制，如臺灣證券交易所就是經由證券交易法所賦予的獨占事業。再一方面，近年來隨著我國經濟的快速發展，大規模生產普及，並爲提高國際市場的競爭力，我國產業規模有漸趨擴大的傾向，致使獨、寡占性質的產業佔我國經濟頗大的比重。獨、寡占的市場結構較之完全競爭的市場結構，無論自靜態或動態效率而言，都未必較差，故我國公平交易法中並未禁止獨占的市場結構，而是對濫用獨占力的行爲明文禁止，不得爲之。

公交法第十條第一項規定不得從事所列四款濫用獨占力的行爲，包括：

1.以不公平之方法，直接或間接阻礙他事業參與競爭。他事業進入市場的困難或障礙，固然不全是事業的故意行爲所造成，有時爲經濟體制、法規或產業特性所形成，但獨占事業以自己所具排除競爭的能力，使用不公平、不正當的方式，阻礙他事業參與市場，來持續獨占市場的狀態，即屬違法。

2.對商品價格或服務報酬，爲不當之決定、維持或變更。商品價格或服務報酬原決定於市場的供需，獨、寡占事業對其提供的商品或服務價格具有較大決定能力，若不當利用價格策略來排除競爭，或不反應成本、不當決定價格來獲得超額利潤、差別取價，則屬違法。

3.無正當理由，使交易相對人給予特別優惠。在買方獨占市場中，獨占事業若爲遂行其獨占優勢，異於交易常規，要求賣方事業必須遵守

特殊的交易義務或規定，包括價格上或非價格的交易條件者，如補貼買方倉儲費用或裝潢陳設費用等，都屬違法。

4.其他濫用市場地位之行爲。前三款列舉的三種型態行爲，固爲獨占事業濫用其市場地位最常見及主要的類型，而本款則爲概括性規定，爲防範獨占事業以其他手段進行顯失公平的濫用市場地位行爲，例如：訂定顯失公平的定型化契約條款，減免獨占事業應負之責任等，只要行爲的結果會導致市場競爭遭到損害，即屬違法。

㈢對聯合行爲之規範

所謂「聯合行爲」，一般又稱爲「卡特爾」或「聯合壟斷」，其對於競爭所加的限制，將妨害市場及價格的功能暨消費者之利益。依公交法第七條之規定，聯合行爲係指事業以契約、協議或其他方式之合意，與有競爭關係之他事業共同決定商品或服務之價格，或限制數量、技術、產品、設備、交易對象、交易地區等，相互約束事業活動之行爲而言。

聯合行爲的目的，在限制競爭廠商之間的營業競爭，也就是減少同行間的競爭。一般而言，較常見的有以下六類：

1.價格的聯合：包括訂定最高、最低或固定同一價格、交換價格情報、訂定一定比例之漲跌幅度、統一折扣、減價、利潤率等一致行爲。

2.限制產銷數量、產品、設備之聯合：包括限制供給(含原料購入、產銷數量、增設設備、設備運轉率之控制)、庫存、投資，另如藉銷售條件、支付或運送條件來限制產銷數量、產品之一致行爲。

3.限制技術之聯合：包括專利使用之聯合、統一製品規格之聯合、標準化之聯合、專業發展之聯合等。

4.限制交易對象之聯合：包括籌組聯合發貨中心、直接控制生產與行銷系統而共同抵制或杯葛、商號或商標使用契約、高品質科技產品之拒賣或選擇性經銷約定等。

5.限制交易地區之聯合：諸如國際性之分工、地理區域之劃分、產

銷、勞務各階段彼此就經營地區之分配或地區別聯合銷售組合之組成、限制訂單資格、保留消費者等。此類限制常與限制交易對象或限制技術混合使用。

6.其他方式之聯合：如限定營業內容或方式之聯合、限定營業場所或位置、時間、對證明書之發給、推薦之拒絕或延遲、對廣告內容、次數、媒體之限制或贈品之聯合等。

表 23-1　各種主要行銷決策可能遭遇的法令問題

同業的競爭關係	價格決策
購併其他公司？	價格協定？
阻抗新廠的進入？	維持再售價格？
掠奪式競爭？	差別取價？
	最低定價？
	提高價格？
產品決策	不實的定價？
產品增加和刪除？	銷售決策
保護專利權？	賄賂？
產品的品質和安全性？	偷竊商業機密？
產品的保證？	輕視顧客？
	欺詐？
	罔顧顧客權利？
包裝決策	不公平的差別待遇？
公平的包裝和標示？	
超額成本？	廣告決策
資源減少？	錯誤的廣告？
	不實的廣告？
污染？	誘餌式廣告？
	促銷津貼及服務？
	配銷通路決策
	獨家經銷？
	地區獨家配銷權？
	搭售協訂？
	經銷商的權利？

聯合行為限制了市場的競爭性，妨害市場及價格功能，極易造成資

源配置的無效率，降低經濟效益，不利於消費者的權益；就個別廠商而言，將影響其生產力的提高，不利於工商發展，所以我國公交法第十四條規定予以原則禁止。但聯合行為態樣甚多，效用不一，如有益於整體經濟與公共利益時，並不宜完全否定其功能，故經公平交易委員會許可者，不予禁止。

除了注意公平交易法之有關規定外，行銷者還須注意與行銷有關的各種法令問題，在此僅將行銷決策有關的法令問題彙總於表 23-1，使行銷主管在作有關競爭關係、產品、價格、促銷及配銷通路等各方面的決策時，能知道該注意那些有關的法令問題。

叁、行銷管理者如何負起社會責任

在面對消費者主義、環境保護主義及政府等各方的批評和管制時，剛開始許多公司都極力反對這些批評和管制，並且積極遊說或設法影響政府和立法機關，避免通過新的立法來管制其行動。但慢慢的很多公司發現他們最佳的選擇就是主動負起保護消費者、保護環境以及保護社會大眾福利的社會責任。

以行銷管理者對消費者主義的態度為例來說，許多公司一開始都極力反對消費者主義，它們認為這些對行銷的批評往往不公平也不值得重視，它們憤恨消費者領袖的力量使其產品銷售量直線下降。企業同時也認為消費者所提出的要求使其成本提高，而帶給顧客的好處並不大。它們覺得大多數的消費者並不注意單位價格或標籤標示的成分，而且一味受制於真實廣告、正確廣告及反廣告之環境，必然會戕害廣告的創意。它們覺得消費者已較以前富裕，許多公司對其產品的安全也小心注意，也很誠實地作廣告，現在一些所謂消費者法律只是增加銷售者的困擾，而這些成本可能又轉嫁到消費者身上。因此許多公司反對所謂消費者運

動，並積極遊說以免通過新的立法。

　　現在大多數的公司原則上已漸漸承認消費者新的權利。它們或許反對某些新的立法，因爲它們覺得這並不是解決某些消費者問題的最佳辦法，不過它們承認消費者是應有充分的訊息並受到保護。而且保護消費者和滿足消費者的長期需求，也符合公司長期的利益。

　　行銷管理者對環境保護主義者和政府管制的態度也有類似的轉變歷程，因限於篇幅不再介紹。

一、社會責任之意義

　　社會責任係指一特定個體或組織的行銷活動影響他人利益程度的道德結果。

　　社會責任的涵蓋範圍比一般的法律責任要來得廣泛，也較難處理。杜拉克指出，企業應該認淸，善盡社會責任就是一種創造利潤的最佳途徑。他強調：「企業是社會的一具器官，自應有其功能存在，否則就會被淘汰。」企業的功能，就是對社會的貢獻，不祇是要努力提供良好的服務及使生活更便利的產品，還要努力促使社會更幸福更快樂，當社會大衆對企業的貢獻予以肯定時，給予的回報就是利潤，「利潤不是原因，而是結果」。

　　爲了要使企業的行銷活動能眞正的負起社會責任，行銷人員和整個社會不僅應設法糾正過去一些偏差的行爲，行銷管理者更需深入瞭解行銷哲學的發展，以建立進步的行銷觀念，並選擇適當的行銷道德哲學，以引導企業負起社會責任。

二、建立進步的行銷觀念

　　進步的行銷觀念是由開明的資本主義而來。二百年以前 Adam Smith 在他的《國富論》(*Wealth of Nations*)中即告訴世人，自由企

業與私有財產將帶來動態進步的經濟，他的基本假設是每個人生而追求自己的利益，如果每個人都可自由的去追求自己的利益，則個人及整個社會將因而獲利。透過自由企業，企業家可將其資源投入利潤最佳的行業。在有需求要獲得滿足的地方，利潤通常很高，而當資源進入後，在正當的競爭情況下，成本將會降低，此種體系會變得很有效率且富有彈性，此種體系也將受「看不見的手」所引導，生產所需要的產品，而無須政府指導。

事實上，由於人類濫用各種手段，此種體系之運行可能無法如上述那樣完美，這些手段如購併別家公司或摧毀競爭者、增加新廠進入市場的障礙、由政府方面取得保護、或特別優惠待遇等等，所以我們很需要一種「開明資本主義」的觀念，使企業家了解在此體系中，其長期利潤必須來自「自助」及「誠信」的企業行為。同樣地，進步的行銷觀念也是要能增進公司及整個行銷系統之長期利益。進步的行銷觀念有下列六大原則：

(一)消費者導向行銷(Customer-oriented marketing)

公司應自消費者之觀點來檢討公司之行銷活動，它應該力求有效地感受、服務及滿足某特定消費群的特定需求。就以華歌爾內衣來說，該公司經常設法了解消費者對目前產品不滿意之處，而後設法改進，不斷推出更能滿足消費者需求的產品。例如許多女性認為傳統的內衣扣子在背後，穿起來很麻煩，華歌爾就推出「前開式內衣」來滿足他們的需求，有些女性認為傳統的緊身襪褲太緊、不吸汗、穿起來觸感不佳。華歌爾就針對這些缺點去尋求吸汗、鬆緊適度、觸感很舒服的新材料帶給消費者更高的滿足。

(二)競爭優勢行銷(Competition-advantage marketing)

公司必須確認其主要的競爭對手，了解他們的競爭優勢和弱點，研判其競爭策略和行為，以獲得競爭上的優勢。競爭優勢基本上是由於公

司為消費者所創造的價值，超過了創造這些價值所產生的成本。此種剩餘價值（margin）愈大，競爭的優勢也就愈大。公司應選擇下述兩種方式之一，來提高剩餘價值，擴大競爭優勢。一是成本領導，另一是差異化。成本領導是藉降低成本來提高企業之剩餘價值，獲取競爭優勢。差異化是藉提高消費者的滿足，為消費者創造更高的價值而提高企業之剩餘價值，獲取競爭優勢。

㈢創新行銷(Innovative marketing)

公司應不斷地設法真正去改良產品及行銷方式，一個公司如果不求新求變，它將會受到其他力求進步的公司之威脅。有關創新行銷最佳例子之一是寶鹼公司，寶鹼公司爭取市場的方法之一是為顧客尋求他們所沒有的好處。以牙膏為例，寶鹼公司花了多年的時間研究一種防止蛀牙的牙膏，因為大部分廠商都無法製造出一種有效防蛀的牙膏。

㈣價值行銷(Value marketing)

公司應投入大部分的資源建立價值行銷。現在一般行銷者的做法，例如華而不實的銷售推廣、微不足道的包裝改變、誇大的廣告等，在短期內或許會使銷售量增加，但對消費者卻沒有真正的價值，倒不如努力改進產品的特色、便利性、易購度及提供訊息等等來得有價值。

就以幫寶適紙尿布來說，寶鹼公司體認消費者需要有一種價值和價格之比值較高的紙尿布，來取代傳統的尿布，寶鹼公司對產品和製程經過多年的研究後，終於推出售價低廉的幫寶適，使消費者能以低價格享受高價值的產品。近年來，幫寶適仍不斷的進行研究，設法提高產品的價值。例如，採用觸感柔細，不易破裂，可迅速單向吸收的質料做表層，並採用立體剪裁設計，使寶寶穿起來更舒適。採用吸水性強的高分子吸收體，提高吸水性。其他如再黏貼帶、腰身防漏設計等都提高了產品的價值。

㈤使命感行銷(Sense-of-mission marketing)

　　進步的行銷要求以較廣泛之「社會」觀點來定義公司之使命，而非以狹窄之「產品」觀點來定義。公司若能以較廣泛之社會目標來定義其努力的方向，則公司員工對工作會感到熱心，運用資源也會有較明確的方式。例如國際礦物及化學公司將公司的使命描述為：「我們不僅在銷售肥料，我們有一個將朝向何方的大目標存在。公司策劃的第一項功能，即在決定公司是在經營何種『事業』。我們的事業就是從事與提高農業生產力，我們所感興趣的是現在及未來任何能提高農業生產的各項因素。」

　㈥社會行銷(Social marketing)

　　一個進步的公司在作行銷決策時，不僅要考慮消費者欲求及公司的要求，同時也要考慮消費者及社會的長期利益。公司應了解如果漠視後二者的利益，將會為害消費者及社會。

　　社會行銷導向的行銷者不僅要設計出愉悅產品(pleasing product)，同時也要設計出有益產品(salutary product)，這三者的區分見圖 23-2。現有的產品我們可以根據消費者立即滿意的程度及消費者的長期利益來分類。滿意產品(desirable product)是同時具備即時滿足及長期利益的產品，例如可口營養的早餐食品；愉悅產品係指產生立即滿足但長期可能傷害身體的產品，如香菸；有益產品指那些沒有吸引力但長期對消費者有益的產品，如無磷洗衣粉；而缺陷產品(deficient product)係指既不吸引人又無益的產品，如味道差、脂肪含量又高的產品。

消費者長期利益		立　即　滿　足	
		(低)	(高)
(高)		有 益 產 品	滿 意 產 品
(低)		缺 陷 產 品	愉 悅 產 品

圖 23-2　新產品機會的分類

公司可以不管缺陷產品，因為單要生產令人愉悅及有益的產品，要

做的事就已太多了。自另一方面而言，公司應儘可能投資發展滿意產品
——如新食品、紡織品、各種家電及建築材料，因這些產品既吸引人又
具長期利益。其他兩個產品——即愉悅產品及有益產品，對公司行銷而
言也是一個可考慮的挑戰與機會。

　　愉悅產品的挑戰在於其銷售狀況雖極為良好，但它們長期上卻會傷
害消費者的利益。因此市場的機會即在創造一種新產品以增添有益的品
質而沒有減低太多的愉悅品質。例如：(1)國聯公司所發展及推廣的白蘭
無磷洗衣粉，變成國內最暢銷的品牌；(2)美國石油公司在石油短缺時，
發展並推廣一種無鉛或含鉛量極低的汽油。有益產品所面對的挑戰，是
增加其愉悅的品質，使該產品在顧客心目中變成一種令人滿意的產品。

三、選擇適當的行銷道德哲學

　　企業自古以來一直面臨著道德的問題，只要我們回顧以往的歷史就
會發現知識分子一直在指責企業家缺乏道德觀念。行銷人員也常會面臨
許多道德上的難題，使他們不知道怎麼做才是最好。由於並非所有的管
理者皆具備最佳的道德敏感度，因此重要的是公司應當建立明確的行銷
政策。政策係指「全公司上下必須遵從的一個廣泛而固定的準則，它不
受其他例外因素影響。」公司的政策應涵蓋與經銷商的關係、廣告的標準、
對顧客的服務、定價、產品發展、及一般道德標準等。

　　即使最好的公司指導原則，也無法解決行銷人員所面臨的各種道德
問題。例如，行銷人員是否可以干擾私人生活，例如挨戶推銷產品……？
他是否可用高壓手段說服人們購買？他是否可使貨品加速廢舊以不斷地
推出新款式的貨品？他是否可激發顧客物質主義、炫耀式消費、及向富
有鄰人看齊的購買動機？

　　行銷人員可能會面臨之道德難題很多，以下列舉一些可能的狀況：

　　1. 一家香菸公司委託你製作廣告，到目前為止人們仍無法證實香煙

會引起癌症，最近卻看到一篇研究報告明白指出抽菸與癌症的關係，你該怎麼辦？

2.公司的研究發展部門正將一種產品改頭換面，其實它並非眞正的新產品或改良產品，可是如果在產品的標籤上宣稱此爲新產品或改良品，銷路必會大增，你該怎麼辦？

3.一位以前在別家競爭廠商任職之產品經理，想到你公司來工作，而該產品經理也很樂意將他原來公司之明年計畫全盤告知，你該怎麼辦？

4.你正想爭取一個大客戶，它對公司及你個人都極爲重要，但採購代理商暗示你需要送點禮物。助理人員建議你送他一架彩色電視機，你該怎麼辦？

5.你正打算從廣告代理商提出的三個廣告企劃案中，選擇一種來宣傳新產品。個案甲是軟式的推銷方式，是一種腳踏實地的廣告；個案乙以「性」爲訴求，並且極端誇大產品的優點；個案丙採用喧嘩、吵鬧之廣告，容易吸引消費者的注意力。根據初步測驗的結果，廣告的效果依次爲丙、乙、甲，你該怎麼辦？

6.你的公司製造一種可以去頭皮的洗髮精，只有在某種使用方式下才確實有效，但你的助理人員認爲在產品標籤上註明有兩種使用方式，將會使銷路增加得更快，你該怎麼辦？

7.你是一家百科全書出版公司的銷售經理，推銷員要進入一般家庭推銷之最好藉口就是謊稱在作調查，作完調查後，才正式推銷百科全書。此種方法似乎很有效，而其他競爭者都採用，你該怎麼辦？

上述七種行銷人員可能面臨之道德難題，每一情況皆有不同立場之答案。面對這七種狀況，假使你採取比較能立即提高銷售的作法，即有被視爲不道德之可能；反之，若拒絕採取此種行動，則可能被公司認爲無法勝任此職務，而且也可能因不斷受到道德壓力而感到不愉快。很顯

然地，行銷管理者實在很需要一套指導原則，以幫助他決定各種情況下
所需把持之道德水準。

重要名詞與概念

計畫性式樣廢舊	消費者導向行銷
計畫性功能廢舊	競爭優勢行銷
計畫性材料廢舊	創新行銷
消費者主義	價值行銷
環境保護主義	使命感行銷
多層次傳銷	社會行銷
聯合行為	

自我評量題目

1. 試說明行銷對個別消費者福利之影響有那幾項？

2. 試說明行銷對社會之衝擊為何？

3. 試說明行銷對企業競爭之衝擊為何？

4. 試說明政府對行銷之管制。

5. 試說明進步的行銷觀念之六項原則。

公司法論	梁宇賢 著	中興大學
票據法	鄭玉波 著	臺灣大學
海商法	鄭玉波 著	臺灣大學
海商法論	梁宇賢 著	中興大學
保險法論	鄭玉波 著	臺灣大學
民事訴訟法釋義	石志泉 原著 楊建華 修訂	輔仁大學
破產法	陳榮宗 著	臺灣大學
破產法論	陳計男 著	行政法院
刑法總整理	曾榮振 著	臺中地院
刑法總論	蔡墩銘 著	臺灣大學
刑法各論	蔡墩銘 著	臺灣大學
刑法特論（上）（下）	林山田 著	政治大學
刑事政策（修訂版）	張甘妹 著	臺灣大學
刑事訴訟法論	黃東熊 著	中興大學
刑事訴訟法論	胡開誠 著	臺灣大學
行政法（改訂版）	林紀東 著	臺灣大學
行政法	張家洋 著	政治大學
行政法之基礎理論	城仲模 著	中興大學
犯罪學	林山田 等著	政治大學等
監獄學	林紀東 著	臺灣大學
土地法釋論	焦祖涵 著	東吳大學
土地登記之理論與實務	焦祖涵 著	東吳大學
引渡之理論與實踐	陳榮傑 著	外交部
國際私法	劉甲一 著	臺灣大學
國際私法新論	梅仲協 著	前臺灣大學
國際私法論叢	劉鐵錚 著	政治大學
現代國際法	丘宏達 等著	馬利蘭 大學等
現代國際法基本文件	丘宏達 編	馬利蘭大學
平時國際法	蘇義雄 著	中興大學
中國法制史	戴炎輝 著	臺灣大學
法學緒論	鄭玉波 著	臺灣大學
法學緒論	孫致中 著	各大專院校

強制執行法	陳 榮 宗 著	臺 灣 大 學
法院組織法論	管 歐 著	東 吳 大 學

政治・外交

政治學	薩 孟 武 著	前臺 灣 大 學
政治學	鄒 文 海 著	前政 治 大 學
政治學	曹 伯 森 著	陸 軍 官 校
政治學	呂 亞 力 著	臺 灣 大 學
政治學概要	張 金 鑑 著	政 治 大 學
政治學方法論	呂 亞 力 著	臺 灣 大 學
政治理論與研究方法	易 君 博 著	政 治 大 學
公共政策概論	朱 志 宏 著	臺 灣 大 學
公共政策	曹 俊 漢 著	臺 灣 大 學
公共政策	朱 志 宏 著	臺 灣 大 學
公共關係	王 德 馨 等著	交 通 大 學
中國社會政治史㈠～㈣	薩 孟 武 著	前臺 灣 大 學
中國政治思想史	薩 孟 武 著	前臺 灣 大 學
中國政治思想史（上）（中）（下）	張 金 鑑 著	政 治 大 學
西洋政治思想史	張 金 鑑 著	政 治 大 學
西洋政治思想史	薩 孟 武 著	前臺 灣 大 學
中國政治制度史	張 金 鑑 著	政 治 大 學
比較主義	張 亞 澐 著	政 治 大 學
比較監察制度	陶 百 川 著	國 策 顧 問
歐洲各國政府	張 金 鑑 著	政 治 大 學
美國政府	張 金 鑑 著	政 治 大 學
地方自治概要	管 歐 著	東 吳 大 學
國際關係——理論與實踐	朱張碧珠 著	臺 灣 大 學
中美早期外交史	李 定 一 著	政 治 大 學
現代西洋外交史	楊 逢 泰 著	政 治 大 學

行政・管理

行政學（增訂版）	張 潤 書 著	政 治 大 學
行政學	左 潞 生 著	中 興 大 學
行政學新論	張 金 鑑 著	政 治 大 學

— 3 —

書名	作者		學校
行政管理學	傅肅良	著	中興大學
行政生態學	彭文賢	著	中興大學
各國人事制度	傅肅良	著	中興大學
考詮制度	傅肅良	著	中興大學
交通行政	劉承漢	著	成功大學
組織行爲管理	龔平邦	著	前逢甲大學
行爲科學概論	龔平邦	著	前逢甲大學
行爲科學與管理	徐木蘭	著	臺灣大學
組織行爲學	高尚仁	等著	香港大學
組織原理	彭文賢	著	中興大學
實用企業管理學	解宏賓	著	中興大學
企業管理	蔣靜一	著	逢甲大學
企業管理	陳定國	著	臺灣大學
國際企業論	李蘭甫	著	中文大學
企業政策	陳光華	著	交通大學
企業概論	陳定國	著	臺灣大學
管理新論	謝長宏	著	交通大學
管理概論	郭崑謨	著	中興大學
管理個案分析	郭崑謨	著	中興大學
企業組織與管理	郭崑謨	著	中興大學
企業組織與管理（工商管理）	盧宗漢	著	中興大學
現代企業管理	龔平邦	著	前逢甲大學
現代管理學	龔平邦	著	前逢甲大學
事務管理手册	新聞局	著	
生產管理	劉漢容	著	成功大學
管理心理學	湯淑貞	著	成功大學
管理數學	謝志雄	著	東吳大學
品質管理	戴久永	著	交通大學
可靠度導論	戴久永	著	交通大學
人事管理（修訂版）	傅肅良	著	中興大學
作業研究	林照然	著	輔仁大學
作業研究	楊超然	著	臺灣大學
作業研究	劉一忠	著	舊金山州立大學

— 6 —

中國現代教育史	鄭世興	著	臺灣師大
中國大學教育發展史	伍振鷟	著	臺灣師大
中國職業教育發展史	周談輝	著	臺灣師大
社會教育新論	李建興	著	臺灣師大
中國社會教育發展史	李建興	著	臺灣師大
中國國民教育發展史	司琦	著	政治大學
中國體育發展史	吳文忠	著	臺灣師大
如何寫學術論文	宋楚瑜	著	臺灣大學
論文寫作研究	段家鋒	等著	政戰學校等

心理學

心理學	劉安彥	著	傑克遜州立大學
心理學	張春興	等著	臺灣師大等
人事心理學	黃天中	著	淡江大學
人事心理學	傅肅良	著	中興大學

經濟・財政

西洋經濟思想史	林鐘雄	著	臺灣大學
歐洲經濟發展史	林鐘雄	著	臺灣大學
比較經濟制度	孫殿柏	著	政治大學
經濟學原理（增訂新版）	歐陽勛	著	政治大學
經濟學導論	徐育珠	著	南康涅狄克州立大學
經濟學概要	歐陽勛	等著	政治大學
通俗經濟講話	邢慕寰	著	前香港大學
經濟學（增訂版）	陸民仁	著	政治大學
經濟學概論	陸民仁	著	政治大學
國際經濟學	白俊男	著	東吳大學
國際經濟學	黃智輝	著	東吳大學
個體經濟學	劉盛男	著	臺北商專
總體經濟分析	趙鳳培	著	政治大學
總體經濟學	鐘甦生	著	西雅圖銀行
總體經濟學	張慶輝	著	政治大學
總體經濟理論	孫震	著	臺灣大學

— 7 —

國際貿易理論與政策（修訂版）	歐陽勛等編著	政治大學
國際貿易政策概論	余德培著	東吳大學
國際貿易論	李厚高著	逢甲大學
國際商品買賣契約法	鄧越今編著	外貿協會
國際貿易法概要	于政長著	東吳大學
國際貿易法	張錦源著	政治大學
外匯投資理財與風險	李麗著	中央銀行
外匯、貿易辭典	于政長編著 張錦源校訂	東吳大學 政治大學
貿易實務辭典	張錦源編著	政治大學
貿易貨物保險（修訂版）	周詠棠著	中央信託局
貿易慣例	張錦源著	政治大學
國際匯兌	林邦充著	政治大學
國際行銷管理	許士軍著	新加坡大學
國際行銷	郭崑謨著	中興大學
行銷管理	郭崑謨著	中興大學
海關實務（修訂版）	張俊雄著	淡江大學
美國之外匯市場	于政長譯	東吳大學
保險學（增訂版）	湯俊湘著	中興大學
人壽保險學（增訂版）	宋明哲著	德明商專
人壽保險的理論與實務	陳雲中編著	臺灣大學
火災保險及海上保險	吳榮清著	文化大學
市場學	王德馨等著	中興大學
行銷學	江顯新著	中興大學
投資學	龔平邦著	前逢甲大學
投資學	白俊男等著	東吳大學
海外投資的知識	葉雲鎮等譯	
國際投資之技術移轉	鍾瑞江著	東吳大學

會計・統計・審計

銀行會計（上）（下）	李兆萱等著	臺灣大學等
初級會計學（上）（下）	洪國賜著	淡水工商
中級會計學（上）（下）	洪國賜著	淡水工商
中等會計（上）（下）	薛光圻等著	西東大學等

會計辭典	龍毓珊	譯	
會計學（上）（下）	幸世間	著	臺灣大學
會計學題解	幸世間	著	臺灣大學
成本會計（上）（下）	洪國賜	著	淡水工商
成本會計	盛禮約	著	淡水工商
政府會計	李增榮	著	政治大學
政府會計	張鴻春	著	臺灣大學
稅務會計	卓敏枝 等	著	臺灣大學等
財務報表分析	洪國賜 等	著	淡水工商 等
財務報表分析	李祖培	著	中興大學
財務管理	張春雄	著	政治大學
財務管理（增訂新版）	黃柱權	著	政治大學
商用統計學（修訂版）	顏月珠	著	臺灣大學
商用統計學	劉一忠	著	舊金山州立大學
統計學（修訂版）	柴松林	著	政治大學
統計學	劉南溟	著	前臺灣大學
統計學	張浩鈞	著	臺灣大學
統計學	楊維哲	著	臺灣大學
統計學	顏月珠	著	臺灣大學
統計學題解	顏月珠	著	臺灣大學
推理統計學	張碧波	著	銘傳管理學院
應用數理統計學	顏月珠	著	臺灣大學
統計製圖學	宋汝濬	著	臺中商專
統計概念與方法	戴久永	著	交通大學
審計學	殷文俊 等	著	政治大學
商用數學	薛昭雄	著	政治大學
商用數學（含商用微積分）	楊維哲	著	臺灣大學
線性代數（修訂版）	謝志雄	著	東吳大學
商用微積分	何典恭	著	淡水工商
微積分	楊維哲	著	臺灣大學
微積分（上）（下）	楊維哲	著	臺灣大學
大二微積分	楊維哲	著	臺灣大學

| 機率導論 | 戴久永 著 | 交通大學 |

新　聞

傳播研究方法總論	楊孝濚 著	東吳大學
傳播研究調查法	蘇衡生 著	輔仁大學
傳播原理	方蘭生 著	文化大學
行銷傳播學	羅文坤 著	政治大學
國際傳播	李瞻 著	政治大學
國際傳播與科技	彭芸 著	政治大學
廣播與電視	何貽謀 著	輔仁大學
廣播原理與製作	于洪海 著	中廣
電影原理與製作	梅長齡 著	前文化大學
新聞學與大眾傳播學	鄭貞銘 著	文化大學
新聞採訪與編輯	鄭貞銘 著	文化大學
新聞編輯學	徐旭 著	新生報
採訪寫作	歐陽醇 著	臺灣師大
評論寫作	程之行 著	紐約日報
新聞英文寫作	朱耀龍 著	前文化大學
小型報刊實務	彭家發 著	政治大學
廣告學	顏伯勤 著	輔仁大學
媒介實務	趙俊邁 著	東吳大學
中國新聞傳播史	賴光臨 著	政治大學
中國新聞史	曾虛白 主編	
世界新聞史	李瞻 著	政治大學
新聞學	李瞻 著	政治大學
新聞採訪學	李瞻 著	政治大學
新聞道德	李瞻 著	政治大學
電視制度	李瞻 著	政治大學
電視新聞	張勤 著	中視文化司
電視與觀眾	曠湘霞 著	政治大學新聞局
大眾傳播理論	李金銓 著	明尼西達大學
大眾傳播新論	李茂政 著	政治大學

大眾傳播與社會變遷	陳世敏	著	政治大學
組織傳播	鄭瑞城	著	政治大學
政治傳播學	祝基瀅	著	政治大學
文化與傳播	汪琪	著	政治大學

歷史‧地理

中國通史（上）（下）	林瑞翰	著	臺灣大學
中國現代史	李守孔	著	臺灣大學
中國近代史	李守孔	著	臺灣大學
中國近代史	李雲漢	著	政治大學
中國近代史（簡史）	李雲漢	著	政治大學
中國近代史	古鴻廷	著	東海大學
隋唐史	王壽南	著	政治大學
明清史	陳捷先	著	臺灣大學
黃河文明之光	姚大中	著	東吳大學
古代北西中國	姚大中	著	東吳大學
南方的奮起	姚大中	著	東吳大學
中國世界的全盛	姚大中	著	東吳大學
近代中國的成立	姚大中	著	東吳大學
西洋現代史	李邁先	著	臺灣大學
東歐諸國史	李邁先	著	臺灣大學
英國史綱	許介鱗	著	臺灣大學
印度史	吳俊才	著	政治大學
日本史	林明德	著	臺灣師大
日本現代史	許介鱗	著	臺灣大學
近代中日關係史	林明德	著	臺灣師大
美洲地理	林鈞祥	著	臺灣師大
非洲地理	劉鴻喜	著	臺灣師大
自然地理學	劉鴻喜	著	臺灣師大
地形學綱要	劉鴻喜	著	臺灣師大
聚落地理學	胡振洲	著	中興大學
海事地理學	胡振洲	著	中興大學
經濟地理	陳伯中	著	前臺灣大學
都市地理學	陳伯中	著	前臺灣大學